"十四五"时期国家重点出版物出版专项规划项目

土壤环境与污染修复丛书

丛书主编：骆永明

环境微塑料赋存特征、表面变化和生物积累

Environmental Microplastics: Occurrence, Surface Changes and Bioaccumulation

骆永明 等 著

科 学 出 版 社

北 京

内 容 简 介

本书全面探讨了微塑料在不同环境介质中的赋存特征、来源解析、表面性质变化及其对生态系统和人类健康的潜在影响。第一章为绪论。第二章详细阐述了环境介质中微塑料的采集、分离、鉴定和表征方法，为后续章节的研究提供了技术支撑。第三章至第七章分别对陆海环境、农用地和潮滩土壤、近岸海域及河流水体、近岸海域及红树林沉积物、海岸带近地表大气等不同环境介质中微塑料的来源、赋存特征进行深入分析，揭示了微塑料在环境中的分布规律。第八章至第十章聚焦于微塑料在生物体内和土壤中的积累、表面风化和形貌变化，以及滨海潮滩环境中微塑料表面组成和性质的变化，探讨了微塑料的环境行为和生态效应。第十一章至第十三章进一步探讨了微塑料表面生物膜的形成特征，微塑料对土霉素、铜和矿物的吸附及影响因素，以及微塑料在土壤-植物系统中的生态效应，揭示了微塑料与环境之间的相互作用。第十四章则关注农作物对微/纳塑料吸收传输的示踪与定量。第十五章探讨了微/纳塑料的生物积累与食物链传递风险，为充分认识微塑料的生态环境与人体健康风险提供了科学依据。

本书可作为国家及地方环境微塑料污染调查监测、污染管控和生态环境保护等管理部门的重要参考资料，也可供土壤、水体、海洋、海岸、环境、生物、生态、管理等科学领域的科研与教学人员参考。

审图号：GS 鲁(2025)0162 号

图书在版编目(CIP)数据

环境微塑料赋存特征、表面变化和生物积累 / 骆永明等著. -- 北京：科学出版社，2025. 3. -- (土壤环境与污染修复丛书). -- ISBN 978-7-03-079655-4

Ⅰ．X705

中国国家版本馆 CIP 数据核字第 2024BB1139 号

责任编辑：周　丹　沈　旭/责任校对：郝璐璐
责任印制：张　伟/封面设计：许　瑞

科学出版社 出版
北京东黄城根北街 16 号
邮政编码：100717
http://www.sciencep.com

北京汇瑞嘉合文化发展有限公司印刷
科学出版社发行　各地新华书店经销
*

2025 年 3 月第 一 版　开本：720×1000　1/16
2025 年 3 月第一次印刷　印张：17 3/4
字数：356 000

定价：199.00 元
(如有印装质量问题，我社负责调换)

"土壤环境与污染修复丛书"

编 委 会

"土壤环境与污染修复丛书"序

　　土壤是农业的基本生产资料，是人类和地表生物赖以生存的物质基础，是不可再生的资源。土壤环境是地球表层系统中生态环境的重要组成部分，是保障生物多样性和生态安全、农产品安全和人居环境安全的根本。土壤污染是土壤环境恶化与质量退化的主要表现形式。当今我国农用地和建设用地土壤污染态势严峻。2018 年 5 月 18 日，习近平总书记在全国生态环境保护大会上发表重要讲话指出，要强化土壤污染管控和修复，有效防范风险，让老百姓吃得放心、住得安心。联合国粮农组织于同年 5 月在罗马召开全球土壤污染研讨会，旨在通过防止和减少土壤中的污染物来维持土壤健康和食物安全，进而实现可持续发展目标。可见，土壤污染是中国乃至全世界的重要土壤环境问题。

　　中国科学院南京土壤研究所早在 1976 年就成立土壤环境保护研究室，进入新世纪后相继成立土壤与环境生物修复研究中心（2002 年）和中国科学院土壤环境与污染修复重点实验室（2008 年）；开展土壤环境和土壤修复理论、方法和技术的应用基础研究，认识土壤污染与环境质量演变规律，创新土壤污染防治与安全利用技术，发展土壤环境学和环境土壤学，创立土壤修复学和修复土壤学，努力建成土壤污染过程与绿色修复国家最高水平的研究、咨询和人才培养基地，支撑国家土壤环境管理和土壤环境质量改善，引领国际土壤环境科学技术与土壤修复产业化发展方向，成为全球卓越研究中心；设立四个主题研究方向：①土壤污染过程与生物健康，②土壤污染监测与环境基准，③土壤圈污染物循环与环境质量演变，④土壤和地下水污染绿色可持续修复。近期，将创新区域土壤污染成因理论与管控修复技术体系，提高污染耕地和场地土壤安全利用率；中长期，将创建基于"基准-标准"和"减量-净土"的土壤污染管控与修复理论、方法与技术体系，支撑实现全国土壤污染风险管控和土壤环境质量改善的目标。

　　"土壤环境与污染修复丛书"由中国科学院土壤环境与污染修复重点实验室、中国科学院南京土壤研究所土壤与环境生物修复研究中心等部门组织撰写，主要由从事土壤环境和土壤修复两大学科体系研究的团队及成员完成，其内容是他们多年研究进展和成果的系统总结与集体结晶，以专著、编著或教材形式持续出版，旨在促进土壤环境科学和土壤修复科学的原始创新、关键核心技术方法发展和实际应用，为国家及区域打好土壤污染防治攻坚战、扎实推进净土保卫战提供系统性的新思想、新理论、新方法、新技术、新模式、新标准和新产品，为国家生态文明建设、乡村振兴、美丽健康和绿色可持续发展提供集成性的土壤环境保护与修复科技咨询和监管策略，也为全球土壤环境保护和土壤污染防治提供中国特色的知识智慧和经验模式。

中国科学院南京土壤研究所研究员
中国科学院土壤环境与污染修复重点实验室主任

2021 年 6 月 5 日

前　言

　　微塑料是具有不同颜色、尺寸、形貌、性质、分解性和毒性的颗粒态有机聚合物，通常指直径小于 5 mm 的塑料碎片、线条和小球。微塑料因尺寸微小且吸附性能强，其生态环境毒害效应更加突出。在 2016 年召开的第二届联合国环境大会上，微塑料作为一种新型污染物，被列为环境与生态科学研究领域的第二大科学问题，成为与全球气候变化、臭氧耗竭、海洋酸化等并列的重大全球环境问题。2017 年，二十国集团汉堡峰会通过了"二十国集团海洋垃圾行动计划"，将海洋塑料污染和微塑料问题上升到了全球治理层面。2022 年 2 月 28 日至 3 月 2 日，第五届联合国环境大会续会（第一阶段会议于 2021 年 2 月召开）在肯尼亚首都内罗毕举行；会议讨论制定了首个应对塑料危机的全球协定，并通过了具有法律约束力的《终止塑料污染决议（草案）》；决议指出，要建立一个政府间谈判委员会，到 2024 年达成一项具有国际法律约束力的协议，涉及塑料制品生产、设计、回收和处理等整个生命周期。2023 年 6 月 5 日第 50 个世界环境日的主题是"塑料污染解决方案"，口号是"减塑捡塑（Beat Plastic Pollution）"。我国政府高度重视包括微塑料在内的新污染物治理工作。2020 年 1 月，国家发展改革委和生态环境部印发的《关于进一步加强塑料污染治理的意见》明确提出：有序禁止、限制部分塑料制品的生产、销售和使用，积极推广替代产品，规范塑料废弃物回收利用，建立健全塑料制品生产、流通、使用、回收处置等环节的管理制度，有力有序有效治理塑料污染。2022 年 5 月，国务院办公厅印发了《新污染物治理行动方案》，明确指出须加强微塑料等新污染物多环境介质协同治理，加强微塑料等的生态环境危害机理研究。2023 年 7 月，习近平总书记在全国生态环境保护大会上强调，把应对气候变化、新污染物治理等作为国家基础研究和科技创新重点领域，狠抓关键核心技术攻关。

　　近年来，科学技术部和国家自然科学基金委员会分别针对微塑料污染问题设立国家重点研发计划项目和重点专项项目进行科技攻关。各部委、研究院所和高校也分别成立相关研究机构开展环境微塑料研究，如华东师范大学成立的海洋塑料研究中心、国家海洋环境监测中心建立的海洋垃圾与微塑料研究中心、浙江工业大学成立的环境微塑料研究中心，以及由中国土壤学会成立的环境微塑料工作组等。在学术交流方面，由中国土壤学会环境微塑料工作组发起主办的全国环境微塑料污染与管控学术研讨会已成功举办五届，每次会议均吸引了来自中国科学院、教育部、自然资源部、生态环境部、农业农村部等及企业界的百余家单位 500

余名代表参会交流。研讨会展示了环境微塑料前沿科学、创新技术和先进管理方面的学术成果及实践经验，不断有力有效地推进了我国环境多介质微塑料污染状况、成因、风险和管控的科技与管理研究。

作为一类新污染物，当前国际上的研究涵盖了海、陆、空等环境中微塑料的分布特征及来源、积累与分布、传输与沉降、形貌与性质、表面反应与复合污染、老化与破碎次生、生物膜与生物降解、生物吸收与毒性毒理、生态风险和健康风险、监管与替代技术、分离鉴别与观测方法及分析仪器开发等。我们研究团队早在 10 多年前就关注环境微塑料研究的前沿科学动向，并于 2013 年开始从事海岸带环境微塑料研究；在过去的 10 多年里，团队在陆地、海洋、大气等多介质环境及动植物、人体组织等生命体中微塑料的赋存形态与丰度分布、来源与解析、迁移与归趋、表面风化与形貌变化、表面性质与污染物吸附、添加剂释放与生态风险、生物膜形成与降解、生物吸收与传输、食物链传递与健康风险等方面，开展了系统性野外调查、室内外模拟、分析评估与综合集成研究，形成了多项具有开创性、指导性和引领性的研究成果，有力支撑了微塑料的环境污染管控政策建议和标准规范的制定与颁布。

本书正是在上述研究工作及已发表论文、授权专利的基础上的系统总结。全书共分 15 章，第一章为绪论，从五方面介绍了本书的主要学术思想和研究观测体系，以及本书的主要研究结论；第二章介绍了环境介质中微塑料采集、分离、鉴定和表征方法；第三章介绍了微塑料来源与源解析；第四章介绍了农用地和潮滩土壤中微塑料赋存特征；第五章介绍了近岸海域及河流水体中微塑料赋存特征；第六章介绍了近岸海域及红树林沉积物中微塑料赋存特征；第七章介绍了海岸带近地表大气中微塑料赋存特征；第八章介绍了陆地农作物和近海生物体内微塑料积累与分布特征；第九章介绍了农用地和滨海土壤中微塑料表面风化和形貌变化；第十章介绍了滨海潮滩环境微塑料表面组成和性质变化；第十一章介绍了环境微塑料表面生物膜的形成与特征；第十二章介绍了潮滩和海水中微塑料对土霉素、铜和矿物的吸附及影响因素；第十三章介绍了土壤-植物系统中微塑料的生态效应；第十四章介绍了农作物对微/纳塑料吸收传输的示踪与定量；第十五章介绍了微/纳塑料的生物积累与食物链传递风险；最后为后记。

本书在研究对象上，涵盖了陆地、海洋和大气等多环境介质，以及植物、动物、微生物及人体等多生命受体；在研究区域上，既覆盖了全国不同地理气候带的海岸带，又重点关注了农田土壤、滨海潮滩、红树林湿地，以及近岸海域等陆海环境；在研究方法上，不仅包含了微塑料的分离、提取、纯化、鉴定与定量方法，还包括了微塑料的生物膜分析及生物体内的定性与定量标记等方法；在研究手段上，采取了野外调查采样、实验室模拟试验、显微观测分析等多技术方法。可见，本书的结构与内容具有鲜明的特色。

　　本书的内容吸收了国家自然科学基金重大项目"土壤复合污染过程和生物修复"（项目编号：41991330）、重点专项项目"环境中典型微塑料的关键界面化学过程与机制研究"（项目编号：22241602）、面上项目"土壤中农膜微塑料降解菌生物膜形成及酶促降解机制"（项目编号：42177039）和"污泥和猪粪长期施用土壤中微塑料积累与根际传递机制"（项目编号：41877142），中国科学院前沿科学重点研究项目"黄渤海重点河口与海湾的微塑料污染及生态风险"（项目编号：QYZDJ-SSW-DQC015），以及国家重点研发计划项目课题"海洋微塑料的源解析、输运和归趋机制"（项目编号：2016YFC1402202）等科研项目及课题的部分研究成果，并得到有关项目对著作出版的经费支持。全书由骆永明、涂晨、李连祯、章海波、杨杰、李瑞杰、冯裕栋等撰写，由骆永明和涂晨统稿，骆永明定稿。在此衷心感谢中国科学院南京土壤研究所和中国科学院烟台海岸带研究所联合研究团队成员和历届研究生们。感谢南京医科大学夏彦恺教授和吴笛教授等在人体血栓和胎盘微塑料方面的合作研究。同时感谢科学出版社在本书出版过程中给予的热心指导和帮助。

　　由于作者水平有限，书中不足之处在所难免，敬请各位同仁批评指正。

中国科学院南京土壤研究所　研究员

2024 年 5 月 1 日于南京

目　　录

第一章　绪论 ……………………………………………………………… 1
　　参考文献 ………………………………………………………………… 6
第二章　环境介质中微塑料采集、分离、鉴定和表征方法 …………………… 7
　　第一节　环境微塑料的采集与分离方法 ……………………………………… 7
　　　　一、多环境介质微塑料样品的采集 ……………………………………… 7
　　　　二、多环境介质微塑料样品的分离 ……………………………………… 9
　　　　三、多环境介质微塑料样品的统计与鉴定方法 ………………………… 12
　　第二节　环境微塑料表面形貌及理化性质分析方法 ………………………… 13
　　　　一、微塑料形貌分析 ……………………………………………………… 13
　　　　二、微塑料理化性质分析 ………………………………………………… 13
　　第三节　微塑料表面吸附物质分析方法 ……………………………………… 15
　　　　一、微塑料表面附着元素分析 …………………………………………… 15
　　　　二、微塑料表面有机污染物分析 ………………………………………… 15
　　第四节　微塑料表面生物膜分析方法 ………………………………………… 16
　　　　一、微塑料表面生物膜的形貌、结构与组成分析 ……………………… 16
　　　　二、微塑料表面生物膜的总量、厚度和立体结构分析 ………………… 17
　　　　三、微塑料表面生物膜中微生物群落结构多样性分析 ………………… 17
　　结语 ……………………………………………………………………… 18
　　参考文献 ………………………………………………………………… 18
第三章　陆海环境微塑料来源与源解析 ……………………………………… 21
　　第一节　桑沟湾潮滩大塑料组成及来源 ……………………………………… 21
　　第二节　不同尺寸大塑料及微塑料的相关性分析 …………………………… 24
　　第三节　大塑料和微塑料的聚合物成分与特征 ……………………………… 25
　　第四节　微塑料来源识别 ……………………………………………………… 26
　　结语 ……………………………………………………………………… 29
　　参考文献 ………………………………………………………………… 29
第四章　农用地和潮滩土壤中微塑料赋存特征 ……………………………… 30
　　第一节　长期施用有机肥土壤中微塑料赋存特征 …………………………… 30
　　　　一、采样区域介绍 ………………………………………………………… 31
　　　　二、长期施用猪粪土壤中微塑料的分布特征 …………………………… 31

　　　三、长期施用猪粪土壤中微塑料的丰度特征·················33
　　　四、长期施用猪粪土壤中微塑料的积累规律·················34
　第二节　连续施用污泥土壤中微塑料赋存特征·················35
　　　一、采样区域介绍····································36
　　　二、连续施用污泥土壤中微塑料的分布特征·················36
　　　三、连续施用污泥土壤中微塑料的丰度特征·················40
　　　四、连续施用不同来源污泥土壤中微塑料的积累规律···········41
　第三节　长期覆膜土壤中微塑料赋存特征····················41
　　　一、采样区域介绍····································42
　　　二、长期覆膜土壤中微塑料的分布特征···················43
　　　三、长期覆膜土壤中微塑料的丰度特征···················45
　　　四、长期覆膜土壤中微塑料的积累规律···················46
　第四节　围填海区土壤微塑料赋存特征·····················47
　　　一、采样区域介绍····································47
　　　二、曹妃甸围填海区土壤微塑料赋存特征··················48
　第五节　海岸带潮滩土壤微塑料赋存特征····················49
　　　一、采样区域介绍····································49
　　　二、山东省海岸带潮滩土壤微塑料赋存特征················49
　第六节　生物和非生物因素对土壤中微塑料迁移及分布的影响·········55
　　　一、蚯蚓对土壤中微塑料迁移及分布的影响················55
　　　二、生物因素对土壤中微塑料迁移及分布的影响··············56
　　　三、非生物因素对蚯蚓驱动土壤中微塑料迁移及分布的影响········60
　结语···66
　参考文献···66
第五章　近岸海域及河流水体中微塑料赋存特征·················72
　第一节　黄海桑沟湾水体中微塑料赋存特征···················72
　　　一、桑沟湾表层水体中微塑料的赋存特征·················73
　　　二、桑沟湾垂向水体中微塑料的赋存特征·················75
　第二节　渤海水体中微塑料赋存特征·······················76
　结语···79
　参考文献···80
第六章　近岸海域及红树林沉积物中微塑料赋存特征···············82
　第一节　黄海桑沟湾沉积物中微塑料赋存特征·················82
　第二节　渤海表层沉积物中微塑料赋存特征··················85
　第三节　沿海红树林沉积物中微塑料赋存特征·················87

结语 ···92
参考文献 ···92

第七章　海岸带近地表大气中微塑料赋存特征 ·······················94
第一节　滨海城市大气中微塑料赋存特征 ·····························94
一、滨海城市烟台大气环境中微塑料的形貌类型、特征及季节性
差异 ···94
二、环渤海海岸大气环境中微塑料的时空分布特征 ··············95
第二节　大气中微塑料的表面形貌特征 ·······························100
第三节　大气中微塑料沉降通量的时空分布特征 ····················102
结语 ···104
参考文献 ···104

第八章　陆地农作物和近海生物体内微塑料积累与分布特征 ·····106
第一节　陆地农作物体内微塑料的吸收与分布特征 ·················106
一、生菜对微塑料的吸收与分布 ·····································106
二、小麦幼苗根系对微塑料的吸收与分布 ··························110
第二节　基于微宇宙系统的微/纳塑料在河口生物体中积累和分布特征 ···115
第三节　食用海藻中微塑料的积累特征 ·······························122
结语 ···128
参考文献 ···129

第九章　农用地和滨海土壤中微塑料表面风化和形貌变化 ·········131
第一节　农用地土壤中微塑料的表面风化和形貌变化 ··············131
一、覆膜土壤中微塑料的表面风化和形貌变化 ·····················131
二、施用有机肥土壤中微塑料的表面风化和形貌变化 ··············132
三、施用污泥土壤中微塑料的表面风化和形貌变化 ·················134
第二节　潮滩土壤中微塑料的表面风化和形貌变化 ·················135
一、围填海区潮滩土壤中微塑料的表面风化和形貌变化 ···········135
二、海岸带潮滩土壤中微塑料的表面风化和形貌变化 ··············137
第三节　滨海盐沼湿地与红树林湿地土壤中微塑料的表面风化和形貌
变化 ··138
结语 ···141
参考文献 ···141

第十章　滨海潮滩环境微塑料表面组成和性质变化 ···············143
第一节　海滩和河口泥滩环境中微塑料表面塑料添加剂的组成与变化 ·····143
第二节　滨海盐沼湿地和红树林湿地环境中微塑料的表面组成和性质
变化 ··148

一、微塑料比表面积和孔隙度变化 ……………………………………… 148
二、微塑料表面羰基指数变化 …………………………………………… 149
三、微塑料表面疏水性变化 ……………………………………………… 151
四、微塑料表面成分变化 ………………………………………………… 153
结语 ………………………………………………………………………… 157
参考文献 …………………………………………………………………… 158
第十一章　环境微塑料表面生物膜的形成与特征 …………………………… 160
第一节　海岸带微塑料表面生物膜的形成与特征 ……………………… 160
第二节　海水中微塑料表面生物膜的形成与特征 ……………………… 165
第三节　大气沉降塑料碎片表面生物膜的形成与特征 ………………… 174
结语 ………………………………………………………………………… 177
参考文献 …………………………………………………………………… 178
第十二章　潮滩和海水中微塑料对土霉素、铜和矿物的吸附及影响因素 …… 180
第一节　潮滩风化发泡类微塑料对土霉素的吸附及影响因素 ………… 180
第二节　海水中薄膜微塑料表面生物膜对铜的吸附及影响因素 ……… 187
第三节　海岸带潮滩土壤中微塑料表面矿物的附着 …………………… 193
结语 ………………………………………………………………………… 195
参考文献 …………………………………………………………………… 195
第十三章　土壤-植物系统中微塑料的生态效应 …………………………… 197
第一节　微塑料对土壤理化性质、酶活性和微生物的影响 …………… 197
第二节　微塑料对土壤无脊椎动物生长、发育和繁殖的影响 ………… 198
第三节　微塑料对植物生长与生理的影响 ……………………………… 200
结语 ………………………………………………………………………… 209
参考文献 …………………………………………………………………… 209
第十四章　农作物对微/纳塑料吸收传输的示踪与定量 …………………… 213
第一节　农作物吸收微/纳塑料的通道与机制 ………………………… 213
一、荧光染料标记方法在农作物体内追踪微塑料的可行性 ………… 214
二、农作物根部对不同粒径微塑料的吸收 …………………………… 215
三、农作物吸收微塑料的新生侧根裂隙通道与机制 ………………… 217
第二节　聚苯乙烯微/纳塑料在农作物体内的传输机制 ……………… 225
一、蒸腾作用是农作物吸收和传输塑料微球的主要驱动力之一 …… 225
二、塑料微球在农作物体内的传输特征 ……………………………… 227
第三节　稀土铕配合物掺杂标记的纳塑料在农作物体内的定性追踪 …… 230
第四节　稀土铕配合物掺杂标记的纳塑料在农作物体内的量化分析 …… 237
结语 ………………………………………………………………………… 240

参考文献 ……………………………………………………… 240
第十五章　微/纳塑料的生物积累与食物链传递风险 ……………… 243
　第一节　食用海藻中微塑料的人体暴露与健康风险 ……………… 243
　第二节　土壤中微/纳塑料的食物链传递与风险 ………………… 246
　第三节　微/纳塑料对人体器官系统的影响 …………………… 248
　　一、消化系统 ………………………………………………… 249
　　二、呼吸系统 ………………………………………………… 249
　　三、循环系统 ………………………………………………… 249
　　四、生殖系统 ………………………………………………… 250
　　五、神经系统 ………………………………………………… 250
　　六、免疫系统 ………………………………………………… 251
　　七、内分泌系统 ……………………………………………… 251
　　八、泌尿系统 ………………………………………………… 252
　　九、运动系统 ………………………………………………… 252
　第四节　基于拉曼光谱检测人体血栓中的微塑料 ……………… 252
　　一、消解方法评估 …………………………………………… 253
　　二、血栓中微颗粒的特征 …………………………………… 253
　　三、血栓与微颗粒的关系 …………………………………… 257
　结语 …………………………………………………………… 259
　参考文献 ……………………………………………………… 259
后记——加强陆地土壤环境微/纳塑料污染成因和治理技术研究 ……… 263

第一章　绪　　论

由不规范的生产、使用塑料制品和回收处置塑料废弃物引起的塑料、微塑料（粒径＜5 mm）和纳塑料（＜1 μm）污染已引起全球关注（骆永明和涂晨，2021）。2021 年，瑞典科学家 MacLeod 等（2021）在 Science 上撰文指出，全球环境中微塑料污染无处不在且几乎不可逆。目前，在全球海洋（Kane et al., 2020）、陆地（Rillig et al., 2024）、大气（Chen et al., 2023），甚至在青藏高原（Wang and Zhou, 2023）等偏远地区的环境样品中均已发现微塑料。近年来，有关微塑料在陆地生态系统中的环境行为与生态效应的研究日益增多。最近发表在 Science 和 Nature 等国际期刊上的多篇论文指出，要加强"微/纳塑料的陆地生态系统效应""土壤塑料际""微塑料的风险评估"等前沿方向的研究（Rillig and Lehmann, 2020; Koelmans et al., 2022; Rillig et al., 2024）。

在过去的 10~15 年中，人们对环境中微塑料的来源、归趋和毒性进行了广泛的研究。Web of Science（WOS）核心合集数据库显示，截至 2024 年 3 月 2 日，海洋微塑料领域的论文收录量达到了 6708 篇，但土壤微塑料领域的研究仅 2289 篇，占海洋微塑料领域论文数量的 1/3，且 WOS 上的发文量随时间呈快速增加趋势。进一步分析表明，环境中微/纳塑料的分析方法、赋存特征与来源、积累与分布、传输与沉降、形貌与表面变化、添加剂释放与复合污染、老化与破碎次生、生物膜形成与微生物降解、作物吸收传输与转化机制、生物暴露毒性及其食物链传递风险、人体健康风险，以及环境监管与替代技术等正日益成为全球科学界的研究热点（骆永明等，2021）。

本书基于团队在过去十多年来开展的野外调查和实验室模拟试验，系统介绍了环境多介质微塑料的研究方法、来源与源解析，探明了土壤、近岸海域及河流水体、沉积物、大气等环境介质中微塑料的赋存特征，以及动植物等生物体内微塑料的积累特征，揭示了环境微塑料的表面风化与形貌变化、表面组成与性质变化、生物膜的结构与功能，以及表面污染物的吸附特征；阐明了土壤-植物系统中微塑料的生态效应，探明了高等植物对微塑料的吸收与传输机制，并对农作物吸收转移微塑料进行了示踪与定量；评估了环境微塑料的食物链传递与人体健康风险。

基于上述研究，取得的主要研究进展与认识如下。

1. 建立了环境多介质中微塑料采集、分离和鉴定表征方法

环境介质是复杂而动态变化的生态系统，空间异质性明显。对环境介质微塑

料样品的采集需要进行有针对性的布点，详细记录采样点周边环境情况；环境样品中微塑料的分离提取需要借助密度浮选法，并使用过氧化氢等氧化剂消除有机质的干扰；进一步采用红外光谱或者拉曼光谱对微塑料鉴定分析，并使用扫描电子显微镜、原子力显微镜、压汞仪、接触角测定仪、纳米二次离子质谱仪和气相/液相色谱串联质谱仪等，实现对微塑料表面理化性质的分析和黏附物质的鉴定；采用草酸铵结晶紫染色法、激光共聚焦扫描显微镜和高通量测序等技术，解析微塑料表面生物膜的总量、组成与结构，以及微生物群落结构多样性。

比较分析了海岸环境大塑料和微塑料来源识别的技术方法，建立了以黄海桑沟湾近岸养殖来源、生活来源（休闲娱乐）、农田来源等不同特征大塑料和微塑料的来源清单，建立了微塑料与大塑料破碎之间的关系，明确了桑沟湾部分次生微塑料由养殖活动中大塑料的破碎形成，为海岸环境大塑料和微塑料来源分析提供了方法学基础。

2. 查明了陆海环境微塑料的来源与源解析途径，建立了源清单，揭示了农田土壤、水体及沉积物、大气及动植物微塑料的赋存与分布特征

长期受农业活动影响的土壤中微塑料以碎片和纤维为主，其中聚酯、聚丙烯和聚乙烯是主要的聚合物类型。施用猪粪 22 年、施用不同污泥 9 年和覆膜 10 年对土壤中微塑料积累的贡献比例分别为 62.6%、41.4%~73.1% 和 63.0%。经估算，长期施用猪粪和污泥导致农田土壤中微塑料的年积累量分别为 1.2 个·kg^{-1} 和 3.2~12.1 个·kg^{-1}，而长期覆膜导致的薄膜微塑料的年积累量为 7.8~10.1 个·kg^{-1}。潮滩土壤中微塑料的聚合物类型主要有聚乙烯、聚丙烯和聚苯乙烯等，不同类型潮滩中微塑料的特征及来源与陆源输入和海浪潮汐带入，以及海岸带地区人类活动等因素有关。土壤中蚯蚓的活动能够影响微塑料的积累和迁移，而跳虫、蚯蚓密度和植物根系等生物因素，以及微塑料类型、暴露时间和淹水等非生物因素都会影响蚯蚓的行为活动，进而影响土壤中微塑料的移动性。

在水体微塑料赋存特征方面，黄海桑沟湾表层水体中的微塑料类型以纤维类和碎片类为主，微塑料粒径以小于 1 mm 的为主。表层水体中微塑料丰度高值区主要出现在近岸海域，并且微塑料的丰度呈由湾内向外海递减的趋势，微塑料的垂向分布也呈现一定的空间异质性，这主要受海水养殖、生活和航运等人类活动排放及水动力的影响。此外，渤海水体中微塑料的丰度普遍较高，且不同区域和深度的水体样品中微塑料的分布存在明显差异，具有分区分层分布现象。近岸海域、渤海湾和渤海海峡海域的表层海水中微塑料丰度较高，表层水体微塑料污染主要受海上行船排污和沿岸居民生产生活的直接影响。在整个渤海水柱中，渤海海峡和辽东湾海域具有较高的微塑料丰度，微塑料在渤海各水层的分布与不同深度的环流（流速和流向的差异），海域的水体交换能力，微塑料自身的密度、形貌

类型和颗粒大小，以及沿岸或附近海域人为活动强度密切相关。

在沉积物微塑料的赋存特征方面，黄海桑沟湾沉积物中的微塑料以纤维类为主，粒径集中在<1 mm 和 1~2 mm，微塑料丰度随粒径增大而降低；潮滩沉积物中的微塑料空间分布也存在明显的差异性，这与其地形、植被和海湾风浪的影响有关。渤海表层沉积物中的微塑料丰度在渤海湾和辽东湾海域较高，在大多数站点，表层沉积物中微塑料的丰度与上层水体浊度及叶绿素 a 含量密切相关。东南、西南沿海红树林沉积物中微塑料类型多样，以发泡、纤维和碎片类为主，颜色丰富，尺寸范围在 0.05~5 mm，聚合物成分主要为聚苯乙烯、聚丙烯等。人类活动的高强度、红树林的高度和密度，以及沉积物质地是导致这种异质性的主要控制因素。

在大气微塑料赋存特征方面，烟台、天津和大连等滨海城市的大气沉降样品中存在纤维、薄膜、碎片和颗粒 4 种类型的微塑料，以纤维类微塑料为主；微塑料的颜色以透明为主；大部分微塑料粒径小于 1 mm，随着粒径增大，微塑料的数量快速递减；大气微塑料的主要成分为赛璐玢和聚对苯二甲酸乙二醇酯。大气沉降微塑料表面存在明显的裂缝和孔隙，表面风化程度明显。不同城市的大气微塑料沉降通量存在差异，微塑料沉降通量季节性变化规律不明显。

在生物体微塑料富集特征方面，对于陆地高等植物，在水培条件下，亚微米级的聚苯乙烯微球（0.2 μm）可被生菜根部大量吸收和富集，并从根部迁移到地上部，积累和分布在可被直接食用的茎叶之中。而在砂培条件下，亚微米级的聚苯乙烯微球能进入小麦幼苗根部，主要分布在外皮层及中柱。积累在小麦根部的微球可被转移到地上部，主要分布在茎部维管束，甚至能到达叶片的脉管系统中。进一步通过微宇宙系统定量分析了微/纳塑料在河口典型生物中的积累和分布特征，结果表明微塑料主要在捕食性鱼类许氏平鲉的肝脏、消化道和鳃等部位，在滤食性生物长牡蛎的鳃、外套膜、消化腺和性腺部位，以及在底栖生物脉红螺的食道腺内都有明显的积累。所调查的近海底栖生物体内均有微塑料积累，丰度在 70~2000 个·kg^{-1}（鲜重），包括颗粒类、碎片类、纤维类和薄膜类。此外，微塑料在东亚地区人们经常食用的海带和紫菜中广泛存在，丰度分别为（2.3 ± 0.7）~（12.7 ± 6.5）个·g^{-1} 和（2.9 ± 1.7）~（5.0 ± 2.0）个·g^{-1}。

3. 探明了农用地和潮滩土壤微塑料表面组成和性质、风化与形貌演变过程，阐明了环境微塑料表面生物膜的形成、结构与功能，揭示了环境微塑料对抗生素和重金属的表面吸附特征

在长期物理、化学和生物学作用下，环境中的微塑料发生风化和降解，其表面出现微米级裂纹和微孔，表面粗糙度增加，且表面均匀性变差，脆性增强，逐渐老化裂解成粒径更小的微塑料甚至是纳米塑料，其环境迁移性增强。此外，微塑料长期受到土壤的机械作用，导致外来物质如 Al、Si、Fe 等元素以氧化物的形

式存在于微塑料表面。

暴露在不同环境中的微塑料,其表面的有机磷酸酯和邻苯二甲酸酯等添加剂的组成与浓度具有显著差异。磷酸三(2-氯乙基)酯(TCEP)、磷酸三(2-氯异丙基)酯(TCPP)和邻苯二甲酸二(2-乙基己基)酯(DEHP)是不同微塑料表面检出的 3 种最主要的化合物。不同微塑料之间添加剂的空间差异和成分变化表明微塑料在海岸环境中的来源和停留时间不同。暴露在环境中的微塑料表面形貌发生变化后,会引起孔隙度、比表面积、官能团及疏水性等表面特性的变化。微塑料进入海岸环境后其比表面积变大,并且不同形貌类型微塑料比表面积变化程度具有差异。与原始对照样品相比,环境暴露后的微塑料表面大孔比例(体积比)降低,介孔比例增加,表明微塑料在环境中主要以增加介孔的形式改变比表面积。土壤环境中微塑料表面的官能团变化速率(羰基指数)主要取决于生物地理海岸的土壤环境条件。风化后的微塑料表面会由疏水性向亲水性转变。

环境中微塑料表面的生物膜通常由细菌、真菌、藻类及其分泌的胞外聚合物组成。生物膜的总量、形貌、组成与结构,以及微生物群落结构多样性与暴露环境(深度、时间)密切相关。生物膜的形成改变了微塑料的微形貌、疏水性及化学官能团等理化性质。此外,部分微塑料的生物膜中还检出了病原微生物及与人类疾病有关的功能基因,提示了生物膜的形成增加了微塑料作为病原菌的载体效应及其环境健康风险(He and Luo, 2020)。

潮滩风化的微塑料样品对土霉素的吸附结合能力高于未风化微塑料样品;两者的吸附等温曲线均符合弗罗因德利希(Freundlich)模型,以非线性的多层吸附为主;静电作用主要影响聚苯乙烯发泡微塑料对土霉素的吸附,在 pH=5 时对土霉素的吸附量达到最大;离子间竞争作用影响聚苯乙烯发泡微塑料对土霉素的吸附,但 Ca^{2+} 与土霉素络合形成桥键作用会增加聚苯乙烯发泡微塑表面对土霉素的吸附。微塑料表面生物膜的形成可增加微塑料对重金属 Cu 的吸附能力,且 Cu 元素在菌体中的聚集量高于胞外聚合物等非菌体物质。在部分微塑料中还发现其表面附着稳定的铁氧化物、石油和藻类等。

4. 探讨了土壤-植物系统中微塑料的生态效应,首次发现了小麦和生菜对微塑料的吸收通道和传输机制,并示踪与定量了对微塑料的转移系数和吸收量

微塑料与土壤-植物间的相互作用越来越受到关注。微塑料在土壤中难以降解,当累积到一定水平后会对土壤容重、土壤团聚体、土壤 pH、孔径分布和水力传导性等理化性质产生影响,进而影响土壤中碳、氮、磷等元素的循环。微塑料会对动植物的生长发育产生负面影响,长期存在于土壤中的微塑料还会改变土壤微生物群落结构和多样性(韦婧等,2023)。微塑料对土壤-植物系统的影响与微塑料的类型、粒径、形状、浓度及环境因子等多种因素有关(Yang et al., 2023)。

通过特异荧光染料标记的聚苯乙烯微球具有良好稳定性，且能有效规避植物组织自发荧光干扰，为其在植物体内检测分析提供了可靠的技术手段。利用此技术，揭示了高等植物小麦和生菜吸收及传输纳米或亚微米和微米级微塑料的通道与机制。在营养液培养条件下，0.2 μm 聚苯乙烯微球可被生菜根部大量吸收和富集，并从根部向地上部迁移，积累和分布在可被直接食用的茎叶之中。进一步通过废水水培和模拟废水灌溉的砂培、土培试验，发现亚微米级甚至是微米级的塑料颗粒都可以穿透小麦和生菜根系进入植物体。在植物新生侧根边缘存在狭小的缝隙，塑料颗粒可以通过该"通道"跨过屏障而进入根部木质部导管，并在蒸腾拉力的作用下，通过导管系统随水流和营养流进入作物地上部（Li et al., 2020）。

稀土配合物掺杂标记方法克服了传统荧光标记方法存在的背景荧光干扰和难以同时精确定量等缺点，为研究微塑料在复杂生物介质中的积累、传输和分布提供了一种简便和通用的方法。利用稀土配合物的时间分辨荧光特性实现了对小麦和生菜幼苗体内铕配合掺杂标记的聚苯乙烯（Eu-PS）的可视化追踪，并进一步通过构建的植物体内微塑料定量方法，间接量化分析了小麦和生菜幼苗对 Eu-PS 的吸收和传输量。首次估算了在水培和土培条件下，从根部转移到地上部的转移系数<7%，但未观察到明显的生物放大现象（Luo et al., 2022）。

5. 首次发现了在人体血栓中的微塑料和染料颗粒，分析了微塑料的食物链传递与人体健康风险

微/纳塑料能在海洋食物链中传递，从浮游植物到浮游动物，甚至到更高级的哺乳动物，并会在高级捕食者中富集。目前，关于微/纳塑料在陆地食物链中传递的研究还相当有限。微/纳塑料可能已经广泛存在于陆地食物网中，并通过食物链传递到人体，最终在人体内累积（冯裕栋等，2023）。进一步基于体内和体外毒理学研究文献分析，综述了微/纳塑料对人体的九个器官系统（消化、呼吸、循环、生殖、神经、免疫、内分泌、泌尿和运动系统）的影响（Feng et al., 2023）。最后，借助显微拉曼光谱仪等超精确测量仪器，首次在人体的血栓中发现了一定数量和不同类型的微塑料与染料颗粒（Wu et al., 2023）。未来需要加强微/纳塑料在陆地食物链传递的风险研究和对人体健康的影响研究，为土壤中微/纳塑料的监测、管控和治理提供科学指导和技术方法，也为研究微/纳塑料与陆地生态系统、人体健康的关系提供新方法和新证据。

本书的最后，展望了环境微/纳塑料未来的研究方向及关键科学技术问题，以期推动我国环境微塑料领域产、学、研、管的多学科系统的高质量发展（涂晨和骆永明，2023）。

参 考 文 献

冯裕栋, 杨杰, 涂晨, 等. 2023. 土壤中微/纳塑料的生物健康效应和食物链传递风险. 生态与农村环境学报, 39(5): 661-674.

骆永明, 涂晨. 2021. 见微知著 塑战速决——面向可持续发展的环境微塑料研究. 科学通报, 66(13): 1544-1546.

骆永明, 施华宏, 涂晨, 等. 2021. 环境中微塑料研究进展与展望. 科学通报, 66(13): 1547-1562.

涂晨, 骆永明. 2023. 加强土壤微/纳塑料研究 支持新污染物治理行动. 生态与农村环境学报, 39(5): 565-567.

韦婧, 涂晨, 杨杰, 等. 2023. 微塑料对农田土壤理化性质、土壤微生物群落结构与功能的影响. 生态与农村环境学报, 39(5): 644-652.

Chen Q Q, Shi G T, Revell L E, et al. 2023. Long-range atmospheric transport of microplastics across the southern hemisphere. Nature Communications, 14: 7898.

Feng Y D, Tu C, Li R J, et al. 2023. A systematic review of the impacts of exposure to micro- and nano-plastics on human tissue accumulation and health. Eco-Environment & Health, 2(4): 195-207.

He D F, Luo Y M. 2020. Microplastics in Terrestrial Environments-Emerging Contaminants and Major Challenges. Switzerland: Springer Nature.

Kane I A, Clare M A, Miramontes E, et al. 2020. Seafloor microplastic hotspots controlled by deep-sea circulation. Science, 368(6495): 1140-1145.

Koelmans A A, Redondo-Hasselerharm P E, Nor N H M, et al. 2022. Risk assessment of microplastic particles. Nature Reviews Materials, 7: 138-152.

Li L Z, Luo Y M, Li R J, et al. 2020. Effective uptake of submicrometre plastics by crop plants via a crack-entry mode. Nature Sustainability, 3: 929-937.

Luo Y M, Li L Z, Feng Y D, et al. 2022. Quantitative tracing of uptake and transport of submicrometre plastics in crop plants using lanthanide chelates as a dual-functional tracer. Nature Nanotechnology, 17: 424-431.

MacLeod M, Arp H P, Tekman M B, et al. 2021. The global threat from plastic pollution. Science, 373(6550): 61-65.

Rillig M C, Kim S W, Zhu Y G. 2024. The soil plastisphere. Nature Reviews Microbiology, 22(2): 64-74.

Rillig M C, Lehmann A. 2020. Microplastic in terrestrial ecosystems. Science, 368: 1430-1431.

Wang X, Zhou Y. 2023. Combat plastics in the Qinghai-Tibetan Plateau. Science, 381: 1419-1419.

Wu D, Feng Y D, Wang R, et al. 2023. Pigment microparticles and microplastics found in human thrombi based on Raman spectral evidence. Journal of Advanced Research, 49: 141-150.

Yang J, Tu C, Li L Z, et al. 2023. The fate of micro (nano) plastics in soil-plant systems: Current progress and future perspectives. Current Opinion in Environmental Science & Health, 32: 100438.

第二章　环境介质中微塑料采集、分离、
鉴定和表征方法

从环境样品中采集和分离微塑料是调查分析的基础，而对所分离出的微塑料进行鉴定是调查分析的重点。采集土壤、潮滩、水体和大气中的样品时需要根据样品的类型和微塑料可能的来源详细记录样品的背景信息。分离提取不同环境介质中的微塑料不仅需要考虑不同类型微塑料的密度，而且需考虑不同介质的特点和组成成分。相对于水体和大气，土壤、潮滩等复杂介质中含有较多的无机矿物和有机质，需要将微塑料从无机矿物中分离并去除介质中的有机质，在微塑料的提取过程中可以使用搅拌、振荡、离心、过滤和真空泵抽滤等方法，或借助化学和生物（酶）试剂等辅助措施。土壤微塑料样品的采集和前处理需要根据实际情况进行相应的方法调整。无机颗粒物的分离一般使用筛分过滤或者密度浮选法，去除有机质常用的试剂包括酸、碱、氧化剂和生物酶。对于分离后的样品常采用红外光谱或拉曼光谱进行分析鉴定。本章将详细介绍环境介质中微塑料的采集、分离、鉴定和表征方法。

第一节　环境微塑料的采集与分离方法

一、多环境介质微塑料样品的采集

（一）土壤微塑料样品采集

土壤样品中的微塑料来源广泛，收集时需要结合研究目的进行分类，并详细记录采样点周边环境、人为活动情况、土壤的类型等信息。由于土壤的非均质性，选择同一区域的不同的采样点和采样深度等都会对微塑料的分布和丰度研究产生影响。对于土壤样品的采集通常需要考虑布点，并在采样前明确研究目的，确定好需要的采样深度。布点方法包括经验判断布点、系统布点和随机布点（Möller et al.，2020）。将土壤样品混合均匀后使用干净的不锈钢、陶瓷或者玻璃材质的工具和容器进行采集、运送和包装。表层土壤微塑料样品的采集遵循土壤调查方法"五点采样法"，使用不锈钢铲挖取深度在 0~20 cm 的土壤，每个点位采集的土壤样品量为 3~5 kg，保存于洁净的样品袋中。样品低温保存并送回实验室分析（杨杰，2023）。

（二）潮滩微塑料样品采集

对于海岸带潮滩微塑料样品，需要综合考虑潮带位置、潮汐、潮滩面积、样方数量、样方大小和深度等（Besley et al., 2017；Wessel et al., 2016）。将海岸带潮滩采样区域分为三个地带：潮上带、高潮线和潮间带。在每个区域随机设置 4 个 2 m×1 m 的大样方，收集样方内尺寸>2.5 cm 的大塑料样品；在大样方中心设置一个 0.5 m×0.5 m 的小样方，收集表层 2 cm 的沉积物样品储存于样品袋中（图 2.1）（赵新月，2019）。样品低温保存并送回实验室分析。

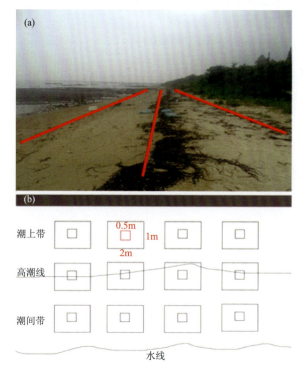

图 2.1   不同尺寸大塑料及微塑料采样方法（引自赵新月，2019）

（a）潮滩采样示意图；（b）每条采样线设 4 个 2 m×1 m 大样方，内部设 0.5 m×0.5 m 小样方

（三）沉积物微塑料样品采集

河流和海洋水体底部沉积物样品一般使用抓斗采泥器采集，采集样方的大小取决于采泥器的规格，多以圆形和方形为主，深度多为表层 1~5 cm（Van Cauwenberghe et al., 2013）。用不锈钢勺将采集的沉积物样品装入预先清洗干净的聚四氟乙烯瓶（容量为 1 L）中。样品低温保存并送回实验室分析。

（四）水体微塑料样品采集

对于河流、河口和与河口相连的近海等浅水区域，由于水深较浅无法分层采集，只采集表层水样，每份水样各采集 15 L，分别装入 3 个预先清洗干净的聚四氟乙烯桶（5 L）中，其中 5 L 用于微塑料分析，剩余水样用于其他理化与生物指标分析。对于海洋表层或深层水体，可根据研究需要，在每个站点分别采集表层（0~0.2 m）、次表层（2~5 m）、中层（依据采样站点水深而定，多在 10~20 m）和底层（为底床表面以上 3~4 m）水体，各站点的表层水体使用清洗干净的不锈钢桶采集，装入预先清洗干净的 5 L 的容器中，其他层次的水体采集时使用温盐深剖面仪（conductivity-temperature-depth，CTD）。各层次的采样深度根据各站点的实际深度设定，通过远程控制在水柱中分别采集对应深度的水样，并同时记录温度、盐度、浊度、叶绿素 a 和 pH 等参数。每个样本共收集 20 L 海水，其中 5 L 用于微塑料分析，剩余水样用于其他理化与生物指标分析。样品低温保存并送回实验室分析（周倩，2020）。

（五）大气沉降微塑料样品采集

大气沉降微塑料样品采用大气干湿沉降法收集，收集容器为不锈钢采样瓶（外口径 7.0 cm，瓶身直径 12 cm，瓶高 22.5 cm，瓶容量 2 L）。将该采样瓶放入不锈钢底座（直径 13 cm，座高 15 cm）上固定，再将采样瓶连同底座放入预先搭建的钢架（离地面约 1.2 m）上，再拧开瓶盖开始收集，收集结束后盖上瓶盖拧紧取下。若遇强降雨须在溢出之前及时更换采样瓶，防止外洒和溢出。采样瓶使用前用超纯水清洗 3 遍，加入苯扎溴铵抑菌剂（浓度为 $100 \, \text{mg} \cdot \text{L}^{-1}$），防止大气沉降样品在收集过程中被菌、藻污损（周倩，2020）。

二、多环境介质微塑料样品的分离

（一）土壤样品微塑料分离

分离土壤中微塑料的前处理方法借鉴沉积物的方法，通过密度浮选法将微塑料与土壤中的物质分离，但由于土壤中微塑料的分布不均一，土壤组分与微塑料间存在不同程度的结合，不同类型土壤中团聚体和有机质含量的差异等都会对土壤中微塑料的分离和富集产生影响（Thomas et al.，2020）。从土壤中分离富集微塑料侧重于去除土壤中的无机颗粒物。由于土壤团聚体的存在，微塑料可能会隐藏在团聚体中从而使简单的密度浮选法低估了土壤中微塑料的含量。同时，土壤中存在很多残根枯枝，其密度与微塑料相近，很难将其进行分离，在浮选之前应尽可能将其挑出，以避免对后续分离微塑料产生干扰。无机颗粒物的分离一般使用筛分过滤或者密度浮选法，常见的密度浮选试剂有氯化钠溶液（NaCl，$\rho=1.18\sim1.2\ \text{g}\cdot\text{cm}^{-3}$）、氯化锌溶液（ZnCl₂，$\rho=1.5\sim1.6\ \text{g}\cdot\text{cm}^{-3}$）、氯化钙溶液（CaCl₂，$\rho=1.4\sim1.5\ \text{g}\cdot\text{cm}^{-3}$）和碘化钠溶液（NaI，$\rho=1.6\sim1.8\ \text{g}\cdot\text{cm}^{-3}$）等（Yang et al.，2021）。去除有机质常用的试剂包括酸（HCl 和 HNO₃ 等）、碱（KOH 和 NaOH 等）、具有氧化性的试剂[过氧化氢（H₂O₂）、芬顿试剂（H₂O₂ 和 Fe^{2+}）等]和生物酶（K-蛋白酶和胰蛋白酶等）（Tornero et al.，2023）。尽管已有研究提出可使用静电分离、油分离和磁分离等方法进行分离（Felsing et al.，2018; Grbic et al.，2019; Scopetani et al.，2020），但这些技术在复杂环境中的适用性仍然受到限制。因此，鉴于土壤环境的复杂多样性，有必要在前期工作的基础上进行更深入的研究，建立合适的微塑料分离富集方法，以支持未来土壤微塑料的积累和溯源研究。

（二）沉积物和潮滩样品微塑料分离

潮滩土壤和沉积物样本的处理与微塑料分离方法参考有关文献（Zhang et al.，2015；Zhou et al.，2018），采用微塑料连续浮选流动装置分离获取潮滩土壤或沉积物中的微塑料。主要操作步骤如下：将野外采回的潮滩土壤或沉积物在无尘实验室充分混合均匀后，称取 0.5 kg 样品于干净的玻璃皿中，盖好密封备用。将搭建的微塑料连续浮选流动装置中所用到的器皿、材料等充分清洗并用铝箔纸覆盖，将配制的饱和氯化钠溶液（密度 1.2 g·cm⁻³，已用孔径为 5 μm 的硝酸纤维素滤膜过滤）泵入玻璃样品杯中。试运行整个装置后，将玻璃皿中准备好的潮滩土壤或沉积物样品转移到样品杯中，该样品杯放置在 10 L 容器中。开启蠕动泵，将饱和氯化钠溶液（7 L）以 1.0 L·min⁻¹ 的流速泵入样品杯中，同时开启空气泵将气流以 0.05 L·s⁻¹ 的速率泵入样品杯中，使样品杯中的潮滩土壤或沉积物样品充分浮选。此时样品中的低密度颗粒（包括微塑料在内）就会随盐溶液溢出到外部容器中。溢流结束后，将外部容器中的所有悬浮液泵入孔径为 50 μm 的不锈钢筛中，全程重复三遍。结束后，用不锈钢镊子从残留物中挑出肉眼可见的疑似塑料颗粒（通常大于 2 mm），并将其存储在培养皿中；将剩余的筛中残留物收集到高型玻璃杯中，加入碘化钠溶液（密度 1.6 g·cm⁻³，已用孔径为 5 μm 的硝酸纤维素滤膜过滤）中静置 24 h，以进一步分离微塑料，并用孔径为 5 μm 的硝酸纤维素滤膜（Whatman AE 98，德国）过滤悬浮液；待悬浮液过滤完成后，再用超纯水（不少于 2 L）过滤，以清洗滤膜上残留的盐溶液。将过滤好的滤膜用不锈钢镊子收集起来装入直径 50 mm 的滤膜收集盒中，低温保存。

对于不适合用连续浮选流动装置分离获取微塑料的环境样品，可选用常规密度浮选法从潮滩土壤/沉积物样品中提取微塑料。首先使用真空冷冻干燥机将潮滩土壤/沉积物样品干燥，然后使用研钵压碎干燥的样品，混匀后使用孔径为 2 mm 的不锈钢筛网过筛。称取 5.0 g 过筛后的潮滩土壤/沉积物样品放入预先清洗过的玻璃烧杯（250 mL，高型）中，加入少量的饱和氯化钠溶液（密度 1.2 g·cm^{-3}，通过孔径为 5 μm 硝酸纤维素滤膜过滤），使潮滩土壤/沉积物充分混合并分散，然后继续将足够的饱和氯化钠溶液倒入烧杯中，直至达到玻璃烧杯最大刻度线。用铝箔覆盖杯口，静置 24 h 后，使用真空抽滤装置过滤上清液至孔径为 5 μm 的硝酸纤维素滤膜（Whatman AE 98，德国）上，并用大量超纯水清洗滤膜上残留的盐溶液，收集滤膜并储存在干净的滤膜收集盒中。

（三）水体样品微塑料分离

水体样品的处理与微塑料分离方法参考 Dai 等（2018）的文献。将采集到的水体用真空抽滤装置过滤至孔径为 5 μm 的硝酸纤维素滤膜（Whatman AE 98，德国），每个水样过滤 5 L。过滤前清洗所有器材用具，并用铝箔纸密封待用，过滤过程中使用铝箔纸盖住杯口、过滤容器口等，避免人为带入微塑料或空气中微塑料污染。同时，以 5 L 超纯水作为空白对照样品，所有过滤过程和操作保持一致。全程操作员需穿戴无尘防护服。将过滤好的滤膜用不锈钢镊子收集起来，装入直径 50 mm 的滤膜收集盒中，低温保存。

（四）大气沉降样品微塑料分离

大气沉降样品的分离与处理方法主要参考 Cai 等（2017）的文献并做了改进，主要操作步骤如下：向不锈钢采样瓶中加入 500 mL 超纯水，摇晃采样瓶后将其倒入真空抽滤装置过滤器中，使用孔径 5 μm 的硝酸纤维素滤膜（Whatman AE 98，德国）过滤，重复三次。过滤期间，若有大块杂质（如昆虫残体等），用镊子夹取并用装有超纯水的洗瓶清洗其表面后（防止微塑料附着于杂质表面），丢弃于垃圾袋中。将膜上的残留物转移至装有 30%过氧化氢的玻璃烧杯（250 mL）中，50℃消解 24 h，过滤后将滤膜上残留物转移至氯化钙盐溶液（密度 1.4 g·cm^{-3}）中，静置 48 h 后，过滤上清液至孔径为 5 μm 的硝酸纤维素滤膜上，用超纯水继续过滤，以清洗膜上残留的盐溶液。

（五）生物体内微塑料分离

将不同种类的生物体外表冲洗干净，分别取其组织肉，放入绞肉机中绞碎；取 30 g（鲜重）碎肉于 1 L 干净的高型烧杯中，并设置空白对照组，加入 H$_2$O$_2$ 和 HNO$_3$ 的混合试剂（Claessens et al.，2013），所用的 H$_2$O$_2$（30%）和 HNO$_3$（65%）体积比为 1∶3；取 30 mL 上述混合试剂加入烧杯中，放在电热炉上加热，并用玻璃棒搅拌，待消解液变澄清，赶尽剩余硝酸，冷却。通过实验验证，该消解方法比 Li 等（2015）采用的消解方法（30% H$_2$O$_2$）具有更高的消解效率。然后，在冷却后的消解液中加入饱和盐溶液（过 2 μm 滤膜）500 mL，静置过夜；分别取上清液和底部残留物进行过滤（2 μm 滤膜抽滤），保留滤膜于玻璃皿中。整个过程中尽量保持样品不受周围环境的污染。

三、多环境介质微塑料样品的统计与鉴定方法

将以上收集的滤膜，置于配有电荷耦合器件（charge coupled device，CCD）照相机的立体显微镜（放大倍数 6.1~55 倍）下进行微塑料观察、描述、统计和拍照。对疑似微塑料的颗粒都进行拍照，并记录其形状、类型和颜色。

微塑料的鉴定主要使用傅里叶变换红外光谱仪。对于尺寸＞2 mm 的塑料颗粒，使用配备有 iD7 ATR 附件和金刚石晶体压片的傅里叶变换红外光谱仪（FTIR，Nicolet iS5，赛默飞，美国），主要选择中红外范围 650~4000 cm^{-1}，分辨率为 4 cm^{-1}，扫描次数为 16 次；对尺寸≤2 mm 的塑料颗粒和所有纤维，则使用显微傅里叶变换红外光谱仪（μ-FTIR，Spotlight 400，PerkinElmer，美国），其光谱范围为 750~4000 cm^{-1}，分辨率为 4 cm^{-1}，扫描次数为 16 次。将获得的光谱与 OMNIC 软件（Thermo Fisher Scientific Inc.）提供的标准数据库（Hummel Polymer Library、Hummel Polymers and Additives 和 Synthetic Fibers by Microscope 等）进行比较，剔除非塑料成分的颗粒。近年来，也有学者使用激光红外光谱（LD-IR 8700，Agilent, 美国）对微塑料进行鉴定，使用量子级联激光器（quantum cascade laser，QCL）作为光源，前处理样品制备好后，将样品转移到具有极高反射率的 Kevley 窗片上，对窗片上的样品进行全自动扫描，通过自带的微塑料红外谱库进行鉴定。

此外，还有学者使用拉曼光谱仪对提取出的微塑料进行鉴定。LabRAM HR Evolution Raman 光谱仪（HORIBA Scientific，法国）配备 785 nm 二极激光器和 600 行·mm^{-1} 衍射光栅，样品鉴定前需要使用具有 520.7 cm^{-1} 特征峰的硅晶片对光谱仪进行校准。拉曼光谱仪的光谱范围为 200~3000 cm^{-1}，采集时间为 20 s。在 LabSpec6 软件中收集检测到的微粒的光谱数据，并与两个拉曼光谱库：SLOPP 微塑料粒子光谱库（Munno et al.，2020）和 KnowItAll 拉曼光谱库（Bio-Rad Laboratories，Inc.）进行匹配。拉曼光谱仪用于检测微粒的拉曼信号，然后将数据导入库软件，库软件会自动分析微粒光谱的特征峰和峰强度，使用相似性（经典）算法将其与库中的标准物质光谱进行比较，得到一系列光谱候选项和相应的匹配值（HQI）。选择 HQI 值最高的光谱来确定微塑料成分。一般认为，当相应的 HQI≥70 时，基本可以确定微塑料的物质成分（Guedes et al.，2014）。

也有研究提出使用加压溶剂提取（pressurized solvent extraction，PSE）（Stile et al.，2021）和热裂解-气相色谱-质谱联用（Py-GC-MS）（Wahl et al.，2020）的方法对土壤中的微塑料进行定量分析，但这两种方法无法获得包括粒径、形状和颜色等信息，而这些信息正是微塑料不同于其他污染物的重要特征，具有重

要的意义。

第二节　环境微塑料表面形貌及理化性质分析方法

一、微塑料形貌分析

微塑料样品表面微观形貌观察和特征分析采用冷场发射扫描电子显微镜（SEM，Hitachi S-4800 型）。将待测微塑料样品干燥后用碳纤维胶固定在样品台上，使用离子溅射仪（Hitachi E-1045 型）做镀膜（Pt）处理后，置于扫描电子显微镜中，通过调节视场和放大倍数，观察微塑料表面形貌特征。表面粗糙度分析采用原子力显微镜（AFM，MultiMode 8 和 BioScope Catalyst 型），将样品平铺固定在云母片表面，将云母片粘在样品台中，放置在扫描管上面，再将探针安装在悬臂夹中，使用轻敲（tapping）模式，设置扫描范围为 20 nm×20 nm，扫描并观察图像。

二、微塑料理化性质分析

（一）密度

微塑料的密度分析参考 Khatmullina 和 Isachenko（2017）的滴定法。配制体积比分别为 40∶160、80∶120、100∶100、120∶80、160∶40 的乙醇-水溶液（测定聚乙烯颗粒密度）或水-饱和 NaCl 溶液（测定聚苯乙烯、尼龙颗粒密度）。用镊子夹起微塑料颗粒，放置于溶液液面下 1 cm 处停留 5 s 后，释放微塑料颗粒，观察其在不同溶液中的垂直运动（上升或下降）状态，取出微塑料后依次放置于下一个比例的溶液中继续观察。当观察到微塑料颗粒在某两种溶液（如 80∶120 与 120∶80 的溶液）之间沉降行为发生变化时，配制其中一种体积比的溶液，将微塑料颗粒加入其中，并缓慢加入两种试剂中的一种（水或乙醇）并继续搅拌，当观察到微塑料呈现悬浮状态时，取出微塑料颗粒，使用比重瓶测定该溶液的密度，即为微塑料颗粒的密度（骆永明等，2019）。

先称量比重瓶的初始质量，再称量装满去离子水时比重瓶的质量，最后测定比重瓶装满待测溶液时的质量。采用下述公式计算待测溶液密度：

$$待测溶液密度 = \frac{(装满待测溶液时比重瓶质量 - 空比重瓶质量) \times 去离子水密度}{装满去离子水时比重瓶质量}$$

（二）孔隙度与比表面积

微塑料孔隙度分析使用压汞仪（AutoPore 9510 型），将微塑料样品使用超纯水超声清洗 30 min，重复 3 次；再用无水乙醇超声清洗 30 min，重复 3 次；将清洗好的微塑料置于超净台中通风干燥，称取适量的样品（发泡型不少于 0.01 g，薄膜和扁丝类不少于 0.04 g，树脂颗粒类和渔线不少于 0.1 g），置于压汞仪操作台上，测量孔径范围为 0.003～1000 μm。

微塑料样品的比表面积使用物理吸附仪（Quantachrome NovaWin），测试前的处理步骤与测量孔隙度样品一致，测试时，样品量不少于 0.1 g，置于样品管中，50℃真空脱气 6 h 后，上机测试。

（三）疏水性

微塑料样品表面疏水性使用接触角测定仪（Contact Angle System OCA）测定。接触角的大小能够指示微塑料样品表面疏水性。操作步骤为：将洁净的不同处理组的微塑料样品[聚乙烯（PE）薄膜和聚丙烯（PP）扁丝，各 3 个重复]固定在载玻片上，置于接触角测定仪样品台上；使用微型注射器滴加 2 μL 的水滴于微塑料表面，当水滴接触样品表面时开始计时，约 10 s 后拍照固定；通过 SCA20 软件拟合分析静态水滴与微塑料表面的接触角。

（四）表面官能团和羰基指数

使用配备有 iD7 ATR 附件和金刚石晶体压片的傅里叶变换红外光谱仪（FTIR，Nicolet iS5，赛默飞，美国）分析微塑料样品表面官能团。主要选择中红外范围 650~4000 cm^{-1}，分辨率为 4 cm^{-1}，扫描次数为 16 次，每组样品设置 3 个重复，每个样品重复测试 2~3 次。

通过计算微塑料表面羰基指数来量化其表面老化过程。通过傅里叶变换红外光谱测试获得微塑料表面红外光谱信息，光谱校正后通过计算羰基峰积分面积与参比峰积分面积的比值，获得羰基指数值。计算公式为

$$CI = \frac{A_{C=O}}{A_{ref}}$$

式中，CI 指羰基指数；$A_{C=O}$ 指校准后的羰基峰（1650~1740 cm^{-1}）积分面积；A_{ref} 指校准后的参比峰（1400~1500 cm^{-1}）积分面积。其中，聚氯乙烯因在 1650~1740 cm^{-1} 波段有聚合物特征峰存在，故选取 3100~3500 cm^{-1} 波段作为羰基峰计算积分面积。

采用热裂解-气相色谱-质谱（Py-GC-MS，裂解器：PY-3030D，Frontier Lab，日本；GC-MS：Thermo DSQ，美国）分析了发泡型微塑料本体及表面次生官能

团，通过热裂解-气相色谱-质谱谱库检索和人工解析，确定裂解产物。对比分析包含微塑料风化表层和剥离风化表层后的官能团差异。包含风化表层的微塑料样品是指采用镊子或刀片将发泡微塑料的风化表层剥落收集的部分（约 0.5 mm），其余残留的部分则作为剥离风化表层后的微塑料内部样品。具体实验步骤与条件为：选取约 0.1 mg 微塑料样品放入裂解柱中；裂解温度为 550℃，进样口温度为 300℃；UA-5 不锈钢毛细管柱（30 m×0.25 mm×0.25 μm），初始柱温为 50℃，随后以 5℃·min^{-1} 升到 300℃，并在 300℃保持 20 min；柱流量为 1 mL·min^{-1}，传输线温度为 280℃，电子轰击（electron impact，EI）离子源温度为 230℃，电子轰击能量为 70 eV，质量扫描范围 m/z 为 50~650 u（atomic mass unit，原子质量单位）。

第三节　微塑料表面吸附物质分析方法

一、微塑料表面附着元素分析

采用冷场发射扫描电子显微镜-能谱仪（HORIBA EX-350，能量分散型 X 射线分析装置）分析微塑料表面特定微域的元素组成。

对于微塑料表面吸附的重金属元素，采用纳米二次离子质谱法（NanoSIMS，Cameca NanoSIMS 50L 型）进行微量元素的原位分析和微区内元素分布扫描成像。将干燥的待测微塑料样品表面用离子溅射仪做镀膜（铱，Ir）处理，在扫描电子显微镜下观察目标微区并记录位置坐标后，将样品置于 NanoSIMS 工作台进行分析。

二、微塑料表面有机污染物分析

微塑料表面有机污染物邻苯二甲酸酯（PAEs）和有机磷酸酯（OPEs）的分离、提取和分析采用 Andresen 等（2004）、Zeng 等（2008）和 Hirai 等（2011）提出的方法。将 0.01~0.5 g 微塑料样品与 10 g Na$_2$SO$_4$、40 μL 125 pg·μL^{-1} 的氘代 PAEs 和 OPEs 标准品，以及 500 pg·μL^{-1} 的 d27-TnBP 混合，用索氏提取器以 5 mL·min^{-1} 的流速提取 16 h。将萃取物溶于正己烷中并蒸发至 1~2 mL，然后经顶部加有 3 g 无水硫酸钠的硅胶柱（2.5 g，10%水去活化）纯化。用 15 mL 正己烷和 20 mL 二氯甲烷（DCM）/丙酮（1∶1，体积分数）分别洗脱。洗脱液经旋转蒸发和氮吹浓缩至 200 μL，加入 10 μL（50 pg）$^{13}C_6$-PCB 208[剑桥同位素实验室（Cambridge Isotope Laboratories），美国马萨诸塞州蒂克斯伯里]作为内标。

采用气相色谱-质谱联用仪（GC-MS, Agilent 6890-5975, 美国）的电子轰击（EI）离子源和选择离子监测模式（selective ion monitoring, SIM）分析 PAEs。采

用气相色谱–三重四极质谱仪（Agilent 6890A-7010, 美国）的电子轰击（EI）离子源分析 OPEs。色谱柱为 HP-5MS（30 m × 250 μm × 0.25 μm 膜厚，J&W Scientific），载气（氦气）流速为 1.3 mL·min^{-1}，进样量为 1 μL。采用基于 9 点校准曲线的内标法对单个 PAEs 和 OPEs 进行定量。

第四节　微塑料表面生物膜分析方法

一、微塑料表面生物膜的形貌、结构与组成分析

土壤介质中微塑料样品和野外原位暴露试验微塑料样品表面生物膜微观形貌使用 Hitachi S-4800 型冷场发射扫描电子显微镜（SEM）进行分析。操作步骤为：用过滤（0.22 μm 孔径滤膜）后的灭菌海水将微塑料样品表面附着的杂质冲洗干净，将微塑料样品（2~3 个）分别放入 48 孔板中，每孔加入 0.5 mL 2.5%的戊二醛固定液（pH=7.4）室温固定 2 h，再用 0.5mL 0.1 mol·L^{-1} PBS 分别洗涤 2 次，每次 5 min；将清洗后的样品依次放入 10%、30%、50%、70%、90%的乙醇溶液中各脱水 10 min，再在 100%的乙醇溶液中脱水 2 次，每次 15 min，之后取出样品，放入超净台内通风干燥（骆永明等，2019）。处理完成后的样品用碳纤维胶固定在样品台上，使用离子溅射仪（Hitachi E-1045 型）做镀膜（Pt）处理后，置于扫描电子显微镜中，观察微塑料表面生物膜形貌特征。

微塑料表面生物膜的立体结构及其分布（包括活菌、非活菌和胞外聚合物），使用激光共聚焦扫描显微镜（FluoView FV1000，奥林巴斯，日本）分析。分别使用核酸染料 Syto9、碘化丙啶（PI）和伴刀豆球蛋白（ConA）三种荧光染色剂对微塑料表面活菌、非活菌和胞外聚合物染色，使用的三种荧光染色剂的浓度分别为 ConA 浓度：0.125 mg·mL^{-1}，PI 浓度：20 μmol·L^{-1}，Syto9 浓度：3.34 μmol·L^{-1}。操作步骤为：用无菌海水小心地清洗 2 片微塑料表面的附着物，放入 48 孔板中，各加入三种荧光染液 100 μL 避光染色 30 min，取出薄膜用无菌水洗涤 2 次，每次 5 min。将洗涤后的微塑料放在玻片上，置于显微镜载物台，使用 488 nm、561 nm 和 633 nm 三个激发波长对微塑料表面特定区域扫描成像，并在 Z 轴方向以步距 1 μm 纵向扫描获得样品表面生物膜的立体结构及其分布。

微塑料表面生物膜的元素组成使用 NanoSIMS 分析。分析方法参考第二章第三节，将处理好的样品通过扫描电子显微镜观察并标记感兴趣区域，再在 NanoSIMS 下分析表面碳（C）、氮（N）、磷（P）等生源要素的组成、丰度与定位。

二、微塑料表面生物膜的总量、厚度和立体结构分析

生物膜总量使用草酸铵结晶紫半定量法测定（Lobelle and Cunliffe, 2011）。具体步骤为：首先，取适量的微塑料样品放入无菌培养皿中，加入 2 mL 灭菌海水清洗微塑料表面，清洗 3 次，每组设置 3 个重复，同时以新鲜的微塑料样品作为空白对照；其次，将清洗后的微塑料样品在室温下风干（不少于 45 min），加入配置好的 0.5 mL 1%草酸铵结晶紫溶液染色 45 min；染色结束后，用洁净的注射器吸取多余的染液，再加入 5 mL 灭菌海水清洗 3 次，完成后室温下放置 45 min；然后，将微塑料样品放入 2 mL 离心管中，加入 1 mL 的 95%乙醇溶液（体积分数）脱色 10 min；最后，将脱色液转移至比色皿中，测定 595 nm 处的吸光值（以只加脱色液的处理作为空白）。

表面生物膜厚度的分析在激光共聚焦扫描显微镜（FluoView FV1000，奥林巴斯，日本）系统上完成。在样品表面生物膜的立体结构（包括活菌、非活菌和胞外聚合物）分析的基础上，获得微塑料表面生物膜的三维（3D）结构照片，使用 ImageJ 和 COMSTAT 软件分析生物膜厚度。

三、微塑料表面生物膜中微生物群落结构多样性分析

采用 MP FastDNA®试剂盒提取 PE 薄膜表面生物膜脱氧核糖核酸（DNA），选取 10 片 PE 微塑料，按照试剂盒标准说明书中的标准操作流程提取 PE 薄膜表面的 DNA，采用 50 μL 洗脱液洗脱。采用细菌 16S V4 区引物 528 F 和 706 R，PCR 扩增反应体系：10 μL 基因组 DNA，引物各 3 μL，Phusion Master Mix（2 ×）（New England Biolabs，美国）15 μL，加 ddH$_2$O 至总体积为 30 μL。PCR 扩增条件：98℃预变性 1 min；98℃ 10 s，50℃ 30 s，72℃ 30 s，30 个循环；72℃延伸 5 min，冷却至 4℃。扩增产物经 2%琼脂糖凝胶电泳（电压：80 V，时间：40 min），再经 GoldView 染色后于凝胶成像系统上观察拍照，鉴定 PCR 扩增效率。

使用 Illumina 公司的 TruSeq DNA PCR-Free Library Preparation Kit 建库试剂盒进行 DNA 文库的构建，构建好的文库经过荧光光度法 Qubit 定量和文库检测，合格后，使用 HiSeq 进行上机测序。测序得到的原始数据（raw data）中存在一定比例的干扰数据（dirty data），为了使信息分析的结果更加准确、可靠，首先对原始数据进行拼接、过滤，得到有效数据（clean data）。基于有效数据进行运算分类单元（operational taxonomic units，OTUs）聚类和物种分类分析。根据 OTUs聚类结果，一方面对每个 OTU 的代表序列做物种注释，得到对应的物种信息和基于物种的丰度分布情况；另一方面对 OTUs 进行丰度、Alpha 多样性计算、维恩（Venn）图等分析，以得到样品内物种丰富度和均匀度等信息。

结　语

　　方法学始终是环境微塑料研究的基础。本章介绍了土壤、潮滩、沉积物、水体和大气等环境介质中微塑料的采集、分离、鉴定和表征方法。总体上，环境介质中微塑料样品的采集工作需要进行有针对性的布点，详细地记录采样点周边环境情况；环境样品中微塑料的分离提取需要借助密度浮选法，并使用过氧化氢等氧化剂消除有机质的干扰。通过红外光谱或者拉曼光谱对微塑料进行鉴定分析。使用扫描电子显微镜、原子力显微镜、压汞仪、接触角测定仪、纳米二次离子质谱仪和气相/液相色谱串联质谱仪，实现对微塑料表面理化性质的分析和黏附物质的鉴定。采用草酸铵结晶紫染色法、激光共聚焦扫描显微镜和高通量测序等技术，解析微塑料表面生物膜的总量、组成与结构，以及微生物群落结构多样性。目前对环境介质中微塑料的研究大多关注尺寸较大的微塑料（> 20 μm），未来需要更多地关注环境介质中小尺寸微/纳塑料（< 20 μm）的赋存研究及方法的标准化，包括质量计量方法。

参 考 文 献

骆永明, 等. 2019. 海洋和海岸环境微塑料污染与治理. 北京: 科学出版社.

杨杰. 2023. 农田土壤中微塑料的赋存、积累特征和小麦吸收过程研究. 北京: 中国科学院大学.

赵新月. 2019. 海岸带环境中大塑料和微塑料的组成、鉴别及来源研究——以黄海桑沟湾为例. 北京: 中国科学院大学.

周倩. 2020. 海岸环境微塑料分布规律、表面变化及生物膜形成作用研究. 北京: 中国科学院大学.

Andresen J A, Grundmann A, Bester K. 2004. Organophosphorus flame retardants and plasticisers in surface waters. Science of the Total Environment, 332(1-3): 155-166.

Besley A, Vijver M G, Behrens P, et al. 2017. A standardized method for sampling and extraction methods for quantifying microplastics in beach sand. Marine Pollution Bulletin, 114(1): 77-83.

Cai L, Wang J, Peng J, et al. 2017. Characteristic of microplastics in the atmospheric fallout from Dongguan City, China: Preliminary research and first evidence. Environmental Science and Pollution Research, 24(32): 24928-24935.

Claessens M, Van Cauwenberghe L, Vandegehuchte M B, et al. 2013. New techniques for the detection of microplastics in sediments and field collected organisms. Marine Pollution Bulletin, 70(1-2): 227-233.

Dai Z, Zhang H, Zhou Q, et al. 2018. Occurrence of microplastics in the water column andsediment in an inland sea affected by intensive anthropogenic activities. Environmental Pollution, 242: 1557-1565.

Felsing S, Kochleus C, Buchinger S, et al. 2018. A new approach in separating microplastics from environmental samples based on their electrostatic behavior. Environmental Pollution, 234: 20-28.

Grbic J, Nguyen B, Guo E, et al. 2019. Magnetic extraction of microplastics from environmental samples. Environmental Science & Technology Letters, 6(2): 68-72.

Guedes A, Ribeiro H, Fernández-González M, et al. 2014. Pollen Raman spectra database: Application to the identification of airborne pollen. Talanta, 119: 473-478.

Hirai H, Takada H, Ogata Y, et al. 2011. Organic micropollutants in marine plastics debris from the open ocean and remote and urban beaches. Marine Pollution Bulletin, 62(8): 1683-1692.

Khatmullina L, Isachenko I. 2017. Settling velocity of microplastic particles of regular shapes. Marine Pollututium Bulletin, 114(2): 871-880.

Li J, Yang D, Li L, et al. 2015. Microplastics in commercial bivalves from China. Environmental Pollution, 207: 190-195.

Lobelle D, Cunliffe M. 2011. Early microbial biofilm formation on marine plastic debris. Marine Pollution Bulletin, 62: 197-200.

Möller J N, Löder M G J, Laforsch C. 2020. Finding microplastics in soils: A review of analytical methods. Environmental Science & Technology, 54(4): 2078-2090.

Munno K, De Frond H, O'Donnell B, et al. 2020. Increasing the accessibility for characterizing microplastics: Introducing new application-based and spectral libraries of plastic particles (SLoPP and SLoPP-E). Analytical Chemistry, 92(3): 2443-2451.

Scopetani C, Chelazzi D, Mikola J, et al. 2020. Olive oil-based method for the extraction, quantification and identification of microplastics in soil and compost samples. Science of the Total Environment, 733: 139338.

Stile N, Raguso C, Pedruzzi A, et al. 2021. Extraction of microplastic from marine sediments: A comparison between pressurized solvent extraction and density separation. Marine Pollution Bulletin, 168: 112436.

Thomas D, Schütze B, Heinze W M, et al. 2020. Sample preparation techniques for the analysis of microplastics in soil—A review. Sustainability, 12(21): 9074.

Tornero Q, Dzuila M A, Robert D, et al. 2023. Methods of sampling and sample preparation for detection of microplastics and nanoplastics in the environment//Tyagi R D, Pandey A, Drogui P, et al. Current Developments in Biotechnology and Bioengineering. Amsterdam: Elsevier: 79-97.

Van Cauwenberghe L, Vanreusel A, Mees J, et al. 2013. Microplastic pollution in deep-sea sediments. Environmental Pollution, 182: 495-499.

Wahl A, Le Juge C, Davranche M, et al. 2020. Nanoplastic occurrence in a soil amended with plastic debris. Chemosphere, 262: 127784.

Wessel C C, Lockridge G R, Battiste D, et al. 2016. Abundance and characteristics of microplastics in beach sediments: Insights into microplastic accumulation in northern Gulf of Mexico estuaries. Marine Pollution Bulletin, 109(1): 178-183.

Yang L, Zhang Y, Kang S, et al. 2021. Microplastics in soil: A review on methods, occurrence, sources, and potential risk. Science of the Total Environment, 780: 146546.

Zeng F, Cui K, Xie Z, et al. 2008. Phthalate esters (PAEs): Emerging organic contaminants in agricultural soils in peri-urban areas around Guangzhou, China. Environmental Pollution, 156(2): 425-434.

Zhang K, Gong W, Lv J, et al. 2015. Accumulation of floating microplastics behind the Three Gorges Dam. Environmental Pollution, 204: 117-123.

Zhou Q, Zhang H, Fu C, et al. 2018. The distribution and morphology of microplastics in coastal soils adjacent to the Bohai Sea and the Yellow Sea. Geoderma, 322: 201-208.

第三章　陆海环境微塑料来源与源解析

大塑料在陆地或海洋环境中经过紫外辐射、风或/和浪、潮汐作用，可破碎形成塑料碎片甚至微塑料。环境中的微塑料按来源分可分为原生微塑料和次生微塑料，其中原生微塑料多为工业喷砂以及洗漱用品中的磨砂微珠或者作为原材料的树脂颗粒；次生微塑料则主要由大塑料经环境风化作用形成。在潮滩环境中，物理和化学风化的共同作用加速了塑料碎片的脆化和降解，尺寸较大的塑料碎片由于表面特征较为完整，来源容易识别，塑料碎片尺寸越小，其来源越难以识别。迄今为止，对于次生微塑料的来源追溯缺乏直接或间接证据，主要通过形貌和成分来判断。本章以黄海桑沟湾的 7 个潮滩为研究对象，通过调查不同尺寸大塑料及微塑料的组成和丰度，分析不同尺寸大塑料和微塑料的相关性及形态特征，识别潮滩环境中次生微塑料来源。研究结果可为陆海环境中次生微塑料的来源解析提供新思路，为大塑料及微塑料污染的源头控制提供科学依据。

第一节　桑沟湾潮滩大塑料组成及来源

桑沟湾位于山东省荣成市，北、西、南三面为陆地，东面面向黄海，港湾众多，海湾面积约为 163.20 km²，海岸线长 74.40 km，滩涂面积 20 km²。桑沟湾水产资源丰富，气候适宜，是我国北方最具有代表性的养殖型海湾。该地区养殖业历史悠久，规模宏大，以滩涂养殖和浅海养殖为主，养殖类型有海带养殖、贝类养殖及贝藻混养，在湾内西南角还有小范围网箱养殖，养殖面积几乎覆盖整个海湾（傅明珠等，2013）。近年来，海洋牧场项目在桑沟湾南部海域兴建，该项目将渔业与旅游产业结合起来，大大推动了桑沟湾旅游业的快速发展。因此，桑沟湾地区养殖活动与旅游活动相结合，能够产生大量的养殖类或者休闲娱乐类大塑料或微塑料，是研究大塑料及微塑料污染和来源的理想区域。本节调查了桑沟湾 7 个典型潮滩（赵新月等，2020），将海岸带潮滩分为三个不同区域：潮上带、高潮线、潮间带。在每个区域随机设置 4 个 2 m×1 m 大样方，收集样方内>2.5 cm 的大塑料样品；在大样方中心设置一个 0.5 m×0.5 m 的小样方，收集表层 2 cm 的沉积物样品。

桑沟湾潮滩大塑料及微塑料分类及类型特征见表 3.1，类型和组成如图 3.1 所示。聚苯乙烯泡沫（白色泡沫）在 5 mm~2.5 cm、1~5 mm 与<1 mm 塑料样品中比例较高，分别为 85%、97%和 82%；在>2.5 cm 的大塑料组成中，没有明显的

表 3.1　桑沟湾潮滩大塑料及微塑料分类及类型（引自赵新月，2019）

项目	大塑料		微塑料	
	>2.5 cm	5 mm~2.5 cm	1~5 mm	<1 mm
类型	白色泡沫	白色泡沫	发泡	发泡
	黄色海绵	黄色海绵	海绵	海绵
	纤维/绳	纤维/绳	纤维	纤维
	薄膜绳	薄膜绳	碎片	碎片
	包装袋	碎片	颗粒	颗粒
	碎片		小球	
	浮子			
	瓶/盖/盒子			
	其他			

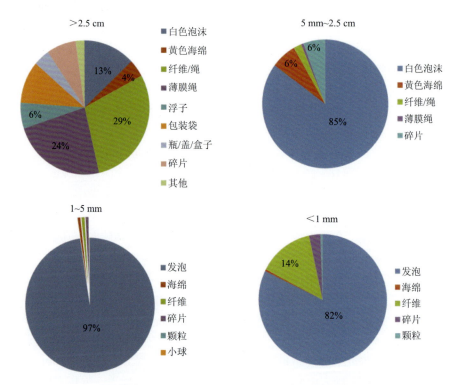

图 3.1　桑沟湾潮滩不同尺寸大塑料及微塑料类型和组成（引自赵新月等，2020）

主要成分类型。周倩（2016）在调查山东半岛滨海潮滩沉积物中微塑料时同样发现了大量的聚苯乙烯泡沫。聚苯乙烯泡沫是潮滩大塑料及微塑料中主要类型之一。

在>2.5 cm 的塑料样品组成中,发现纤维/绳和薄膜绳组成比例分别为29%和24%,聚苯乙烯泡沫占13%,浮子占6%,黄色海绵占4%。在走访调查的过程中我们注意到,纤维/绳、薄膜绳、黄色海绵和浮子也被广泛应用于养殖活动中,这些与养殖活动相关的塑料类型占比为76%,远大于其他类型的大塑料。

从以上结果来看,养殖活动中产生的塑料制品是潮滩大塑料及微塑料的一个重要来源。我们推测,这一结果可能与桑沟湾渔业养殖中使用的聚苯乙烯泡沫浮筒有关,这种泡沫浮筒在长时间使用后受到海浪冲击与磨损破碎、海洋小动物剥蚀,形成更小的发泡颗粒或碎片,所以在 5 mm~2.5 cm 和<5 mm 塑料中占比丰富。除此以外,对桑沟湾沿岸及周边区域进行走访调查了解到,海产品的运输与保存也会使用类似材质的白色泡沫箱,这些白色泡沫箱会被丢弃进入海洋环境中。此外,在 SGB1、SGB2 和 SGB6 潮滩中(图 3.2),>2.5 cm 类型的包装袋、瓶/盖/盒子占有一定比例,包装袋大多为食品包装袋,如饼干袋、雪糕袋等;瓶/盖/盒子基本为饮料瓶(盒)和瓶盖。SGB2 和 SGB6 采样点为开发的旅游潮滩,这些可能为旅游休闲活动中丢弃的大塑料;而 SGB1 潮滩紧靠居民生活区,这些包装袋、瓶/盖/盒子可能为居民生活中丢弃的大塑料。因此,除去聚苯乙烯泡沫、薄膜绳、纤维/绳等养殖类塑料类型外,休闲娱乐活动和生活中丢弃的包装袋和饮料瓶等是产生潮滩大塑料及微塑料污染的另一个来源。

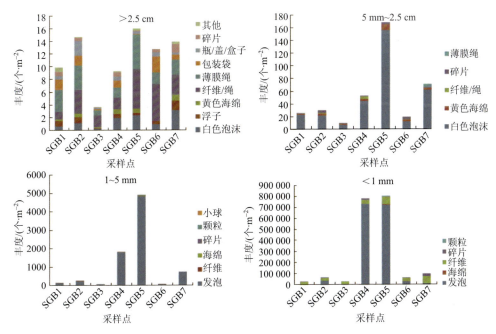

图 3.2　桑沟湾不同潮滩中不同尺寸大塑料及微塑料的类型及丰度(引自赵新月等,2020)

通过计算不同尺寸塑料的丰度（图 3.2），>2.5 cm 的塑料平均丰度为 12 个·m^{-2}；5 mm~2.5 cm 的塑料平均丰度为 52 个·m^{-2}，1~5 mm 的塑料平均丰度为 1073 个·m^{-2}，< 1 mm 的塑料平均丰度为 603 555 个·m^{-2}。随着尺寸的减小，塑料的丰度逐渐递增。其中 SGB5 采样点在>2.5 cm、5 mm~2.5 cm、1~5 mm 和< 1 mm 的塑料中丰度均呈现最高，分别为 16 个·m^{-2}、167 个·m^{-2}、4862 个·m^{-2} 和 802 422 个·m^{-2}，而 SGB3 采样点在>2.5 cm、5 mm~2.5 cm 和 1~5 mm 的塑料中丰度均呈现最低，丰度分别为 4 个·m^{-2}、11 个·m^{-2} 和 67 个·m^{-2}。

丰度结果显示，塑料碎片的总体丰度随着尺寸的减小而增加 2~4 个数量级，可能是大块塑料被冲上岸后发生破碎而产生的结果。SGB5 采样点的塑料以丰度分布最高，可能是由于 SGB5 采样点位于渔业养殖公司附近，岸滩上停放着大量的渔业养殖筏架，这些养殖筏架所用的浮力材料为聚苯乙烯浮筒。长时间的光照、风浪和潮汐等环境作用，使得聚苯乙烯养殖浮筒发生破碎。SGB3 采样点中>1 mm 的塑料丰度最低，可能是由于该采样点为休闲娱乐潮滩，每天会有两次岸滩清洁活动，不会有大塑料堆滞在岸滩的现象，从而其破碎现象并不明显。

第二节　不同尺寸大塑料及微塑料的相关性分析

利用斯皮尔曼（Spearman）秩相关法对>2.5 cm、5 mm~2.5 cm、1~5 mm 和 <1 mm 的塑料碎片进行相关性分析，结果如表 3.2 所示。

表 3.2　桑沟湾潮滩不同尺寸大塑料及微塑料的 Spearman 秩相关系数（引自赵新月等，2020）

尺寸	总丰度	发泡	非发泡
>2.5 cm 和 5 mm~2.5 cm	0.679	0.857*	0.679
>2.5 cm 和 1~5 mm	0.571	0.857*	0.679
>2.5 cm 和<1 mm	0.536	0.571	0.321
5 mm~2.5 cm 和 1~5 mm	0.964**	0.929**	0.786*
5 mm~2.5 cm 和<1 mm	0.857*	0.429	0.500
1~5 mm 和<1 mm	0.893**	0.714	0.429

* $p<0.05$；** $p<0.01$。

由不同尺寸的大塑料与微塑料的相关性分析显示，在总丰度上，5 mm~2.5 cm 和 1~5 mm、5 mm~2.5 cm 和<1 mm 及 1~5 mm 和<1 mm 之间的丰度具有显著相关性，相关系数分别为 0.964（$p< 0.01$）、0.857（$p< 0.05$）、0.893（$p< 0.01$），其中 5 mm~2.5 cm 和 1~5 mm 的塑料丰度之间相关系数最高。在发泡塑料的丰度上，>2.5 cm 和 5 mm~2.5 cm、>2.5 cm 和 1~5 mm 及 5 mm~2.5 cm 和 1~5 mm 三

组丰度的相关性较高，尤其是 5 mm~2.5 cm 和 1~5 mm 塑料丰度之间相关系数高达 0.929（$p < 0.01$）。在非发泡塑料类型中，5 mm~2.5 cm 和 1~5 mm 塑料丰度之间相关系数为 0.786（$p < 0.05$）。以上结果表明，<1 mm 的微塑料可能依赖于 1~5 mm 或 5 mm~2.5 cm 的塑料存在；1~5 mm 的微塑料可能依赖于 5 mm~2.5 cm 或 > 2.5 cm 的塑料而存在。不同尺寸的塑料碎片之间存在一定的破碎关系，这种破碎关系可能有助于微塑料来源的识别。

第三节　大塑料和微塑料的聚合物成分与特征

采用傅里叶变换红外光谱仪和显微-傅里叶变换红外光谱仪对不同尺寸的大塑料及微塑料进行成分鉴定，结果如表 3.3 所示。在 ≥5 mm 的大塑料中，白色泡沫成分为聚苯乙烯。聚苯乙烯泡沫在环境条件下经过风化作用，其分子结构稳定性遭到破坏，尤其是光照的影响，发生光氧化降解，产生分子链断裂、重组现象，使得该种材料更容易破碎而形成小发泡颗粒或薄片（姚培培等，2014）。养殖浮子成分为聚乙烯，其表面孔隙小、质地柔软、有韧性，以黑色、白色和蓝色为主。黄色海绵成分为聚氨酯，在环境中受到光、热、水等因素的影响，呈现出变脆、强度降低等特征（理莎莎等，2009）。纤维/绳的成分为聚乙烯和聚丙烯，直径在200~300 μm。用于贝类或海带养殖的薄膜绳为不透明薄膜状，颜色以绿色和黑色为主，成分为聚丙烯，聚丙烯分子的主链上有不稳定的叔碳原子，在环境中受到光和热的作用，其分子链更容易发生降解，力学性能下降，甚至会发生粉化（刘海林等，2014）。包装袋成分以聚丙烯和聚乙烯为主。饮料瓶的主要成分为聚对苯二甲酸乙二醇酯，少数为聚乙烯，容器盒子成分多为聚丙烯。

表 3.3　桑沟湾潮滩中大塑料的特征（引自赵新月，2019）

类型	形状	颜色	聚合物成分	特征
泡沫	块状 板状	白色	聚苯乙烯	发泡颗粒大、易破碎，形成小发泡颗粒或薄片
浮子	块状	黑色、蓝色、红色、灰色	聚乙烯	内部无发泡颗粒或气孔，内部紧致、柔软、有韧性
	球状	黑色、白色、红色	聚氯乙烯	内部有微小空气气孔、质地坚硬、不易破碎
海绵	块状	黄色	聚氨酯	外部黄色，内部白色，易碎
纤维/绳	纤维	绿色、黑色、蓝色、黄色、白色	聚乙烯 聚丙烯	圆棒状纤维、直径 200~300 μm

续表

类型	形状	颜色	聚合物成分	特征
薄膜绳	薄膜	白色、黑色、绿色	聚丙烯	不透明、不耐磨、易破碎成碎片
		白色、红色、绿色	聚乙烯	透明性好、不耐磨、易纵向撕裂
		红色、黑色、银色、金色、绿色、紫色	聚对苯二甲酸乙二醇酯	经环境风化后，表面涂层褪去，内部为透明薄膜，易破碎成碎片
包装袋	薄膜	白色、蓝色、红色、绿色、透明	聚丙烯、聚乙烯、聚对苯二甲酸乙二醇酯	质地薄，破碎后形成碎片
瓶/盖/盒子	—	透明、绿色、蓝色、红色	聚对苯二甲酸乙二醇酯、高密度聚乙烯、聚丙烯	质地坚硬，不易破碎，可能形成碎片
碎片	碎片	白色、蓝色、红色	聚丙烯、聚乙烯	形状不规则

如表 3.4 所示，在<5 mm 的微塑料成分中，白色发泡类和黄色海绵微塑料与大塑料对应样品的成分相同。纤维类微塑料分为两类，第一类为粗纤维，直径范围为 200~300 μm，成分多为聚乙烯，少数为聚丙烯；第二类为细纤维，直径范围为 10~20 μm，主要为聚酯类和丙烯酸类，少数为聚丙烯或聚乙烯。碎片类和颗粒类微塑料的成分主要为聚乙烯或聚丙烯。

表 3.4　桑沟湾潮滩中微塑料的特征（引自赵新月，2019）

类型	形状	颜色	聚合物成分
发泡	颗粒、碎片	白色	聚苯乙烯
海绵	颗粒、碎片	黄色	聚氨酯
粗纤维（200~300 μm）	纤维	白色、绿色、黑色	聚乙烯、聚丙烯
细纤维（10~20 μm）	纤维	白色、绿色、蓝色、红色	聚丙烯、聚酯、丙烯酸
碎片	碎片	白色、蓝色、黑色	聚乙烯、聚丙烯
颗粒	颗粒	蓝色、白色	聚乙烯、聚丙烯
小球	小球	白色、蓝色	聚丙烯

第四节　微塑料来源识别

次生源是微塑料主要来源途径之一。本书将收集的大塑料、小塑料及微塑料进行了表面形态和成分比较，以鉴别微塑料来源。

图 3.3 为桑沟湾潮滩中大塑料破碎成次生微塑料现象的野外调查。在 1~5 mm 塑料样品中，观察到部分黑色碎片，质地柔软、结构致密，通过与>2.5 cm 的塑料样品特征进行对比发现，其颜色、质地与养殖中使用的聚乙烯浮子相同[图 3.3

（a）], 再经红外光谱鉴定后发现成分均为聚乙烯（图 3.4），故推测该微塑料颗粒来源于养殖中使用的聚乙烯浮子。Chen 等（2018）在象山湾养殖场调查中同样发现过大量聚乙烯浮子破碎的微塑料。图 3.3（b）和图 3.3（c）分别为白色发泡类和纤维类塑料。白色发泡类塑料由于其独特的颜色和形状，更容易被识别。结合桑沟湾养殖活动的特点和对大块泡沫塑料来源的分析，这种发泡类微塑料多来源于养殖活动中使用的聚苯乙烯泡沫，经过风化破碎而形成；而纤维类微塑料直径一般在 0.2~0.3 mm，比衣物纤维粗，在尺寸为 5 mm~2.5 cm 和 1~5 mm 的渔绳类大塑料样品中也有相似特征的纤维出现，通过与大塑料的渔绳进行对比后，发现颜色、尺寸、质地均相同，成分也均为聚乙烯（图 3.4），据此可以推测该类型的微塑料来源于纤维/绳的破碎。目前，已有调查研究表明，潮滩中有类似渔绳的微塑料纤维存在；由于养殖、捕鱼等活动，每年会有大量废弃的渔绳被丢弃在潮滩或海洋环境中，经过环境风化作用破碎成纤维状微塑料（Zhou et al.，2018）。在不同尺寸的塑料中均发现有黄色海绵[图 3.3（d）]，其主要成分为聚氨酯（图 3.4）。该类塑料制品多被渔民用作养殖的定位浮标，经潮汐流、风浪等作用可滞留在潮滩上。Zhou 等（2018）在黄渤海潮滩土壤中也发现了大量海绵类微塑料。此外，在<1 mm 的微塑料样品中还观测到大量不透明的绿色、白色及黑色碎片，这种类型的碎片也容易破碎，在显微镜挑选过程中不易被识别；在 1~5 mm、5 mm~2.5 cm 的塑料样品中均可见相似的碎片存在 [图 3.3（e）]，成分均为聚丙烯（图 3.4）。同时，在实地采样过程中，我们观察到养殖中所使用的聚丙烯不透明绳子破碎后也可形成该类型碎片。据此，推断该类型碎片来源于聚丙烯薄膜绳。

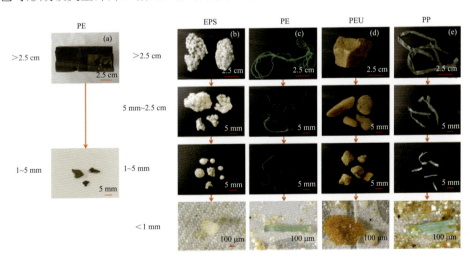

图 3.3 桑沟湾潮滩中大塑料破碎成次生微塑料现象的野外调查（引自赵新月等，2020）

（a）聚乙烯浮子；（b）白色泡沫；（c）渔绳纤维；（d）黄色海绵；（e）PP 薄膜绳

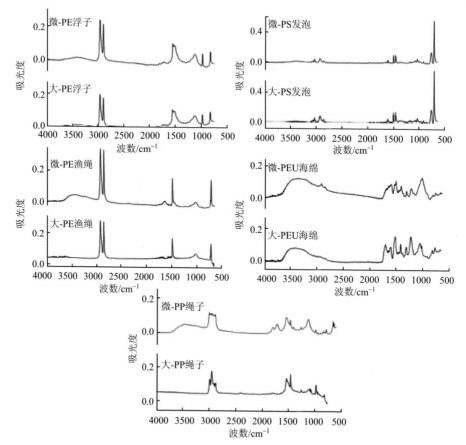

图3.4　桑沟湾潮滩中微塑料与大塑料的红外光谱对比图（引自赵新月等，2020）

　　除了与养殖相关的微塑料外，在1~5 mm的微塑料中有大量的聚乙烯和聚丙烯碎片，其中一类碎片较薄，很可能由大塑料包装袋破碎形成；而另一类硬质碎片，可能是由硬质塑料容器、塑料瓶破碎形成。在<1 mm的微塑料样品中，除了可识别的聚苯乙烯发泡、黄色海绵、纤维/绳、聚丙烯薄膜绳碎片之外，还存在有平均直径在10~20 μm的细纤维，这些纤维颜色多为白色、蓝色、绿色和红色，其成分为聚丙烯、聚酯和丙烯酸。这种微塑料可能为人类衣物脱落下的纤维。已有研究报道，大气环境中微塑料的主要成分为聚酯纤维，这些聚酯纤维可以通过大气沉降而进入陆海环境（Dris et al.，2016；周倩等，2017），是潮滩中聚酯纤维的重要来源之一。

结　语

本章总结归纳并比较分析了海岸环境大塑料和微塑料来源识别的技术方法，建立了桑沟湾地区养殖来源、生活来源（休闲娱乐）等不同特征大塑料和微塑料的来源清单，为海岸环境大塑料和微塑料来源分析提供了方法学基础。以黄海桑沟湾潮滩为例，将识别大塑料和微塑料来源的技术方法与已建立的大塑料和微塑料来源清单相结合，建立了大塑料破碎与微塑料之间的关系，有效识别了桑沟湾部分次生微塑料的来源，其由养殖活动中的大塑料破碎形成，这对海岸环境中复杂微塑料来源识别具有借鉴作用。对于海岸环境中复杂微塑料的来源，未来应根据不同风化程度塑料的特征变化并结合多种技术方法加以分析识别。

参 考 文 献

傅明珠, 蒲新明, 王宗灵, 等. 2013. 桑沟湾养殖生态系统健康综合评价. 生态学报, 33(1): 238-248.

理莎莎, 齐暑华, 刘乃亮, 等. 2009. 聚氨酯泡沫塑料老化问题研究进展. 中国塑料, 23(10): 1-5.

刘海林, 伍玉娇, 杨春萍. 2014. 聚丙烯材料老化性能研究进展. 塑料科技, 42(9): 117-120.

姚培培, 李琛, 肖生苓. 2014. 紫外老化对聚苯乙烯泡沫性能的影响. 化工学报, 65(11): 4620-4626.

赵新月. 2019. 海岸带环境中大塑料和微塑料的组成、鉴别及来源研究——以黄海桑沟湾为例. 北京: 中国科学院大学.

赵新月, 熊宽旭, 周倩, 等. 2020. 黄海桑沟湾潮滩塑料垃圾与微塑料组成和来源研究. 海洋环境科学, 39(4): 529-536.

周倩. 2016. 典型滨海潮滩及近海环境中微塑料污染特征与生态风险. 北京: 中国科学院大学.

周倩, 田崇国, 骆永明. 2017. 滨海城市大气环境中发现多种微塑料及其沉降通量差异. 科学通报, 62(33): 3902-3909.

Chen M L, Jin M, Tao P R, et al. 2018. Assessment of microplastics derived from mariculture in Xiangshan Bay, China. Environmental Pollution, 242: 1146-1156.

Dris R, Gasperi J, Saad M, et al. 2016. Synthetic fibers in atmospheric fallout: A source of microplastics in the environment? Marine Pollution Bulletin, 104(1-2): 290-293.

Zhou Q, Zhang H B, Fu C, et al. 2018. The distribution and morphology of microplastics in coastal soils adjacent to the Bohai Sea and the Yellow Sea. Geoderma, 322: 201-208.

第四章　农用地和潮滩土壤中微塑料赋存特征

人类活动导致全球土壤正面临着不同程度的微塑料污染，据估算每年释放到土壤中的塑料量比释放到海洋中的量高 4~23 倍（Horton et al.，2017）。土壤中微塑料的来源主要包括有机肥的施用、污泥的土地利用、农膜残留风化、地表径流、大气沉降、垃圾的非法倾倒和处置不当、汽车轮胎磨损等（杨杰等，2021）。在全球不同地区和类型的土壤中都检测到有微塑料污染，但土壤中微塑料空间分布不均，且具有显著的区域差异。本章重点介绍施用有机肥、污水污泥农用、长期覆膜、围填海区、沿海不同利用方式的土壤中微塑料的赋存特征，以及影响土壤中微塑料迁移的生物与非生物因素。

第一节　长期施用有机肥土壤中微塑料赋存特征

微塑料在陆地生态系统中无处不在。此前的研究指出，微塑料存在于沿海土壤和工业用地中（Zhou et al.，2018；Chai et al.，2020）。受多种微塑料污染途径的影响，农业生态系统被认为可能是受污染最严重的陆地系统之一。有研究表明，中国东部沿海平原的不同土地利用方式（传统农田、果园和人工林）土壤中微塑料的丰度为 20~714 个·kg^{-1}，平均丰度分别为（185±198）个·kg^{-1}、（150±115）个·kg^{-1} 和（109±90）个·kg^{-1}；传统农田和果园的微塑料丰度高于人工林（Bi et al.，2023）。存在于土壤中的微塑料还会对土壤动物、植物和微生物产生影响（杨杰等，2021）。土壤的孔隙性及生物扰动会导致残留的塑料颗粒迁移到更深层土壤甚至是地下水中。这些微塑料可能携带有机污染物、重金属和潜在病原体，从而引发更为严重的危害（Yang et al.，2023b）。

粪肥是农业生产中植物养分的重要来源，还可以维持和提高土壤质量（Bhuyan et al.，2021）。长期施用粪肥改变了土壤的理化性质，影响微生物生长，增加细菌、真菌和其他微生物在土壤中的丰度。华正罡等（2021）在猪的大肠组织和粪便中都发现了微塑料污染，微塑料丰度分别达到 9.6 个·g^{-1} 和 112 个·g^{-1}。杨杰等（2023）在研究不同类别粪便堆肥中微塑料赋存特征时也发现畜禽粪便中普遍存在微塑料污染，丰度为 $2.05×10^3$~$9.13×10^3$ 个·kg^{-1}。目前对长期施用粪肥土壤中微塑料的赋存特征的研究仍然缺乏。虽然有机肥被认为是微塑料进入农田土壤的重要来源之一，但人们对施用有机肥导致农田中微塑料积累的情况知之甚少。Bläsing 和 Amelung（2018）以每年使用 7 t·hm^{-2} 的有机肥进行估算，得到每年有 0.016~1.2 kg·hm^{-2} 的塑料碎片通过有机肥进入农田中。但目前大多数国家并没有考虑削减有机肥料中的塑料和微塑料。

中国科学院红壤生态实验站位于江西省鹰潭市，该地属于亚热带季风季候，夏季高温多雨，冬季温和少雨。本节选择实验站中施用猪粪 22 年的红壤旱地为研究对象，对猪粪及长期施用猪粪有机肥的农田土壤中微塑料赋存特征进行系统性研究，同时研究了长期施用猪粪土壤中微塑料的表面风化特征，为了解长期施肥农田中微塑料的表面风化及积累规律提供基础数据和科学依据。

一、采样区域介绍

本节以江西省鹰潭市余江区洪湖乡的中国科学院红壤生态实验站花生连作试验基地为研究区域（116°55′E，28°12′N），实验站周边被农田和树林包围，远离居民区，供试土壤类型为第四纪红色黏土。该基地从 1996 年至今一直在开展包括施用猪粪、猪粪+有效菌剂、猪粪+有效菌剂+微量元素等施肥处理的长期定位小区实验。种植作物为花生，小区面积为 33.3 m^2。每种施肥处理都设置有 2~4 个重复小区。对所有施用猪粪的试验田统一分析，定义为长期施用猪粪土壤（PM）；周围未施用猪粪和其他肥料的试验田，定义为未施用猪粪的土壤（CK）。猪粪来源于附近的养猪场，施用量为 1.69 t·hm^{-2}（干重）（有效菌剂的添加量为 20.55 L·hm^{-2}；微塑料元素添加量为：硼砂 1.5 kg·hm^{-2}，钼酸铵 0.15 kg·hm^{-2}，硫酸锌 2.25 kg·hm^{-2}）。所有肥料在种植花生之前作基肥一次性施入。花生生长期（4~8 月）采用与当地一致的田间管理方式，冬季休闲。

土壤样品采集于 2018 年 7 月，每个小区通过五点混合法采集 2 个平行样品，使用不锈钢土壤采样器采集表层 20 cm 的耕层土壤，尽可能地去除植物根，采集量约 1 kg。实验前采用烘箱法测定土壤含水率。

二、长期施用猪粪土壤中微塑料的分布特征

在所有供试土壤样品中均检测到了微塑料，其中长期施用猪粪的土壤中透明微塑料的比例（72.8%）高于未施用猪粪的土壤（50.0%）[图 4.1（a）]。但与未施用猪粪的土壤相比，长期施用猪粪土壤中微塑料的颜色更为丰富。一项以德国东南部农业用地为调查对象的研究发现，白色微塑料占比较高（62.5%）（Piehl et al.，2018）。Chai 等（2020）对广东省汕头市贵屿镇的电子垃圾拆解区的土壤进行研究发现，黑色和白色微塑料是该区域土壤中微塑料的主要颜色（67.3%）。因此，不同地区及不同土地利用方式的土壤中微塑料的颜色并不一致。不同颜色的微塑料可能代表了不同的来源。黑色、白色和透明微塑料主要与塑料覆盖薄膜有关（Xu et al.，2022）。白色、黑色和红色的微塑料碎片可能归因于大量丢弃的一次性塑料袋（Zhou et al.，2022），色彩丰富的微塑料可能会在老化的过程中释

放染料进一步危害环境，土壤动物也可能摄食偏向于它们食物颜色的微塑料（Zhang et al.，2023）。

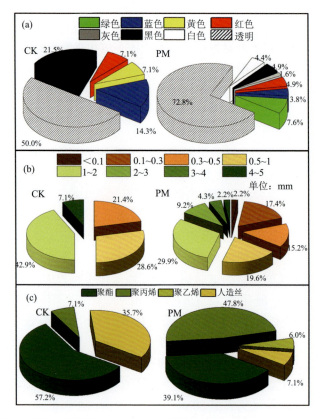

图 4.1　未施猪粪土壤和长期施用猪粪土壤中不同微塑料所占比例（改自 Yang et al.，2021b）

（a）按颜色分类；（b）按粒径分类；（c）按聚合物类型分类；CK，未施用猪粪对照土壤；PM，长期施用猪粪土壤

　　粒径是微塑料研究中需要重点关注的指标，粒径较小（<1 mm）的微塑料可能更容易被土壤生物摄入，因此需要更多的关注。施用猪粪土壤和未施用猪粪土壤中<1 mm 的微塑料分别为 50.0% 和 54.4%［图 4.1（b）］，土壤中微塑料的丰度与微塑料粒径成反比，这与之前的研究一致（Liu et al.，2018；Zhou et al.，2018）。与所施用猪粪中的微塑料相比，施用猪粪的土壤中小粒径微塑料更多，这与 Zhang 等（2023）的研究一致，长期积累在土壤中的微塑料可能发生风化降解而破损，产生更多小粒径的微塑料。

　　该区域土壤中共发现有四种聚合物类型的微塑料，典型的微塑料如图 4.2 所示，分别是聚酯、聚丙烯、聚乙烯和人造丝［图 4.1（c）］。不同聚合物类型的微塑料在施用猪粪土壤中比例由高到低依次为聚丙烯（47.8%）、聚酯（39.1%）、人造丝（7.1%）和聚乙烯（6.0%）。对照组中也有聚酯、聚丙烯和人造丝。人造丝在农田和沿海红树林沉积物中很常见（Zhou et al.，2020a；Zhou et al.，2020b）。在农用地膜覆盖的蔬菜土中，同样发现有大量的聚丙烯（50.5%）、聚乙烯（43.4%）和聚酯（5.9%）（Liu et al.，2018）。在德国未覆膜未施肥的传统农业土壤中也发现存在微塑料，微塑料类型包括聚乙烯和聚丙烯（Piehl et al.，2018）。本节研究中长期施用猪粪土壤的实验区域远离居民区，相对不受城市活动的影响。长期施用猪粪的土壤中微塑料的聚合物类型与猪粪中的微塑料相似，间接表明该区域土壤中微塑料主要来源于猪粪。

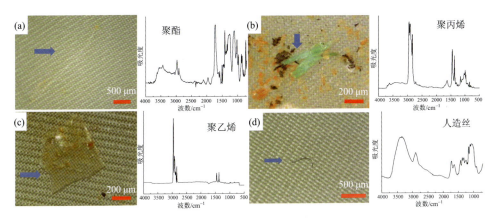

图 4.2　土壤中典型微塑料及其红外光谱图（改自 Yang et al.，2021b）

（a）透明聚酯纤维；（b）绿色聚丙烯碎片；（c）透明聚乙烯薄膜；（d）蓝色人造丝纤维

三、长期施用猪粪土壤中微塑料的丰度特征

通过进一步研究土壤中不同形状微塑料的丰度（图 4.3）发现，在未施用猪粪土壤中仅发现纤维，长期施用猪粪的土壤中碎片的丰度显著高于未施用猪粪的土壤。施肥土壤与未施肥的土壤相比仅有碎片存在显著差异。碎片可能比纤维更容易在土壤中积累，或者可能比纤维更易于从农田土壤团聚体中分离出来，线状的纤维可能会缠结土壤团聚体（Zhang et al.，2019a），其原因有待进一步研究。未施用猪粪土壤和施用猪粪土壤中微塑料丰度差异显著，分别为（16.4 ± 2.7）个·kg^{-1}和（43.8 ± 16.2）个·kg^{-1}。长期施用猪粪土壤中的大部分微塑料可能来自猪粪。为了更好地反映微塑料在土壤耕层中的积累水平，本节所取的土壤样品为表层20 cm 深度的耕层土壤。土壤中微塑料的丰度与采样深度呈负相关关系。上海市郊区浅层（0~3 cm）和深层（3~6 cm）农田土壤的微塑料丰度分别为（84.8 ± 13.2）个·kg^{-1}和（66.0 ± 13.9）个·kg^{-1}（Liu et al.，2018）。与其他研究相比，本节中微塑料的丰度较低可能与采样深度较深有关。本节研究发现，长期施用有机肥会

造成土壤中微塑料的积累。有研究也表明，施用鸡粪堆肥、污泥堆肥和生活废料堆肥 13 年后的土壤中微塑料丰度分别达到 2733 个·kg^{-1}、2289 个·kg^{-1} 和 2462 个·kg^{-1}，而未施肥和施用化肥的土壤中微塑料丰度为 978 个·kg^{-1} 和 1080 个·kg^{-1}（Zhang et al.，2022）。本节研究区域位于生态实验站内，周边都是试验田，附近无居民区。未施肥的红壤旱地中微塑料丰度含量较低，表明该区域土壤中受到其他来源的微塑料污染较少，且未施肥土壤中的微塑料可能来源于灌溉水、大气沉降等。在长期仅接受传统农业措施（未覆膜未施肥）的德国某农田里，深度为 5 cm 的浅层土壤中微塑料丰度仅为（0.3 ± 0.4）个·kg^{-1}（Piehl et al.，2018）。

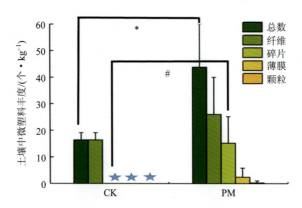

图 4.3　施用和未施用猪粪土壤中不同形状微塑料的丰度（改自 Yang et al.，2021b）

CK，未施用猪粪对照土壤；PM，长期施用猪粪土壤；★代表未有该形状微塑料；*和#表示 CK 和 PM 处理之间的微塑料丰度存在显著差异

四、长期施用猪粪土壤中微塑料的积累规律

通过公式估算，长期施用猪粪对土壤中微塑料积累的贡献率达到 62.6%。与未施用猪粪的土壤相比，长期施用猪粪显著增加了土壤中微塑料的丰度。Zhang 等（2023）的研究也发现长期施用有机堆肥会造成土壤中微塑料的积累，连续施用氮磷钾肥、氮磷钾+猪粪堆肥、氮磷钾+牛粪堆肥等肥料 11 年的土壤中微塑料的积累量分别为 2.29×10^8 个·hm^{-2}、4.32×10^8 个·hm^{-2}、4.02×10^8 个·hm^{-2}。有机堆肥对土壤中微塑料积累的贡献率为 43%~76%。本节研究区域土壤中，由施肥造成表层土壤中微塑料的积累量为 1.25 个·kg^{-1}。当地土壤容重为 1.4 g·cm^{-3}（不考虑施肥对容重产生的影响），根据该区域历年猪粪中微塑料的平均丰度[（1250.0 ± 639.9）个·kg^{-1}]估算，每年通过猪粪输入土壤的微塑料量为 211 万个·hm^{-2}。证实了长期施用猪粪会导致土壤中微塑料的积累。施用猪粪引起的土壤中微塑料的年积累总量达到 350 万个·hm^{-2}。两者对比发现，长期施用猪粪土壤中微塑料的积累量高于猪粪输入土壤的微塑料量，表明微塑料在耕层土壤中可能发生风化

降解而造成数量的增多（杨杰，2023）。

第二节　连续施用污泥土壤中微塑料赋存特征

污水处理厂对废水进行处理后会产生大量的剩余污泥。将去除有害化学物质和致病微生物的污泥进行土地利用是许多国家污泥处置的主要方式之一，如芬兰、挪威、美国、德国和中国等国家的污泥土地利用在本国污泥处置方式中的占比分别为94%、82%、55%、48%和45%（Rolsky et al.，2020）。无害化处理后的污泥可以为土壤提供有机质和矿质营养元素，促进植物养分的循环利用，从而提高土壤碳含量（Willén et al.，2017）。

污泥农用是一项符合低碳经济和可持续发展的污泥处置方式。污水处理厂在去除污水中有害物质的同时也将微塑料截留在了污泥中。目前的大多数研究关注的是由市政污水产生的生活污泥。生活污泥处理工艺的差异会影响污泥中微塑料的丰度；与使用热干燥和石灰稳定化处理相比，使用厌氧发酵处理污泥所获得的微塑料丰度较低（Mahon et al.，2017）。污泥的农用是农田土壤微塑料的来源之一，大量的微塑料通过污泥的农用进入土壤并在土壤中积累（Corradini et al.，2019；van den Berg et al.，2020）。据估算，每百万欧洲居民每年产生的污泥和生物固体废物输入农田中的微塑料量为125~850 t（Nizzetto et al.，2016）。智利的一项调查表明，施用污泥的土壤中微塑料的丰度达到600~10 400 个·kg^{-1}，施用污泥的土壤中微塑料丰度随着施用频次增加而增加。目前已广泛开展对农用污泥造成的土壤中重金属、抗生素、病原菌等有毒有害物质的积累的研究，而对施用污泥造成的微塑料积累的研究相对较少。连续施用含微塑料的污泥是微塑料进入并积累在农田中的重要途径（Zhang et al.，2020）。有证据表明，污泥的土地利用可能导致微塑料（合成纤维）滞留在土壤中（Zubris and Richards，2005）。Corradini 等（2019）调查了智利梅利皮亚（Melipilla）地区在 10 年的时间内多次施用污泥的 30 个农田，评估了多次施用污泥造成的土壤微塑料积累问题。施用1、2、3、4 和 5 次污泥的土壤中微塑料含量中位数分别为 1.1 个·g^{-1}、1.6 个·g^{-1}、1.7 个·g^{-1}、2.3 个·g^{-1} 和 3.5 个·g^{-1}（干土重）。van den Berg 等（2020）调查了西班牙东部 16 个不同污泥施用频率的农田中微塑料的赋存特征，估算得到每次施用污泥后造成了轻质（$\rho < 1$ g·cm^{-3}）和重质（$\rho > 1$ g·cm^{-3}）微塑料的增加量分别为 280 个·kg^{-1} 和 430 个·kg^{-1}。然而，不同类型污泥中的微塑料具有差异性；在同一区域比较长期施用不同类型污泥引起的土壤中微塑料污染的研究仍然缺乏。

苏州市农业科学院位于江苏省苏州市，该地属于亚热带季风气候，夏季高温多雨，冬季温和少雨，试验田周边均为农田，东北方向被河流隔开，远离居民区。

本节以苏州市农业科学院内施用污泥 9 年的农田土壤为研究对象，分析施用三种不同类型污泥的稻麦轮作农田土壤中微塑料的分布和丰度特征，并对其表面形貌进行观测。比较施用不同类型污泥造成的土壤中微塑料积累的差异，为认识连续施用污泥的农田环境中微塑料的积累规律提供基础数据和理论指导。

一、采样区域介绍

污泥连续施用试验田位于苏州市农业科学院（江苏省苏州市相城区望亭镇，31°27′N，120°25′E）内，试验地土壤类型为普通简育水耕人为土，种植方式为稻麦轮作，田间的管理措施依据当地的标准进行。实验开展于 2009 年，设置了多个小区，以完全随机的方式排列，小区面积为 13.5 m^2（3.0 m× 4.5 m）。试验共设置 4 个处理，分别为对照（CK）、施用当季新鲜生活污泥（FSS1）、施用当季新鲜混合污泥（以工业污泥为主，FSS2）和施用加热干燥（320~420℃）处理后的污泥肥料产品（DSS），每个处理 3 次重复。供试的污泥为当季新鲜的生活污泥和混合污泥，分别采自苏州市福星某污水处理厂和苏州白荡某污水处理厂，供试的污泥肥料产品于 2009 年统一购买于浙江慈溪某污泥肥料厂。新鲜污泥的施用量为 16.2 t·hm^{-2}，污泥肥料产品施用量为 3.3 t·hm^{-2}。在每年水稻和小麦种植前施用不同类型的污泥。

二、连续施用污泥土壤中微塑料的分布特征

连续施用污泥土壤中微塑料的颜色多达 10 种[图 4.4（a）]。在对照的未施肥土壤和连续施用生活污泥的土壤中，黑色（21.6%，18.9%）和透明（21.6%，31.4%）微塑料占比较高。而连续施用混合污泥土壤中以黑色、红色、蓝色为主（共占比例为 66.6%），连续施用热干污泥肥料的土壤中黑色、绿色的微塑料较多（共占比例为 43.2%）。黑色和透明微塑料一直是土壤中含量较高的微塑料（Chai et al.，2020；Choi et al.，2020）。施肥土壤中微塑料的颜色特征与污泥中微塑料颜色特征相对应，表明土壤中微塑料污染的特征可能与塑料的来源密切相关（Chai et al.，2020）。

在未施污泥土壤（56.8%）和连续施用生活污泥的土壤（55.9%）中粒径在 1~3 mm 之间的微塑料占大多数[图 4.4（b）]。这一结果与杭州湾东部沿海平原农田中微塑料的分布相似（Zhou et al.，2020a）。也有部分农田中微塑料的调查结果表明，粒径<1 mm 的微塑料占大多数（超过 80%）（Choi et al.，2021）。本节中粒径<1 mm 的微塑料在连续施用混合污泥和污泥肥料的土壤中分别占 59.1%和44.7%。所有土壤中均检出<100 μm 的微塑料（4.5%~9.1%）。与所施用污泥中的微塑料粒径相比，粒径<100 μm 的微塑料在土壤中的比例更高，微塑料从污泥进入土壤后可能会进一步风化降解。粒径较小的微塑料具有更大的表面积，能够吸附更多的污染物并更易于被土壤中的无脊椎动物摄入（Li et al.，2021a）。因此，粒径<1 mm（特别是< 100 μm）的微塑料在未来的研究中应引起更多关注。

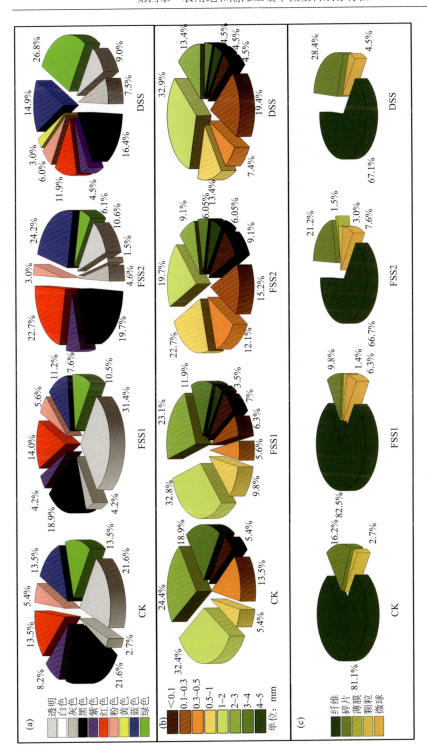

图4.4　连续施用污泥土壤中不同微塑料所占比例

(a) 按颜色分类；(b) 按粒径分类；(c) 按形状分类：CK，无污泥施用对照土壤；FSS1，施用当季新鲜生活污泥土壤；FSS2，施用当季新鲜混合污泥土壤；DSS，施用热干污泥肥料土壤

所有微塑料按形状分为五种类型：纤维、碎片、薄膜、颗粒和微球[图 4.4（c）]。在所有土壤中，纤维的占比（66.7%~82.5%）均高于其他形状的微塑料。此前的研究也发现在多次施用污泥的土壤中纤维占大多数（97%）（Corradini et al.，2019）。大多数的纤维可能来自纺织品洗涤过程排放，最终污泥中的纤维也会随着污泥农用被排放到土壤中。土壤中微塑料形状的多样性与不同的来源和所研究地区有关（Yang et al.，2021b）。在长期覆膜的农田土壤中，薄膜是微塑料的主要类型（Yang et al.，2023a）。在所有污泥施用过的土壤样品中都发现了微球，而在施用粪肥的土壤中没有发现（Yang et al.，2021a）。在农业土壤中，相对于其他形状的微塑料，微球状的微塑料并不常见（Piehl et al.，2018；Liu et al.，2018）。Corradini 等（2019）在智利长期施用污泥的土壤中也发现了微球。先前的研究认为土壤中合成纤维是污泥施用的指示物（Zubris and Richards，2005）。目前的研究已发现土壤中有多种微纤维（合成纤维）的来源（农业活动、大气沉降、地表径流等），塑料微球可能更适合作为污泥施用土壤的指示物。

共有 8 种聚合物类型的微塑料被检出，典型的微塑料如图 4.5 所示。供试土壤中大多数是聚酯和聚丙烯（图 4.6）。如果将所有提取的微塑料加在一起，这两种聚合物类型的微塑料占总量的 80% 左右，其他施用污泥的土壤中也发现这两种微塑料较多（Zhang et al.，2020）。聚丙烯腈在各处理中普遍存在，而聚丙烯腈在其他的土壤微塑料污染研究中较少见（Tagg et al.，2022）。在连续施用混合污泥和连续施用生活污泥的农田土壤中发现了聚乙烯，在未施用污泥的农田和连续施用污泥肥料的农田中发现聚酰胺，在连续施用混合污泥的土壤中发现少量聚苯乙烯。这些微塑料的类型与日常生活中经常使用的塑料制品的类型一致。聚（苯乙烯-丙烯酸酯）微球在所有污泥处理中都有发现。先前的研究表明，污泥中发现的许多微球（主要是聚乙烯）来自个人护理和化妆品（Lusher et al.，2017）。聚丙烯酸酯是一种柔性高分子材料，可通过形成柔性膜结构而提高水泥浆的性能（王茹和王培铭，2008）。此前的研究还发现，聚（苯乙烯-丙烯酸酯）被广泛用于改善水泥砂浆和涂料的性能（王茹和王培铭，2008）。在常规施肥土壤中没有发现聚（苯乙烯-丙烯酸酯），这些微球可能随污泥施用进入土壤。之前的一项研究发现，这些微塑料类型存在于污泥中（Xu et al.，2020）。本节研究介绍了连续施用污泥的农田土壤中存在聚（苯乙烯-丙烯酸酯）微球。微球的原始来源可能是水泥砂浆、涂料或个人化妆用品，需要进一步的研究以确定其来源。

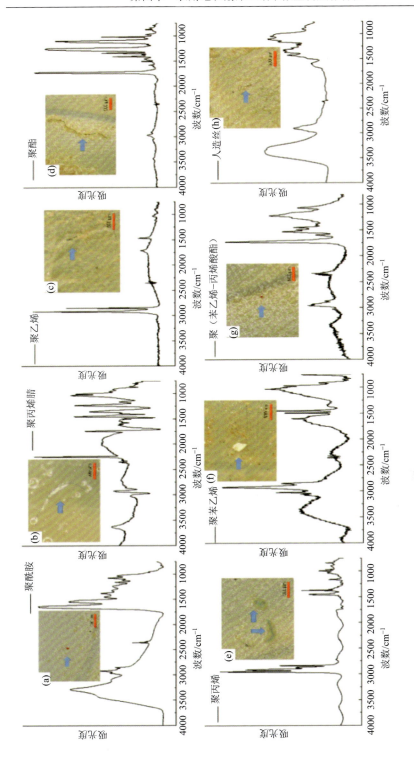

图 4.5　连续施用污泥土壤中典型微塑料及其红外光谱图

（a）红色聚酰胺颗粒；（b）蓝色聚丙烯腈纤维；（c）透明聚乙烯薄膜；（d）黑色聚苯乙烯碎片；（e）蓝色聚丙烯碎片；（f）白色聚苯乙烯碎片；（g）红色聚（苯乙烯-丙烯酸酯）微球；（h）黑色人造丝纤维

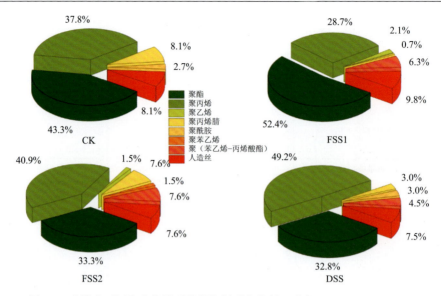

图 4.6　土壤中不同聚合物类型的微塑料所占比例（改自 Yang et al.，2021a）

三、连续施用污泥土壤中微塑料的丰度特征

与未施用污泥农田土壤 [（40.2 ± 15.6）个·kg⁻¹] 相比，施用污泥 [（68.6 ± 21.5）~（149.2 ± 52.5）个·kg⁻¹] 导致土壤中微塑料的积累（表 4.1）。Zhang 等（2020）的研究发现，每年施用 30 t·hm⁻²（共施用 2 年）和 15 t·hm⁻²（共施用 5 年）后，农田微塑料丰度分别达到 545.9 个·kg⁻¹ 和 87.6 个·kg⁻¹，显著高于未施用污泥（5.0 个·kg⁻¹），有充分证据证明施用污泥加重了土壤微塑料污染。此外，污泥可能并非土壤中微塑料的唯一来源，因为在未施用污泥的土壤中发现了微塑料含量达到（40.2 ± 15.6）个·kg⁻¹，这些土壤进行了一致的常规田间管理，与传统的农田中微塑料仅有（0.34 ± 0.36）个·kg⁻¹ 相比（Piehl et al.，2018），周边空气、灌溉水中可能存在微塑料。农民穿着合成纤维材质的衣服、使用塑料制品进行田间农业活动等也可能是未施用污泥土壤中微塑料积累的原因。本节研究中，连续施用生活污泥土壤中微塑料的丰度为（149.2 ± 52.5）个·kg⁻¹，显著高于其他处理土壤的微塑料丰度。纤维类微塑料的积累是连续施用生活污泥土壤中微塑料积累的主要原因。这些结果也与对应施用的污泥中微塑料的特征相一致。相比于其他的研究，本节研究进行连续的污泥农用，施行周期性的种植和田间管理，研究区域位于苏州市农业科学院内，远离居民区，并被东北部的河流隔开，这可能导致土壤中微塑料含量相对较少。结果表明，连续施用污泥时土壤中微塑料的丰度不仅与施用频率有关，而且与污泥来源有关。

表 4.1　不同形状的微塑料在不同处理土壤中的丰度

处理	微塑料丰度/（个·kg^{-1}）					
	总数	纤维	碎片	薄膜	颗粒	微球
CK	40.2 ± 15.6b	32.5 ± 11.5b	6.6 ± 6.7a	0.0 ± 0.0a	1.1 ± 1.9a	0.0 ± 0.0a
FSS1	149.2 ± 52.5a	123.3 ± 56.0a	14.5 ± 1.4a	0.0 ± 0.0a	2.1 ± 1.8a	9.3 ± 5.2a
FSS2	68.6 ± 21.5b	45.6 ± 4.3b	14.7 ± 14.8a	1.0 ± 1.7a	2.1 ± 1.8a	5.3 ± 6.6a
DSS	73.1 ± 15.4b	49.0 ± 17.6b	20.8 ± 7.1a	0.0 ± 0.0a	0.0 ± 0.0a	3.3 ± 5.7a

注：表中同一列数据后的不同小写字母表示数据有显著性差异。数据来源于 Yang 等（2021a）。

四、连续施用不同来源污泥土壤中微塑料的积累规律

总体而言，施用污泥农田土壤中微塑料的丰度与施用污泥的频次和施用污泥中微塑料的丰度有关，这已在其他研究中得到验证（Corradini et al.，2019；van den Berg et al.，2020）。Corradini 等（2019）发现，当干污泥施用量为 200 t·hm^{-2} 时，土壤中微塑料总丰度达到 3500 个·kg^{-1}。本节研究中，连续施用污泥的土壤（干污泥年施用量约 6 t·hm^{-2}）中微塑料的年平均增加量为 3.2~12.1 个·kg^{-1}。施入污泥对土壤中微塑料积累的贡献率为 41.4%~73.1%。将污泥施用量调整为一样时，本节研究的结果与 Corradini 等（2019）的结果相似。以该地平均的土壤容重为 1.2 g·cm^{-3} 估算（不考虑污泥施用对土壤容重的影响），施用污泥引起的土壤中微塑料的年积累量可能达到 768 万~2904 万个·hm^{-2}。微塑料施入土壤后可能因为降解和风化而裂解成粒径更小的微塑料而使土壤中微塑料积累增多，污泥农用引起的土壤微塑料污染值得关注，必须制定适当的措施来控制农业利用的污泥中的微塑料丰度。

第三节　长期覆膜土壤中微塑料赋存特征

农用塑料薄膜能提高土壤温度，节约水分，在提高农业生产力方面发挥着重要作用。随着中国现代农业的迅速发展，农用塑料薄膜已被广泛应用。2021 年我国农用薄膜用量达 236 万 t，其中地膜用量占 56.0%（《中国农村统计年鉴（2022）》），而地膜的回收率仅为 60%~85%（Hu et al.，2020）。塑料地膜从农田中回收时容易损坏和撕裂，导致塑料残留在土壤中。根据全国范围内的实地调查，中国农田土壤中地膜残留量达到 55 万 t（Zhang et al.，2019b）。

在物理、化学和生物作用下，地膜残渣逐渐降解为更小的微塑料，导致微塑料在土壤中积累。大量微塑料的积累能够改变土壤的理化性质和微生物群落结构及功能。同时，微塑料对动物和植物的生长发育会产生负面影响。此前的研究表

明，微塑料暴露会抑制农作物的生长，干扰光合作用和抗氧化酶系统（Gao et al.,
2019）。粒径更小的微（纳米）塑料还可以被作物根系吸收并运输到地上组织中（Li
et al., 2020；Luo et al., 2022）。农业生态系统中的微塑料污染可能最终通过食物链
影响人类健康（Yang et al., 2023b）。

长期地膜残留引起的土壤中微塑料积累问题日益受到关注。Li 等（2022）发
现，在中国东北地区（沈阳市）的某玉米种植地，经过 32 年的地膜覆盖后，表层
土壤（0~10 cm）受到了大量的微塑料污染，且在更深层（80~100 cm）的土壤中
也发现了微塑料的存在。塑料薄膜的残留破损是农田土壤中微塑料的重要来源
（Huang et al.，2020）。目前，大多数关于长期覆膜土壤中微塑料污染的研究集中
在中国北方干旱地区，特别是新疆地区的棉花地，而南方西南丘陵地区长期覆膜
的稻田中微塑料污染问题并未受到重视。

水稻是中国南方广泛种植的用水密集型作物。西南地区季节性干旱，降水少，
覆膜已成为该地区水稻田重要的农业生产技术。本节以四川省资阳市覆膜 4 年和
10 年的稻田土壤为研究对象，分析覆膜稻田土壤中微塑料的分布和丰度特征，以
及长期覆膜形成的薄膜类微塑料表面官能团和形貌特征的变化，为未来不同区域
土壤微塑料的积累特征研究提供参考依据和基础数据。

一、采样区域介绍

采样地点位于中国西南地区的四川省资阳市松涛镇（30°05′ N，104°34′ E），
该地区属亚热带气候区，平均海拔为 395 m，年平均降水量为 965.8 mm。试验土
壤类型为侏罗系遂宁组母质发育而成的红棕紫泥，土壤的颗粒组成：黏粒 11.88%，
粉粒 58.40%，砂粒 29.72%。耕作层土壤的深度为 18 cm。根据当地的气候特征，
水稻生长初期季节性干旱和缺乏热量使水稻产量出现严重损失。图 4.7 为试验区域
卫星图以及覆膜和非覆膜土壤下水稻种植的照片。共有 3 种处理：未覆膜土壤
（NF）、2012~2015 年覆膜 4 年稻田土壤（F4）、2009~2019 年实际覆膜时间为 10
年的稻田土壤（F10），三种土壤的有机质含量分别为 13.8 g·kg^{-1}、47.1 g·kg^{-1}
和 46.1 g·kg^{-1}。

农田管理与当地惯例一致，使用尿素（N，130 kg·hm^{-2}）、Ca(H$_2$PO$_4$)$_2$
（600 kg·hm^{-2}）、KCl（63 kg·hm^{-2}）、ZnSO$_4$·H$_2$O（15 kg·hm^{-2}）作为基肥一次
性均匀施于稻田。每年使用的地膜均为透明聚乙烯塑料薄膜（厚度为 0.004 mm），
在下一个水稻种植期之前人工回收。在整个水稻生长季节（5 月至 11 月）覆膜。
水稻收获后，所有试验田在冬季（12 月至次年 4 月）休耕。

土壤样品采集于 2019 年 9 月。每个处理的农田土壤收集 3 个平行的多点混合
样品。使用清洁的不锈钢土壤取样器收集耕作层土壤。去除植物根系后，将土样
混合均匀。

图 4.7　长期覆膜试验田地理位置的卫星图和实验小区现场图（引自 Yang et al.，2023a）

（a）位于四川省资阳市松涛镇响水村；（b）图片拍摄于 2019 年 5 月

二、长期覆膜土壤中微塑料的分布特征

在所有土壤样品中都发现了微塑料。它们按颜色分为透明、蓝色、黑色、白色和红色[图 4.8（a）]。透明微塑料在覆膜土壤中占主导地位，在覆膜 4 年的稻田和覆膜 10 年的稻田中分别达到 45.2%和 68.5%。在未覆膜土壤中，蓝色微塑料占 52.6%，而透明微塑料仅占 13.2%。不同颜色的微塑料可以反映不同的来源。蓝色纤维类和碎片类微塑料在未覆膜农田土壤中被发现，可能来源于化肥或灌溉用水（Xu et al.，2022）；而黑色、白色和透明微塑料主要与塑料覆膜有关（Xu et al.，2022）。在本节中，透明微塑料的高比例与残留薄膜风化降解形成的微塑料有关；随着覆膜年限的增加，透明微塑料在土壤中的比例也增加。颜色可能是影响塑料风化和微塑料形成的重要因素，但一直被忽视；环境中蓝色微塑料比例较高可能是它们不能有效吸收紫外线，使其更容易破碎（Zhao et al.，2022）。

将供试土壤中的微塑料粒径分为八类：<0.1 mm、0.1~0.3 mm、0.3~0.5 mm、0.5~1 mm、1~2 mm、2~3 mm、3~4 mm 和 4~5 mm[图 4.8（b）]。在未覆膜、覆膜 4 年和覆膜 10 年的土壤中，<1 mm 的微塑料比例分别为 55.2%、40.4%和 16.6%。覆膜土壤中粒径为 1~3 mm 的微塑料含量超过 50%（覆膜 4 年土壤：52.5%，覆膜 10 年土壤：55.6%）。覆膜土壤中大粒径（>1 mm）的微塑料占比高可能是因为残留在土壤中的薄膜暴露时间短，风化缓慢。在风化作用下，较大的微塑料会降解为更小的微塑料。不同的太阳辐射和气候会导致微塑料的风化特性不同

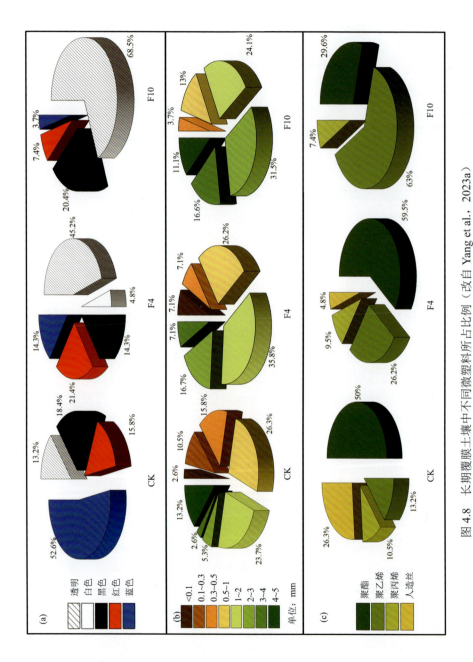

图 4.8　长期覆膜土壤中不同微塑料所占比例（改自 Yang et al., 2023a）

（a）按颜色分类；（b）按尺寸分类；（c）按聚合物类型分类；CK, 未覆膜土壤；F4, 2012～2015 年覆膜 4 年土壤；F10, 2009～2019 年覆膜 10 年土壤

（Lang et al., 2022）。青海的高海拔（海拔>3000 m）土壤中<0.5 mm 的微塑料比例大于其他海拔土壤（Lang et al., 2022）。有研究表明，同在中国西南地区的云贵高原的耕地土壤中<0.5 mm 的微塑料占全部微塑料的 89.3%；强烈的紫外线照射可以大大加速土壤中地膜向微塑料的转化（Huang et al., 2021）。

该区域土壤中微塑料根据聚合物类型可分为四种类型：聚酯、聚乙烯、聚丙烯和人造丝（典型的微塑料如图 4.9 所示）。聚酯和聚乙烯是土壤中两种主要的微塑料类型，占所有提取的微塑料的 82.1%。该农田长期使用聚乙烯塑料地膜，造成薄膜微塑料的积累。主要来源于纺织品的聚酯纤维普遍存在于农田土壤中，这验证了人类的农业活动会对农田造成微塑料污染（Zhou et al., 2020a；Zhang et al., 2021）。不同土地利用方式土壤中微塑料的组成特征不同。在中国东南沿海红树林沉积物土壤中，聚苯乙烯和聚丙烯是其中最主要的微塑料聚合物类型（86.9%）（Zhou et al., 2020b）。

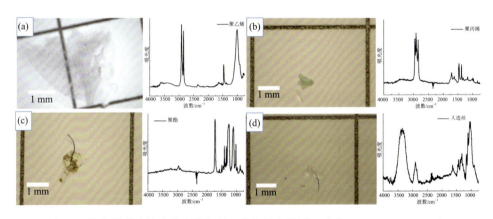

图 4.9　长期覆膜土壤中典型微塑料及其红外光谱图（改自 Yang et al., 2023a）

（a）透明聚乙烯薄膜；（b）蓝色聚丙烯碎片；（c）蓝色聚酯纤维；（d）蓝色人造丝纤维

三、长期覆膜土壤中微塑料的丰度特征

土壤中微塑料的丰度如图 4.10 所示。未覆膜土壤中微塑料的总丰度为（76.2±18.4）个·kg^{-1}，覆膜 4 年和 10 年的土壤中微塑料的总丰度分别为（118.6±44.8）个·kg^{-1} 和（159.6±23.5）个·kg^{-1}。3 种土壤中纤维类微塑料和碎片类微塑料的丰度差异不显著，而薄膜类微塑料丰度随覆膜年限的增加而增加。未覆膜土壤中微塑料以纤维类微塑料为主，这与 Li 等（2022）的研究结果一致。农业土壤中纤维的来源可能包括灌溉水和大气沉降（Zhang et al., 2021）。碎片可能来自土壤中肥料塑料包装的残留物（Zhou et al., 2020a）。长期覆膜显著增加了土壤中微塑料的数量。一项对内蒙古河套灌区覆膜土壤中微塑料的研究也表明，覆膜土壤中含

有大量的微塑料，在覆膜 5 年、10 年、20 年的土壤中微塑料丰度分别为 2526.0 个·kg^{-1}、4352.8 个·kg^{-1}、6070.0 个·kg^{-1}（王志超等，2020）。另一项研究评估了微塑料在新疆棉田的污染程度，覆膜 5 年、15 年和 24 年的棉田土壤（表层 40 cm）中微塑料丰度分别为（80.3±49.3）个·kg^{-1}、（308.0±138.1）个·kg^{-1}、（1075.6±346.8）个·kg^{-1}（Huang et al.，2020）。这些结果与本节研究结果一致，即随着地膜覆盖年限的增加，土壤中的微塑料持续积累。与西北地区棉田相比，西南地区水稻土中微塑料的丰度较低。除了可能与本试验地周围远离居民区的环境有关外，也可能与不同研究中使用的分离方法不同或气候特征有关。不一致的方法可能会使土壤中微塑料提取不彻底而导致微塑料丰度特征出现差异（如不同的采样量及使用不同密度的浮选试剂）（Shanmugam et al.，2022）。气候差异可能导致薄膜微塑料受到不同强度的光氧化、机械作用和土壤中的微生物作用，从而分裂成更小的微塑料。未来需要在统一的方法下对不同土壤中微塑料赋存特征进行深入的研究。

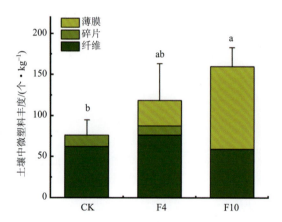

图 4.10　不同覆膜年份的土壤中微塑料的丰度（改自 Yang et al.，2023a）

CK，未覆膜土壤；F4，2012~2015 年覆膜 4 年土壤；F10，2009~2019 年覆膜 10 年土壤

四、长期覆膜土壤中微塑料的积累规律

在本节中，覆膜 4 年和 10 年的稻田中薄膜类微塑料丰度分别为（31.1±27.2）个·kg^{-1} 和（100.5±31.1）个·kg^{-1}。根据公式估算，4 年和 10 年的覆膜对稻田中微塑料积累的贡献率分别为 26.2% 和 63.0%。该区域土壤中，由覆膜造成的表层土壤中微塑料的积累量为 7.8~10.1 个·kg^{-1}。如果以该区域土壤的平均容重 1.0 g·cm^{-3} 估算，通过长期覆膜引入耕作层土壤中的薄膜类微塑料的年积累量将达到 1404 万~1809 万个·hm^{-2}（杨杰，2023）。

第四节　围填海区土壤微塑料赋存特征

受人类农业活动的影响，农田土壤中广泛存在微塑料污染，而滨海土壤在海洋潮汐和人类活动的双重影响下也存在大量的微塑料污染问题。围填海有效缓解了沿海地区土地资源紧缺的问题，为人类提供了更多发展空间，带来了巨大经济效益，但也改变了自然岸线及其附近海域的地形地貌，影响了周边的环境。

目前对围填海区土壤中微塑料污染程度的了解较少，特别是中国东部渤海和黄海附近人类活动强度高的沿海土壤中微塑料的赋存特征。本节以我国北方曹妃甸围填海区潮滩土壤微塑料调查为例，探究滨海土壤、沉积物和沙滩中微塑料的赋存特征，为我国滨海土壤、沉积物及海滨沙滩中微塑料的调查和研究提供方法学参考及基础数据信息。

一、采样区域介绍

供试土壤样品采自曹妃甸围填海区潮滩废弃盐场，面积约为 5000 m²（图 4.11）。场地内均匀分布着裸露的老化塑料管，以及零星散布的工程塑料编织袋等。随机选择若干 1 m×1 m 正方形采样点，采集表面约 2 cm 厚的土壤，装入自封袋后带回实验室。

图 4.11　采样区景观照片及浮选分离的微塑料（引自周倩等，2016）

（a）曹妃甸废弃盐场；（b）盐场内老化的塑料制品；（c）盐场土壤中的微塑料

二、曹妃甸围填海区土壤微塑料赋存特征

研究结果表明，曹妃甸围填海区潮滩土壤中存在碎片、颗粒、纤维和薄膜 4 种不同形貌的微塑料（表 4.2），总体丰度约为 317 个·500 g^{-1}（干重）。其中，颗粒类微塑料数量最多[图 4.12（a）]，约占总数的 3/4；其次是碎片类微塑料，约占 1/5；而纤维和薄膜类微塑料所占比例很小。粒径<1 mm 的微塑料数量占总量的 49.8%；随着粒径的增大，微塑料数量呈递减趋势[图 4.12（b）]。不同类型的微塑料粒径也有差异[图 4.12（c）]，碎片类微塑料平均粒径最大，达到（2.31±0.58）mm，其次是薄膜[（1.82±0.70）mm]和纤维[（1.17±0.68）mm]，颗粒类的微塑料粒径最小[（0.94±0.56）mm]。由此可见，颗粒类微塑料的丰度在供试土壤样品中占最多的同时，其平均粒径是最小的。这可能与颗粒类微塑料相对较硬、脆化性强等有关，在环境中更易裂解成小颗粒的微塑料（Andrady，2011）。

表 4.2　供试土壤样品中提取的微塑料类型、颜色、形状、粒径范围和丰度

类型	颜色	形状	粒径范围/mm	丰度/（个·500 g^{-1}）
碎片	黑色	规则且有破损边缘的扁平形碎片	1.37~4.67	55
	半透明		1.02~3.65	10
颗粒	白色	无固定形状的颗粒	0.12~3.32	242
纤维	蓝色	纤维	0.40~2.63	7
薄膜	透明	无固定形状的薄膜	1.23~2.84	3

注：表格来源于周倩等（2016）。

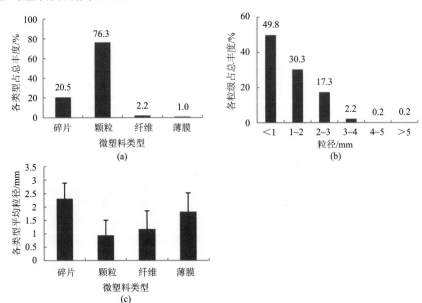

图 4.12　供试土壤中微塑料类型及其数量百分比（a）、粒径丰度百分比（b）和平均粒径（c）

不同研究区的微塑料丰度有较大差异。本节研究采样区土壤中的微塑料丰度高于新加坡沿海红树林生态系统地区（Nor and Obbard，2014）和比利时沿海地区（Claessens et al.，2011）的微塑料丰度。但在粒径和数量关系上与其他调查结果类似，即粒径越小的微塑料，其丰度越大（Eriksen et al.，2014）。本节中调查得到的<1 mm 的微塑料丰度达 50%，与 Zhao 等（2014）在中国长江入海口水体中观测到的<1 mm 的微塑料丰度相当，这些更细小的微塑料（1 mm 左右或 μm 级）更容易进入生物体组织甚至细胞中（Lusher et al.，2013），因此未来更需关注丰度较高、颗粒更细的<1 mm 的这部分微塑料。此外，不同研究区的微塑料类型具有异同性。与长江口的结果相比，两个地区分离到的纤维、薄膜、颗粒类塑料类型相似，但在形态上仍存在差异。值得一提的是，本节研究区所分离出的黑色碎片类微塑料，至今尚未见文献报道。

第五节　海岸带潮滩土壤微塑料赋存特征

山东省海岸线长度超过 3000 km，对应着黄海和渤海部分区域。近年来，海水养殖、旅游、交通运输、石油生产、采矿、采盐、海上渔业、港口建设和围垦等发展迅速。经济快速发展和人口增长导致大量塑料垃圾进入沿海潮滩和海洋（Zhou et al.，2018）。本节以山东省海岸带潮滩为研究区，调查潮滩土壤中微塑料的类型、粒径、组成、丰度和分布等特征，揭示微塑料的分布与沿海地区高强度人类活动之间的关系。

一、采样区域介绍

2015 年 4~5 月，从东营市北部到日照市南部，沿着山东省海岸线共采集了53 个潮滩的 120 个不同土地利用方式下的海岸带土壤样品。根据人类活动强度及不同的土地利用方式，所选择的采样点包括旅游海滩（TBs）、海水养殖区周边潮滩（MBs）、渔港周边潮滩（PBs）和未开发的海滩（UDBs）（图 4.13）。

使用干净的不锈钢铲从低潮线和高潮线之间的潮间带剖面顶部约 2 cm 处采集土壤样品。使用多点混合方法从每个站点随机采集 2~3 个重复样品，每个样品的质量约为 4 kg。

二、山东省海岸带潮滩土壤微塑料赋存特征

根据微塑料的形状特征，山东省海岸带潮滩土壤中的微塑料可分为颗粒、发泡、碎片、扁丝、薄膜、纤维（线）和海绵等多种类型（图 4.14）。进一步采用FTIR 确定了微塑料的聚合物成分（图 4.15），其中，颗粒类与碎片类微塑料主要成分为聚乙烯（PE）和聚丙烯（PP），纤维（线）类微塑料的主要成分为聚乙烯

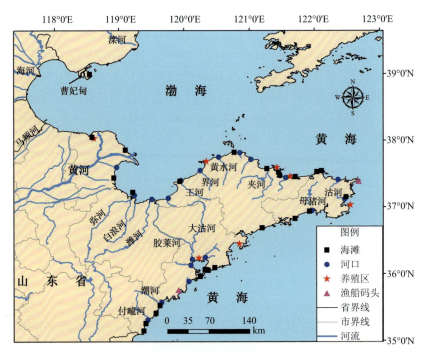

图 4.13　山东省海岸带潮滩土壤采样点示意图（改自 Zhou et al.，2018）

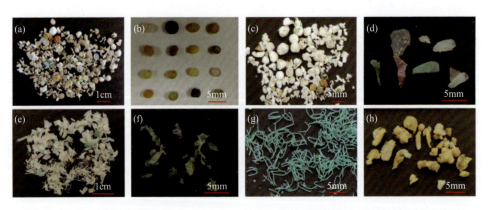

图 4.14　山东省海岸带潮滩土壤中不同形状类型的微塑料样品（改自 Zhou et al.，2018）
（a）混合微塑料；（b）颗粒；（c）发泡；（d）碎片；（e）扁丝；（f）薄膜；（g）纤维（线）；（h）海绵

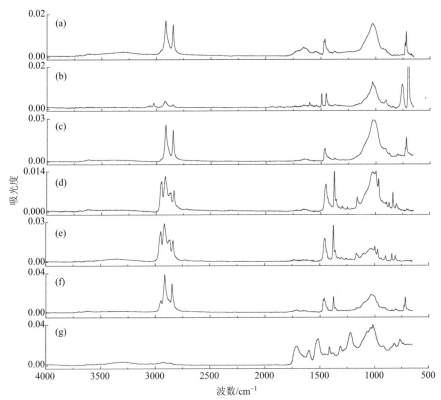

图 4.15 山东省沿海潮滩土壤中不同微塑料样品的 ATR-FTIR 光谱示例（改自 Zhou et al.，2018）

（a）颗粒；（b）发泡；（c）碎片；（d）扁丝；（e）薄膜；（f）纤维（线）；（g）海绵

和聚丙烯共聚物，扁丝和薄膜类微塑料的主要成分为聚丙烯（PP），发泡类微塑料的主要成分为聚苯乙烯（PS），海绵类微塑料则主要为聚氨酯（PU）。值得一提的是，本节首次发现了由聚氨酯制成的海绵。这些微塑料的来源与人类在海岸带的活动有关。扁丝主要来自海岸工程中广泛使用的编织袋的分解，而纤维（线）主要来自断裂的渔线。颗粒可能来自用作制造业原料的初生微塑料，而大多数发泡、碎片、薄膜和海绵类微塑料则来自海岸或海洋环境中大塑料碎片长期分解形成的次生微塑料。现场采样时，经常在海滩上观察到废弃的泡沫浮标或容器、塑料桶或塑料瓶、渔线（网）、塑料编织袋和食品包装。碎片、薄膜和海绵主要来自破碎的塑料袋、地膜和浮力板。

本节中发现的大多数微塑料（约 60%）由<1 mm 的颗粒组成（图 4.16）。其中，粒径在 100~250 μm 的部分约占粒径 <1 mm 颗粒总量的 50%。根据所有微塑料粒径范围的分布曲线，微塑料粒径向左偏斜，即粒径< 1 mm 的微塑料数量显著占优，且微塑料的丰度随着粒径的减小而增加（图 4.16）。Zhao 等（2014）发现长江口水域中大多数微塑料的粒径<1 mm。该粒径范围的微塑料与大多数海洋

生物群食物的尺寸范围相似，很可能被各种海洋生物摄取，进而对海洋生物产生潜在的影响（Lusher et al.，2013）。因此，粒径< 1 mm（尤其是 100~250 μm）的微塑料，可能会对渤黄海当地海洋和海岸带生物以及生态系统产生有害影响。

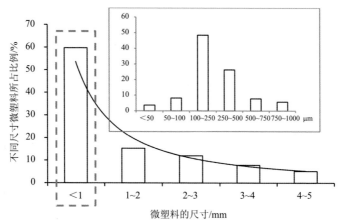

图 4.16　山东省海岸带潮滩土壤中不同粒径微塑料的丰度比例（改自 Zhou et al.，2018）

山东省海岸带潮滩土壤中微塑料丰度与分布特征的描述性统计见表 4.3。所有类型微塑料丰度的变异系数（CV）均>1.0，表明土壤中微塑料的丰度变异较大。在本节中，扁丝（平均 510.5 个·kg^{-1}，占 69.0%）的丰度最高，其次是发泡（平均 205.7 个·kg^{-1}，占 27.8%）、碎片（平均 8.2 个·kg^{-1}，占 1.1%）和纤维（平均 7.3 个·kg^{-1}，占 1.0%），海绵（平均 6.1 个·kg^{-1}）、薄膜（平均 1.2 个·kg^{-1}）和颗粒（平均 1.0 个·kg^{-1}）最少，分别仅占微塑料总量的 0.8%、0.2% 和 0.1%。这一结果与此前的研究发现发泡和纤维是最主要的微塑料类型不同（Nor and Obbard，2014）。这种差异可能与两个因素有关。首先，本节在多个采样点都发现了大量的扁丝类微塑料（> 10 000 个·kg^{-1}）。其次，本节仅对来自渔线的纤维类微塑料进行了量化。潮滩土壤中微塑料的检出频率遵循发泡（86.8%）>碎片（77.4%）>纤维（60.4%）> 扁丝（58.5%）的顺序（表 4.3）。发泡类聚苯乙烯在所调查的山东省潮滩土壤中无处不在，这与亚太地区广泛报道的结果一致，主要是因为发泡类聚苯乙烯在山东省海水养殖中广泛使用。

表 4.3　山东省海岸带潮滩土壤中不同类型微塑料的丰度与分布特征

类型	范围/（个·kg^{-1}）	平均值/（个·kg^{-1}）	中位数/（个·kg^{-1}）	SD	CV	比例/%	频数/%
颗粒	0.0~16.9	1.0	0.0	2.7	2.8	0.1	32.0
发泡	0.0~2408.4	205.7	33.6	396.3	1.9	27.8	86.8
碎片	0.0~253.9	8.2	1.6	34.8	4.2	1.1	77.4
扁丝	0.0~14 705.6	510.5	0.6	2468.4	4.8	69.0	58.5

续表

类型	范围/（个·kg^{-1}）	平均值/（个·kg^{-1}）	中位数/（个·kg^{-1}）	SD	CV	比例/%	频数/%
薄膜	0.0~22.2	1.2	0.0	3.4	2.9	0.2	32.1
纤维	0.0~136.1	7.3	0.5	22.3	3.1	1.0	60.4
海绵	0.0~56.7	6.1	0.0	12.6	2.1	0.8	43.4
总量	1.3~14 712.5	740.0	—	2458.2	3.3	100.0	—

在山东省海岸带 53 个潮滩收集的所有土壤样品中都发现了微塑料[图 4.17（a）]，大多数采样点的微塑料丰度范围为 50~1100 个·kg^{-1}，平均丰度为（740±2458）个·kg^{-1}。微塑料丰度最高的点位是未开发海滩（A 点，东营市，118°35′00.42″E，38°02′41.37″N，14 712.5 个·kg^{-1}），其次是海水养殖区周边潮滩的 B 点（东营市，118°36′52.59″E，38°02′09.20″N，10 689.3 个·kg^{-1}）。这两个点位都位于毗邻渤海的黄河三角洲内，且微塑料类型都是以用于围堰的废塑料编织袋风化而形成的扁丝类为主（99.0%）。在海水浴场海滩（C 点，威海市，122°06′42.82″E，37°32′38.01″N）中发现大量以发泡类为主的微塑料颗粒（2455.6 个·kg^{-1}）。而微塑料丰度最低的是位于北黄海沿岸烟台市的砾石滩（D 点，121°25′26.83″E，37°35′46.72″N）。

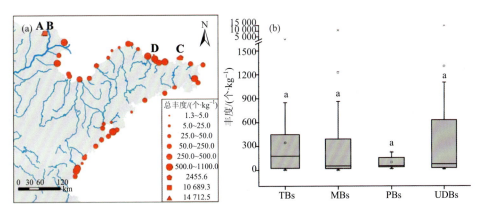

图 4.17　山东省海岸带潮滩土壤中微塑料丰度的空间分布（a）和箱式图（b）（改自 Zhou et al.，2018）

（a）A、B 点代表黄河三角洲未开发海滩，C 点代表威海海岸带的葡萄滩海水浴场，D 点代表烟台海岸带的砾石滩（单位：个·kg^{-1}）；（b）山东省不同类型潮滩土壤中微塑料丰度的箱式图。箱式图的框线范围表示 25%~75%。*，最大值或最小值；□，平均值；误差线顶部的相同字母 a 表示组间丰度没有显著差异（$p < 0.05$）

山东省海岸带潮滩土壤中，不同类型微塑料的分布具有明显的空间异质性。发泡类和碎片类的丰度范围分别为 0~2408.4 个·kg^{-1} 和 0~253.9 个·kg^{-1}，它们的空间分布非常广泛。扁丝类的丰度范围为 0~14 705.6 个·kg^{-1}，主要分布在莱州湾和黄河三角洲。纤维类和薄膜类的丰度范围分别为 0~136.1 个·kg^{-1} 和

0~22.2 个·kg^{-1}，主要分布在莱州湾潮滩。海绵类的丰度范围为 0~56.7 个·kg^{-1}，主要分布在黄海潮滩。颗粒类的丰度最低，范围为 0~16.9 个·kg^{-1}，主要分布在烟台市和威海市的潮滩。微塑料在莱州湾、烟台市和日照市的海滩上尤为常见，它们的分布似乎与潮汐作用密切相关。微塑料趋向于沿着潮汐线，特别是高潮线堆积，通常沿着锯齿形等高线与海滩上的海藻或其他离体植被混合。此外，微塑料的空间分布还受到旅游活动、海水养殖、港口建设和堤坝工程等人类活动以及河流排放的强烈影响（周倩，2020）。

　　进一步对旅游海滩（TBs）、海水养殖区周边潮滩（MBs）、渔港周边潮滩（PBs）和未开发的海滩（UDBs）等潜在"热点"区域的微塑料丰度进行了调查。无人管理的未开发海滩土壤中微塑料的平均丰度最高，为 1301.6 个·kg^{-1}［图 4.17（b）］。其次是受到包括日常清理等强化管理的旅游海滩，为 343.9 个·kg^{-1}，这一结果与 Yu 等（2016）报道的渤海北部海水浴场海滩中微塑料的丰度（200~400 个·kg^{-1}）结果相当。渔港周边的潮滩微塑料含量最低（97.7 个·kg^{-1}）。此外，不同潮滩土壤中微塑料的组成具有明显的差异（图 4.18）。发泡类在旅游海滩和渔港周边潮滩中均占主导地位，分别占 95.2%（327.5 个·kg^{-1}）和 50.6%（49.4 个·kg^{-1}）。前者与在韩国海岸带潮滩中发现约有 99% 的微塑料是发泡类的结果相似（Lee et al.，2015）。海水养殖区周边潮滩和未开发海滩中扁丝的丰度相似，分别为 1071 个·kg^{-1} 和 1151 个·kg^{-1}，约占两种潮滩微塑料总量的88%。其余类型微塑料，即颗粒、碎片、纤维（线）、薄膜和海绵的总比例<10%。不同类型微塑料的丰度及其比例与海岸带土地利用方式有关。在未开发海滩和海水养殖区周边潮滩中，大量用于海岸防洪的塑料编织袋极易破碎成扁丝。在实地调查过程中，这种现象在山东省海岸带潮滩，特别是渤海莱州湾附近的潮滩上很常见。

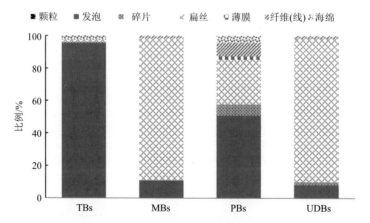

图 4.18　四种类型潮滩土壤中不同类型微塑料的组成特征（改自 Zhou et al.，2018）

与中国南方其他海滩（Qiu et al.，2015）、新加坡（Ng and Obbard，2006）及加拿大（Mathalon and Hill, 2014）等地海滩中微塑料的丰度相比，中国山东省海岸带潮滩土壤中微塑料丰度具有显著差异。中国南方和加拿大海滩的微塑料丰度高于本节报道的水平，并且微塑料以纤维类为主（Qiu et al.，2015；Mathalon and Hill, 2014）。相比之下，Ng 和 Obbard（2006）及 Yu 等（2016）报道的新加坡海滩和中国渤海北部潮滩中微塑料的最大丰度远低于本节报道的水平。但是，由于采样和分离方法，以及微塑料丰度单位的差异，直接比较不同研究之间的结果仍是一个挑战。

第六节　生物和非生物因素对土壤中微塑料迁移及分布的影响

长期积累在环境中的微塑料会在物理、化学和生物作用下发生老化，进一步通过降雨淋溶、土壤动物和植物根系生长等作用发生水平和垂直迁移，从而影响微塑料在土壤中的分布。土壤动物是土壤中重要的组成部分，研究土壤动物存在下的微塑料迁移能够反映真实复杂土壤环境中微塑料迁移与再分布特征。因此，本节的研究以代表性的土壤动物蚯蚓为研究对象，以粉砂壤土为供试土壤，通过中宇宙实验装置，探究跳虫、蚯蚓密度和植物根系对蚯蚓驱动土壤中微塑料迁移及分布的影响，揭示其迁移规律及生物影响因素。

一、蚯蚓对土壤中微塑料迁移及分布的影响

蚯蚓行为对土壤中微塑料的影响如图 4.19 所示，对照组（CK）中土壤表面微塑料的残留率为（87.64±0.56）%；有蚯蚓扰动时，土壤表面微塑料的残留率为（71.42±5.47）%。显然，蚯蚓的存在对微塑料颗粒从土壤表面向深层土壤中迁移具有显著的积极影响（$p < 0.05$，t 检验）。另外，通过蚯蚓摄食微塑料实验，表明蚯蚓对土壤中微塑料的摄食率为（4.35±1.08）%，证明蚯蚓可以摄食土壤中微塑料。

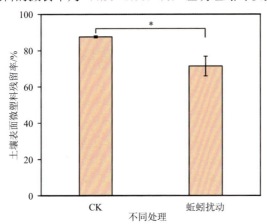

图 4.19　蚯蚓扰动下土壤中微塑料的残留率（引自向黎等，2023）

二、生物因素对土壤中微塑料迁移及分布的影响

（一）蚯蚓生长速率变化及其在土壤中的分布

表 4.4 表示了生物因素对蚯蚓生长速率的影响及蚯蚓在土壤中的分布。结果表明，蚯蚓的生长速率均为负值，体重均减少；植物根系生长、蚯蚓密度减少、添加跳虫可缓解微塑料对蚯蚓生长的影响。在所有处理中，蚯蚓更倾向于在 L₁ 土壤层运动，且主要集中在 L₁、L₂ 和 L₃ 土壤层。值得注意的是，植物根系的生长使蚯蚓仅在 L₁ 和 L₂ 土壤层中活动，这与蚯蚓的生活习性密切相关，即蚯蚓偏向于在有机质相对丰富的耕层土壤中活动。

表 4.4　生物因素对蚯蚓生长速率的影响及蚯蚓在土壤中的分布

指标		CK	跳虫	蚯蚓密度	植物根系
生长速率/（mg·条⁻¹·d⁻¹）		−1.21 ± 1.21	−0.93 ± 0.28	−1.15 ± 0.68	−0.88 ± 0.78
蚯蚓数量/条	L₁（0~5 cm）	2.5 ± 0.5	3 ± 1	2.67 ± 0.58	4 ± 0
	L₂（5~10 cm）	2 ± 0	2 ± 0	0 ± 0	1 ± 0
	L₃（10~15 cm）	1.5 ± 0.5	1 ± 1	0.33 ± 0.58	0 ± 0
	L₄（15~20 cm）	0 ± 0	0 ± 0	0 ± 0	0 ± 0

（二）蚯蚓洞穴数量的变化

在实验结束时，对蚯蚓运动留下的孔洞进行拍照记录，从而对比分析不同生物因素对蚯蚓洞穴数量的影响（图 4.20）。观察结果表明，添加跳虫、蚯蚓密度增大使蚯蚓在土壤中的洞穴数量增加，而植物根系生长使蚯蚓在土壤中的洞穴数量减少。进一步统计蚯蚓洞穴数量，结果如图 4.21，添加跳虫、蚯蚓密度增大使蚯蚓在土壤中分别产生（27±5.7）个、（20.5±2.1）个洞穴，而植物根系生长使蚯蚓在土壤中仅产生（9.5±0.7）个洞穴，且主要在 L₁ 土壤层中。

（三）微塑料在土壤中的留存率

图 4.22 为生物因素对蚯蚓驱动土壤中聚苯乙烯（PS）微塑料迁移的影响。研究结果表明，仅添加跳虫时，微塑料全部留存在表层土壤（L₁）；与仅存在蚯蚓相比，添加跳虫，微塑料在深层土壤（L₂~L₄）中的留存率增加了 22.13%，微塑料在 L₂、L₃、L₄ 土壤层的留存率分别为 33.55%、4.71%和 0.80%［图 4.22（a）］。添加跳虫促进了蚯蚓对微塑料在土壤中的垂向迁移。随着蚯蚓密度的增加，深层土壤（L₂~L₄）中微塑料的垂向迁移增加。蚯蚓密度增加 1 倍，微塑料在深层土壤

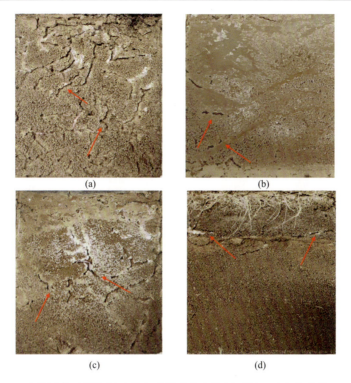

图 4.20　生物因素对微塑料迁移实验影响的土壤剖面图（引自向黎等，2023）

（a）为跳虫；（b）为低蚯蚓密度；（c）为高蚯蚓密度；（d）为植物根系；红色箭头指向蚯蚓洞穴

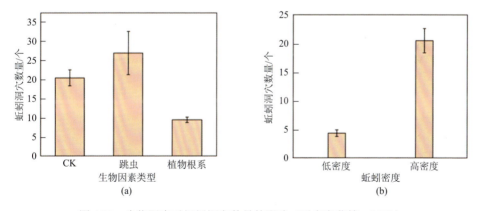

图 4.21　生物因素对蚯蚓洞穴数量的影响（引自向黎等，2023）

（a）为跳虫和植物根系；（b）为蚯蚓密度

（L_2~L_4）中的留存率增加 1.3 倍，其中在 L_2、L_3 和 L_4 土壤层中的留存率分别增加了 7.34%、1.65% 和 0.67%［图 4.22（b）］。此外，植物根系的生长降低了蚯蚓对微塑料向深层土壤（L_2~L_4）中的垂向迁移。与对照组相比，植物根系的生长对微塑料的垂向迁移无显著影响；与仅蚯蚓扰动相比，植物根系的生长，使微塑料在 L_2、L_3、L_4 土壤层中的留存率分别减少了 10.26%、2.51% 和 0.86%［图 4.22（c）］。

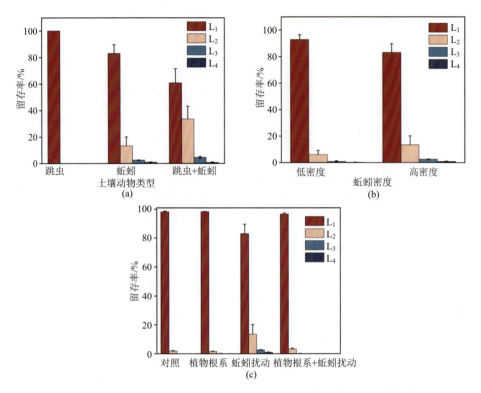

图 4.22　生物因素对蚯蚓驱动土壤中聚苯乙烯微塑料迁移的影响（引自向黎等，2023）

（a）为土壤动物类型；（b）为蚯蚓密度；（c）为植物根系；L_1，0~5 cm；L_2，5~10 cm；L_3，10~15 cm；L_4，15~20 cm

首先，进入田间土壤的微塑料会在表层土壤中积累，例如，Corradini 等（2019）报道了田间污泥的使用会导致表层土壤中微塑料含量的增加。微塑料通过水分入渗和土壤动物活动沿着土壤剖面垂向迁移（Guo et al.，2020）。本节结果表明，蚯蚓在土壤中的摄食、挖洞、排泄等行为极大程度地促进了微塑料在土壤中的垂向迁移。在本实验中，土壤表面添加了蚯蚓食物，在黑暗的条件下，蚯蚓会从土壤深层爬至土壤表层，无意间摄入食物中的微塑料，通过挖洞和排泄等方式使微塑料发生迁移。其次，给土壤补充水分的同时，表面微塑料沿着蚯蚓洞穴随水势向下移动。另外，结果表明，随着土壤深度的增加，微塑料的垂向迁移量逐渐降低，这与 Yu 等（2019）的研究结果一致，其迁移量受到跳虫、蚯蚓密度和植物根系的影响。

微塑料可通过附着在跳虫表皮，并随跳虫的活动（如爬行和跳跃）而迁移，或被跳虫摄入并在排泄过程中迁移（Maaß et al., 2017）。例如，Kim 和 An（2020）研究了跳虫对微塑料的摄食和运输行为，通过荧光显微镜观察了微塑料在肠道中的存在情况，表明跳虫可以吞食小于 66 μm 的微塑料，小于此尺寸的微塑料可显著降低跳虫的移动速度和距离；Rillig（2012）指出，跳虫会通过刮擦或咀嚼作用将塑料碎片转移至土壤中。本节研究结果表明，添加跳虫使蚯蚓在土壤中的行为增强，导致蚯蚓洞穴数量增多，可促进蚯蚓对微塑料在土壤中的垂向迁移，这可能是跳虫携带微塑料沿着蚯蚓洞穴向深层土壤中垂向迁移所致（向黎，2024）。

此外，蚯蚓密度影响蚯蚓在土壤中的活动能力，会对土壤的紧实度和孔隙度等性质产生影响。通常地，蚯蚓密度越大，土壤孔隙度越大，土壤的紧实度越低。本节研究结果显示，增加蚯蚓密度，可以增强蚯蚓在土壤中的挖洞等活动，使土壤孔隙度增大，使蚯蚓在土壤中留下的洞穴更丰富、更密集，导致深层土壤中微塑料的数量在一定范围内增加，这与张晓婷（2022）的研究结果相似，说明蚯蚓密度在一定范围（8.55~28.49 条·m^{-2}）内会增加微塑料在土壤中的垂向迁移；但蚯蚓数量过多（45.58 条·m^{-2}）时，会导致个体间发生竞争，生存空间减少，使蚯蚓的活动能力或生存力降低，并可能导致蚯蚓死亡，从而降低微塑料向土壤深处的垂向迁移。事实上，土壤动物在种内和种间都有着一定的竞争关系，以维持生态系统的稳定性。

尽管当前对生物扰动下土壤中微塑料垂向迁移的研究较多，但目前对植物根系生长是否会影响蚯蚓驱动土壤中微塑料的垂向迁移仍然未知。作物根系影响土壤中微塑料颗粒移动的机制可能有两种。一方面，在植物根系伸长和扩张的过程中，微塑料颗粒与根系（尤其是根尖）直接接触并发生移动；另一方面，植物在土壤中生长，其根系伸长过程中，会在土壤中产生裂缝，微塑料颗粒沿着裂缝迁移。本节研究表明，植物根系的生长有利于将微塑料保留在土壤表层，从而抑制了蚯蚓驱动下微塑料向深层土壤的垂向迁移，原因可能与植物根系生长及蚯蚓的生活习性有关。由于实验时间较短，作物生长的根系数量较少，直径较小，导致根的发育不成熟。在实验过程中，植物根系主要在土壤 L$_1$ 层（0~5 cm）中生长[图 4.23（a）、（b）]，这主要是因为植物根系是水平生长而非垂直生长（Li et al., 2021b），从而不利于微塑料的垂向迁移。此外，植物根际是土壤动物活动的热点区域（Ghestem et al., 2011），蚯蚓等土壤动物偏向于在有机质相对丰富的耕层土壤中活动，使蚯蚓洞穴主要集中在 L$_1$ 土壤层，而向土壤深处的活动减少[图 4.23（b）~（d）]，从而减少了微塑料向更深层土壤中的垂向迁移。因此，植物根系的生长有助于降低蚯蚓驱动微塑料向深层土壤垂向迁移的风险，但会导致微塑料在表层土壤中的积累。

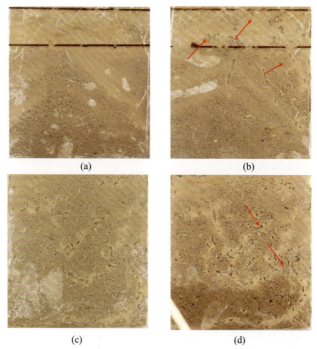

图 4.23　不同处理下蚯蚓洞穴的变化（引自向黎等，2023）

（a）为暴露 14 天（仅植物根系存在）；（b）为暴露 14 天（蚯蚓扰动和植物根系共同存在）；（c）为暴露 14 天（仅蚯蚓扰动存在）；（d）为暴露 28 天（仅蚯蚓扰动存在）；红色箭头指向蚯蚓洞穴

三、非生物因素对蚯蚓驱动土壤中微塑料迁移及分布的影响

　　前文通过中宇宙实验揭示了生物因素对蚯蚓驱动土壤微塑料迁移的影响。土壤中微塑料的迁移也受到微塑料本身的性质和环境因素的影响。一些研究探究了这些非生物因素（微塑料类型和降雨）对不同微塑料在土壤（无土壤动物存在）中迁移行为的影响。而在实际土壤环境中，蚯蚓引起土壤中微塑料的迁移可能也受到这些非生物因素的影响，但相关研究报道较少。本节通过中宇宙实验装置，以蚯蚓为研究对象，探究微塑料类型[聚苯乙烯（PS）、聚乙烯（PE）、聚对苯二甲酸乙二醇酯（PET）]、老化作用、暴露时间及淹水对蚯蚓驱动土壤中微塑料迁移的影响，阐明非生物因素对蚯蚓驱动土壤中微塑料迁移的影响。

　　（一）蚯蚓生长速率变化及其在土壤中的分布

　　表 4.5 是非生物因素对蚯蚓生长速率的影响以及蚯蚓在土壤中的分布。结果表明，蚯蚓的生长速率均为负值，体重均减少；与对照组相比，添加 PS 和 PET 微塑料对蚯蚓的生长影响较大，而添加 PE 微塑料对蚯蚓的生长影响最小；而与新鲜微塑料相比，老化 PS 微塑料对蚯蚓生长速率的影响显著降低。暴露时间增

加及淹水处理未能缓解微塑料对蚯蚓生长的影响。在所有处理中，蚯蚓更倾向于在 L_1 土壤层活动，且主要集中在 L_1、L_2 和 L_3 土壤层。

表 4.5　非生物因素对蚯蚓生长速率的影响以及蚯蚓在土壤中的分布

指标	CK	微塑料类型			老化 PS	暴露时间增加	淹水
		PS	PE	PET			
生长速率 /（mg・条$^{-1}$・d^{-1}）	−0.44±0.24	−1.21±1.21	−0.36±0.60	−1.57±0.61	−0.17±0.32	−1.20±0.39	−1.00±0.57
蚯蚓数量/条　L_1（0~5 cm）	2±0	2.5±0.5	3±1	3±0	1.5±0.5	4±0	1.33±0.58
L_2（5~10 cm）	3±0	2±0	2±1	2.5±0.5	2±1	1±0	1.00±0
L_3（10~15 cm）	1±0	1.5±0.5	1±0	0±0	0.5±0.5	0.5±0.5	0.67±0.58
L_4（15~20 cm）	0±0	0±0	0±0	0±0	0±0	0±0	0±0

注：PS 代表聚苯乙烯；PE 代表聚乙烯；PET 代表聚对苯二甲酸乙二醇酯。

（二）蚯蚓洞穴数量的变化

在实验结束时，对蚯蚓运动留下的孔洞进行拍照记录，从而对比分析不同生物因素对蚯蚓洞穴数量的影响（图 4.24）。观察结果表明，蚯蚓在 PE、PS、PET

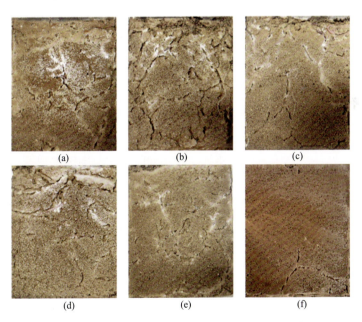

(a)　　　　　　　　(b)　　　　　　　　(c)

(d)　　　　　　　　(e)　　　　　　　　(f)

图 4.24　非生物因素对微塑料迁移实验影响的土壤剖面图（引自向黎等，2023）

（a）为 PS 微塑料；（b）为 PE 微塑料；（c）为 PET 微塑料；（d）为老化 PS 微塑料；（e）为暴露时间增加；

（f）为淹水处理；红色箭头指向蚯蚓洞穴

微塑料土壤中产生的洞穴数量依次减少，分别产生（26.5±2.1）个、（20.5±2.1）个、（16±1.4）个洞穴[图4.25（a）]；暴露时间增加使蚯蚓在土壤中的洞穴数量增加，产生（24±2.8）个洞穴[图4.25（b）]；淹水处理使蚯蚓洞穴数量增加，产生（7±2.8）个洞穴[图4.25（c）]；而老化作用使蚯蚓洞穴数量减少，产生（18.5±2.1）个洞穴[图4.25（a）]。

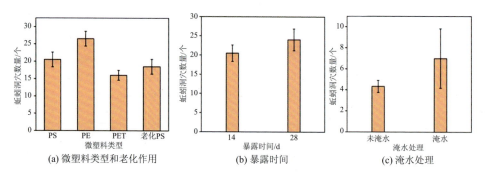

(a) 微塑料类型和老化作用　　(b) 暴露时间　　(c) 淹水处理

图4.25　非生物因素对蚯蚓洞穴数量的影响（引自向黎等，2023）

（三）微塑料在土壤中的留存率

图4.26为非生物因素对蚯蚓驱动土壤中微塑料迁移的影响。研究结果表明，不同类型微塑料在土壤中的垂向迁移能力不一样。41.8%的PE微塑料可垂向迁移到深层土壤（$L_2\sim L_4$），微塑料在L_2、L_3、L_4土壤层的留存率分别为35.64%、5.38%和0.78%，垂向迁移到深层土壤（$L_2\sim L_4$）中最多；其次是PS微塑料在土壤中的垂向迁移，有16.93%的微塑料垂向迁移到深层土壤（$L_2\sim L_4$）中，在L_2、L_3、L_4土壤层的留存率分别为13.43%、2.61%、0.89%；11.71%的PET微塑料垂向迁移到深层土壤（$L_2\sim L_4$）中，垂向迁移到深层土壤中最少[图4.26（a）]。与PS微塑料在土壤中的垂向迁移比较，老化并未明显改变蚯蚓对土壤中微塑料的垂向迁移能力[图4.26（b）]。微塑料在土壤表面暴露28 d后，38.31%的微塑料垂向迁移到深层土壤（$L_2\sim L_4$）中，在L_2、L_3、L_4土壤层的留存率分别为27.90%、8.53%、1.88%，是暴露14 d的2~3倍[图4.26（c）]，表明随着暴露时间增加，更多的PS微塑料被蚯蚓垂向迁移到深层土壤（$L_2\sim L_4$）中。此外，淹水使微塑料在L_2、L_3和L_4土壤层中的留存率分别增加了3.36%、0.92%和0.89%[图4.26（d）]，表明淹水促进了蚯蚓将微塑料向深层土壤中的垂向迁移。

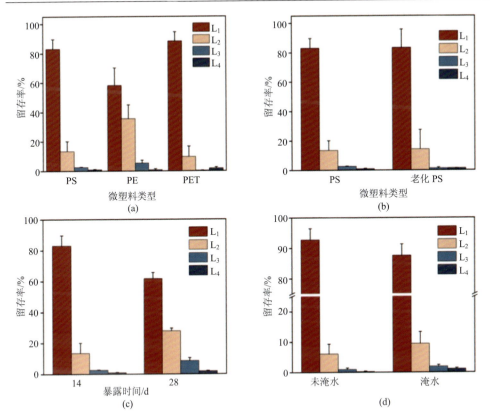

图 4.26　非生物因素对蚯蚓驱动土壤中微塑料迁移的影响（引自向黎等，2023）

（a）为微塑料类型；（b）为老化作用；（c）为暴露时间；（d）为淹水处理；L_1，0~5 cm；L_2，5~10 cm；L_3，10~15 cm；L_4，15~20 cm

　　前一节讨论了生物因素影响蚯蚓驱动土壤中微塑料的迁移，但事实上，微塑料的性质（尺寸、形状、密度、电荷和表面化学）和环境条件的变化也会影响微塑料在土壤中的迁移（Ren et al.，2021）。在本节研究中，PE 微塑料向深层土壤中垂向迁移的最多，其次是 PS 微塑料和 PET 微塑料，这可能与微塑料对蚯蚓生长的影响和微塑料的 Zeta 电位有关。首先，本节所用微塑料的粒径范围为 100~300 μm，与 Rillig 等（2017）和 Yu 等（2019）的研究相比，本节所用微塑料的粒径范围更小，因此更易被蚯蚓垂向迁移，此时粒径对微塑料在土壤中垂向迁移的影响较小。其次，微塑料会影响蚯蚓在土壤中的生长和运动能力（Boots et al.，2019），不同类型微塑料对蚯蚓生长和运动能力的影响有所差异。本节中，PE 微塑料对蚯蚓的生长影响最小，蚯蚓在土壤中留下的洞穴数量最多，导致蚯蚓向深层土壤垂向迁移 PE 微塑料最多。最后，不同 Zeta 电位的微塑料与土壤 Zeta 电位主要决定了微塑料与土壤之间势能的差异（Wang et al.，2022），导致微塑料和土壤之间的静电斥力不同，影响微塑料在土壤中的垂向迁移；在挖洞和觅食等活动过程中，蚯蚓的体表黏液在降低土壤黏附性和摩擦阻力方面起着重要作用（Zhang et al.，2016），不同类型微塑料 Zeta 电位的差异可能会导致蚯蚓黏液对微塑料的黏附作用不同（张晓婷，2022）。蚯蚓体表黏液可以减小土壤阻力，促进蚯蚓在土壤中的移动。有研究者提出，蚯蚓体表黏液可以携带微塑料而使微塑料移动。本节通过黏附实验来探究蚯蚓体表黏液对微塑料的黏附作用，结果如表 4.6 所示，蚯蚓对 PS、PE、PET 微塑料的黏附率分别为（18.61±0.53）%、（24.94±0.95）%、（22.19±0.98）%，且具有显著差异。PE 微塑料由薄膜制得，密度小、厚度薄、质量轻，与蚯蚓接触面积大，导致蚯蚓对 PE 微塑料的黏附作用最大，可能造成 PE 微塑料在土壤中迁移行为比 PS 和 PET 微塑料强。但是，只能间接反映蚯蚓在土壤中的黏附作用而导致微塑料的迁移，目前还有待进一步探究蚯蚓黏附作用导致土壤微塑料迁移的机制。

表 4.6　蚯蚓对不同类型微塑料的黏附作用

微塑料类型	黏附率/%
PS	18.61±0.53 c
PE	24.94±0.95 a
PET	22.19±0.98 b

注：PS 代表聚苯乙烯；PE 代表聚乙烯；PET 代表聚对苯二甲酸乙二醇酯。采用单因素分析（ANOVA）Duncan 多重比较检验来评估不同组别之间的显著性差异，不同小写字母表示不同组别之间具有显著性差异，显著性水平为 $p < 0.05$。数据来源于向黎（2024）。

环境中的塑料可能通过物理化学或生物风化过程发生碎裂和降解，从而形成微塑料或纳米塑料（Tong et al.，2022）。PS 微塑料长期暴露于紫外光照后，会导致 C—H 键裂解，形成自由基，并最终产生含氧官能团，破碎成更小的碎片（Gewert et al.，2015）。这些变化可导致老化的 PS 微塑料表面电荷负性增加，更重要的是增加了材料的亲水性，流动性增加，大大提高了其在土壤环境中的迁移能力（Liu et al.，2019）。本节研究表明，与未老化的 PS 微塑料比较，老化 PS 微塑料的表面变得粗糙[图 4.27（a）、（b）]，但老化并未明显改变蚯蚓垂向迁移土壤中的微塑料，原因可能是本节中微塑料的老化时间较短，导致老化 PS 的羧基和羟基区域变化较小[图 4.27（c）、（d）]。经计算，未老化和老化 PS 微塑料的羧基指数（CI）分别为 0.19 和 0.24，表明 PS 微塑料的老化程度不明显。实际农田土壤中的微塑料需要经过长期的紫外线辐射和风化等作用才能发生破碎和裂解，本节中微塑料的老化时间相对较短，老化程度不明显，因此，有必要进一步研究长期老化对蚯蚓驱动土壤中微塑料垂向迁移的影响。

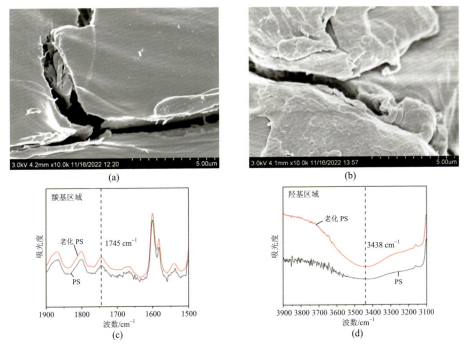

图4.27 未老化和老化聚苯乙烯微塑料的表面形貌和红外光谱比较

（a）为PS微塑料；（b）为老化PS微塑料；（c）为羰基区域；（d）为羟基区域

暴露时间是影响蚯蚓驱动土壤中微塑料垂向迁移的重要因素之一，且常常被研究人员忽视。本节研究发现，与短期暴露相比，长期暴露的蚯蚓洞穴数量增加。因此，暴露时间的增加导致更多和更深的洞穴出现，使更多的微塑料被垂向迁移到深层土壤中。在真实农田土壤环境中，根据作物的生长周期，一个月甚至几个月没有人为扰动，这使得土壤表层微塑料在生物扰动下迁移到深层土壤中。由此可见，时间是微塑料在深层土壤中积累的重要因素。

淹水也是影响蚯蚓促进土壤中微塑料垂向迁移的重要因素之一。淹水模拟了降雨过程，降雨及降雨渗透影响土壤中微塑料的垂向迁移。一般来说，淹水量越大，淹水退去速度越快，微塑料在土壤中的迁移量也就越多。如O'Connor等（2019）通过模拟实验证明了干湿循环次数与微塑料在土壤中的渗透深度之间存在正线性相关，并根据中国247个城市的气象信息估算微塑料100年的平均渗透深度将达到5.24 m。本节研究表明，淹水对蚯蚓从土壤表面向更深土壤中垂向迁移微塑料有促进作用，淹水使微塑料通过土壤孔隙和蚯蚓洞穴随水势向下移动，微塑料的垂向迁移最终可能会污染地下水。研究结果在一定程度上验证了淹水是土壤表面微塑料迁移的动力之一。

结　语

　　土壤是生态系统中重要的组成部分。土壤中普遍存在微塑料污染问题，而这些微塑料来源于频繁的人类活动。本章研究了长期农业活动土壤和沿海潮滩土壤中微塑料的赋存特征。在长期农业活动的土壤中的微塑料以碎片和纤维为主，聚酯、聚丙烯和聚乙烯是主要的聚合物类型。施用猪粪 22 年、施用不同污泥 9 年和覆膜 10 年对土壤中微塑料积累的贡献比例分别为 62.6%、41.4%~73.1% 和 63.0%。初步估算长期施用猪粪和污泥导致农田土壤中微塑料（>100 μm）的年积累量分别达到 1.2 个·kg^{-1} 和 3.2~12.1 个·kg^{-1}。长期覆膜导致的薄膜微塑料的年积累量为 7.8~10.1 个·kg^{-1}。潮滩中微塑料的聚合物类型主要有聚乙烯、聚丙烯和聚苯乙烯等。不同类型潮滩中微塑料的特征及来源可能与陆源输入和海浪潮汐带入，以及海岸带地区人类活动等因素有关。土壤中蚯蚓的活动能够影响微塑料的积累和迁移，而跳虫、蚯蚓密度和植物根系等生物因素，以及微塑料类型、暴露时间和淹水等非生物因素均会影响蚯蚓的行为活动，进而影响土壤中微塑料的移动性。

参 考 文 献

华正罡, 李良, 那军, 等. 2021. 污泥堆放场地附近饲养生猪肠组织微塑料污染状况调查. 中国公共卫生, 37(3): 455-460.

王茹, 王培铭. 2008. 聚丙烯酸酯乳液在水泥砂浆中的应用（英文）. 硅酸盐学报, 36(7): 946-949.

王志超, 孟青, 于玲红, 等. 2020. 内蒙古河套灌区农田土壤中微塑料的赋存特征. 农业工程学报, 36(3): 204-209.

向黎. 2024. 微塑料在土壤中迁移的蚯蚓驱动和在食物链中传递及变化. 杭州: 浙江工业大学.

向黎, 杨杰, 涂晨, 等. 2023. 生物和非生物因素对蚯蚓驱动土壤中微塑料垂向迁移的影响研究. 生态与农村环境学报, 39(5): 599-607.

杨杰. 2023. 农田土壤中微塑料的赋存、积累特征和小麦吸收过程研究. 北京: 中国科学院大学.

杨杰, 李连祯, 周倩, 等. 2021. 土壤环境中微塑料污染: 来源、过程及风险. 土壤学报, 58(2): 281-298.

杨杰, 涂晨, 李瑞杰, 等. 2023. 不同类别粪便堆肥中微塑料赋存特征及区域差异. 生态与农村环境学报, 39(5): 576-583.

张晓婷. 2022. 微塑料在表层土壤中的迁移及其影响因素研究. 上海: 华东师范大学.

周倩. 2020. 海岸环境微塑料分布规律、表面变化及生物膜形成作用研究. 北京: 中国科学院大学.

周倩, 章海波, 周阳, 等. 2016. 滨海潮滩土壤中微塑料的分离及其表面微观特征. 科学通报, 61(14): 1604-1611.

Andrady A L. 2011. Microplastics in the marine environment. Marine Pollution Bulletin, 62(8):

1596-1605.

Bhuyan B K, Thakur C L, Shama H, et al. 2021. Influence of organic manures on soil physico-chemical properties under *Morus* based agrisilviculture system. Agricultural Science Digest, 41(4): 584-589.

Bi D, Wang B, Li Z, et al. 2023. Occurrence and distribution of microplastics in coastal plain soils under three land-use types. Science of the Total Environment, 855: 159023.

Bläsing M, Amelung W. 2018. Plastics in soil: Analytical methods and possible sources. Science of the Total Environment, 612: 422-435.

Boots B, Russell C W, Green D S. 2019. Effects of microplastics in soil ecosystems: Above and below ground. Environmental Science & Technology, 53(19): 11496-11506.

Chai B, Wei Q, She Y, et al. 2020. Soil microplastic pollution in an e-waste dismantling zone of China. Waste Management, 118: 291-301.

Choi J, Cho J, Kim H, et al. 2020. Towards secure and usable certificate-based authentication system using a secondary device for an industrial internet of things. Applied Sciences, 10(6): 1962.

Choi Y R, Kim Y N, Yoon J H, et al. 2021. Plastic contamination of forest, urban, and agricultural soils: A case study of Yeoju City in the Republic of Korea. Journal of Soils and Sediments, 21(5): 1962-1973.

Claessens M, De Meester S, Van Landuyt L, et al. 2011. Occurrence and distribution of microplastics in marine sediments along the Belgian coast. Marine Pollution Bulletin, 62: 2199-2204.

Corradini F, Meza P, Eguiluz R, et al. 2019. Evidence of microplastic accumulation in agricultural soils from sewage sludge disposal. Science of the Total Environment, 671: 411-420.

Eriksen M, Lebreton L C M, Carson H S, et al. 2014. Plastic pollution in the world's oceans: More than 5 trillion plastic pieces weighing over 250 000 tons afloat at sea. PLoS One, 9: e111913.

Gao M, Liu Y, Song Z. 2019. Effects of polyethylene microplastic on the phytotoxicity of di-*n*-butyl phthalate in lettuce (*Lactuca sativa* L. var. *ramosa* Hort). Chemosphere, 237: 124482.

Gewert B, Plassmann M M, Macleod M. 2015. Pathways for degradation of plastic polymers floating in the marine environment. Environmental Science: Processes and Impacts, 17(9): 1513-1521.

Ghestem M, Sidle R C, Stokes A. 2011. The influence of plant root systems on subsurface flow: Implications for slope stability. BioScience, 61(11): 869-879.

Guo J J, Huang X P, Xiang L, et al. 2020. Source, migration and toxicology of microplastics in soil. Environment International, 137: 105263.

Horton A A, Walton A, Spurgeon D J, et al. 2017. Microplastics in freshwater and terrestrial environments: Evaluating the current understanding to identify the knowledge gaps and future research priorities. Science of the Total Environment, 586: 127-141.

Hu C, Wang X, Wang S, et al. 2020. Impact of agricultural residual plastic film on the growth and yield of drip-irrigated cotton in arid region of Xinjiang, China. International Journal of Agricultural and Biological Engineering, 13(1): 160-169.

Huang B, Sun L, Liu M, et al. 2021. Abundance and distribution characteristics of microplastic in plateau cultivated land of Yunnan Province, China. Environmental Science and Pollution Research, 28(2): 1675-1688.

Huang Y, Liu Q, Jia W Q, et al. 2020. Agricultural plastic mulching as a source of microplastics in the terrestrial environment. Environmental Pollution, 260: 114096.

Kim S W, An Y J. 2020. Edible size of polyethylene microplastics and their effects on springtail behavior. Environmental Pollution, 266: 115255.

Lang M, Wang G, Yang Y, et al. 2022. The occurrence and effect of altitude on microplastics distribution in agricultural soils of Qinghai Province, northwest China. Science of the Total Environment, 810: 152174.

Lee J, Lee J S, Jang Y C, et al. 2015. Distribution and size relationships of plastic marine debris on beaches in South Korea. Archives of Environmental Contamination and Toxicology, 69(3): 288-298.

Li H, Lu X, Wang S, et al. 2021b. Vertical migration of microplastics along soil profile under different crop root systems. Environmental Pollution, 278: 116833.

Li L, Luo Y, Li R, et al. 2020. Effective uptake of submicrometre plastics by crop plants via a crack-entry mode. Nature Sustainability, 3(11): 929-937.

Li M, Liu Y, Xu G, et al. 2021a. Impacts of polyethylene microplastics on bioavailability and toxicity of metals in soil. Science of the Total Environment, 760: 144037.

Li S, Ding F, Flury M, et al. 2022. Macro- and microplastic accumulation in soil after 32 years of plastic film mulching. Environmental Pollution, 300: 118945.

Liu J, Zhang T, Tian L, et al. 2019. Aging significantly affects mobility and contaminant-mobilizing ability of nanoplastics in saturated loamy sand. Environmental Science & Technology, 53(10): 5805-5815.

Liu M, Lu S, Song Y, et al. 2018. Microplastic and mesoplastic pollution in farmland soils in suburbs of Shanghai, China. Environmental Pollution, 242: 855-862.

Luo Y, Li L, Feng Y, et al. 2022. Quantitative tracing of uptake and transport of submicrometre plastics in crop plants using lanthanide chelates as a dualfunctional tracer. Nature Nanotechnology, 17(4): 424-431.

Lusher A L, Hurley R R, Vogelsang C, et al. 2017. Mapping microplastics in sludge. NIVA-report.

Lusher A L, McHugh M, Thompson R C. 2013. Occurrence of microplastics in the gastrointestinal tract of pelagic and demersal fish from the English Channel. Marine Pollution Bulletin, 67(1-2): 94-99.

Maaß S, Daphi D, Lehmann A, et al. 2017. Transport of microplastics by two collembolan species. Environmental Pollution, 225: 456-459.

Mahon A M, O'Connell B, Healy M G, et al. 2017. Microplastics in sewage sludge: Effects of treatment. Environmental Science & Technology, 51(2): 810-818.

Mathalon A, Hill P. 2014. Microplastic fibers in the intertidal ecosystem surrounding Halifax Harbor, Nova Scotia. Marine Pollution Bulletin, 81(1): 69-79.

Ng K L, Obbard J P. 2006. Prevalence of microplastics in Singapore's coastal marine environment. Marine Pollution Bulletin, 52(7): 761-767.

Nizzetto L, Futter M, Langaas S. 2016. Are agricultural soils dumps for microplastics of urban origin? Environmental Science & Technology, 50(20): 10777-10779.

Nor N H, Obbard J P. 2014. Microplastics in Singapore's coastal mangrove ecosystems. Marine Pollution Bulletin, 79(1-2): 278-283.

O'Connor D, Pan S, Shen Z, et al. 2019. Microplastics undergo accelerated vertical migration in sand soil due to small size and wet-dry cycles. Environmental Pollution, 249: 527-534.

Piehl S, Leibner A, Loder M G J, et al. 2018. Identification and quantification of macro- and microplastics on an agricultural farmland. Scientific Reports, 8: 17950.

Qiu Q, Peng J, Yu X, et al. 2015. Occurrence of microplastics in the coastal marine environment: First observation on sediment of China. Marine Pollution Bulletin, 98(1): 274-280.

Ren Z, Gui X, Xu X, et al. 2021. Microplastics in the soil-groundwater environment: Aging, migration, and co-transport of contaminants – A critical review. Journal of Hazardous Materials, 419: 126455.

Rillig M C. 2012. Microplastic in terrestrial ecosystems and the soil? Environmental Science & Technology, 46(12): 6453-6454.

Rillig M C, Ziersch L, Hempel S. 2017. Microplastic transport in soil by earthworms. Scientific Reports, 7(1): 1362.

Rolsky C, Kelkar V, Driver E, et al. 2020. Municipal sewage sludge as a source of microplastics in the environment. Current Opinion in Environmental Science & Health, 14: 16-22.

Shanmugam S D, Praveena S M, Sarkar B. 2022. Quality assessment of research studies on microplastics in soils: A methodological perspective. Chemosphere, 296: 134026.

Tagg A S, Brandes E, Fischer F, et al. 2022. Agricultural application of microplastic-rich sewage sludge leads to further uncontrolled contamination. Science of the Total Environment, 806(4): 150611.

Tong H, Zhong X, Duan Z, et al. 2022. Micro- and nanoplastics released from biodegradable and conventional plastics during degradation: Formation, aging factors, and toxicity. Science of the Total Environment, 833: 155275.

van den Berg P, Lwanga E H, Corradini F, et al. 2020. Sewage sludge application as a vehicle for microplastics in eastern Spanish agricultural soils. Environmental Pollution, 261: 114198.

Wang Y, Wang F, Xiang L, et al. 2022. Attachment of positively and negatively charged submicron polystyrene plastics on nine typical soils. Journal of Hazardous Materials, 431: 128566.

Willén A, Junestedt C, Rodhe L, et al. 2017. Sewage sludge as fertiliser-environmental assessment of storage and land application options. Water Science and Technology, 75(5): 1034-1050.

Xu L, Xu X, Li C, et al. 2022. Is mulch film itself the primary source of meso- and microplastics in the mulching cultivated soil? A preliminary field study with econometric methods. Environal Pollution, 299: 118915.

Xu Q, Gao Y, Xu L, et al. 2020. Investigation of the microplastics profile in sludge from China's largest water reclamation plant using a feasible isolation device. Journal of Hazardous Materials, 388: 122067.

Yang J, Li L, Li R, et al. 2021a. Microplastics in an agricultural soil following repeated application of three types of sewage sludge: A field study. Environmental Pollution, 289: 117943.

Yang J, Li R, Zhou Q, et al. 2021b. Abundance and morphology of microplastics in an agricultural soil following long-term repeated application of pig manure. Environmental Pollution, 272: 116028.

Yang J, Song K, Tu C, et al. 2023a. Distribution and weathering characteristics of microplastics in paddy soils following long-term mulching: A field study in Southwest China. Science of the Total Environment, 858: 159774.

Yang J, Tu C, Li L, et al. 2023b. The fate of micro (nano) plastics in soil-plant systems: Current progress and future directions. Current Opinion in Environmental Science & Health, 32: 100438.

Yu M, van der Ploeg M, Lwanga E H, et al. 2019. Leaching of microplastics by preferential flow in earthworm (*Lumbricus terrestris*) burrows. Environmental Chemistry, 16(1): 31-40.

Yu X, Peng J, Wang J, et al. 2016. Occurrence of microplastics in the beach sand of the Chinese inner sea: The Bohai Sea. Environmental Pollution, 214: 722-730.

Zhang D, Chen Y, Ma Y, et al. 2016. Earthworm epidermal mucus: Rheological behavior reveals drag-reducing characteristics in soil. Soil and Tillage Research, 158: 57-66.

Zhang G, Zhang F, Li X. 2019a. Effects of polyester microfibers on soil physical properties: Perception from a field and a pot experiment. Science of the Total Environment, 670: 1-7.

Zhang J, Li Z, Zhou X, et al. 2023. Long-term application of organic compost is the primary contributor to microplastic pollution of soils in a wheat-maize rotation. Science of the Total Environment, 866: 161123.

Zhang J, Zou G, Wang X, et al. 2021. Exploring the occurrence characteristics of microplastics in typical maize farmland soils with long-term plastic film mulching in Northern China. Frontiers in Marine Science, 8: 800087

Zhang L, Xie Y, Liu J, et al. 2020. An overlooked entry pathway of microplastics into agricultural soils from application of sludge-based fertilizers. Environmental Science & Technology, 54(7): 4248-4255.

Zhang M, Zhao Y, Qin X, et al. 2019b. Microplastics from mulching film is a distinct habitat for bacteria in farmland soil. Science of the Total Environment, 688: 470-478.

Zhang S, Li Y, Chen X, et al. 2022. Occurrence and distribution of microplastics in organic fertilizers in China. Science of the Total Environment, 844: 157061.

Zhao S, Zhu L, Wang T, et al. 2014. Suspended microplastics in the surface water of the Yangtze Estuary System, China: First observations on occurrence, distribution. Marine Pollution Bulletin, 86: 562-568.

Zhao X, Wang J, Yee-Leung K M, et al. 2022. Color: An important but overlooked factor for plastic photoaging and microplastic formation. Environmental Science & Technology, 56(13): 9161-9163.

Zhou B Y, Wang J Q, Zhang H B, et al. 2020a. Microplastics in agricultural soils on the coastal plain of Hangzhou Bay, east China: Multiple sources other than plastic mulching film. Journal of Hazardous Materials, 388: 121814.

Zhou Q, Tu C, Fu C C, et al. 2020b. Characteristics and distribution of microplastics in the coastal mangrove sediments of China. Science of the Total Environment, 703: 134807.

Zhou Q, Zhang H B, Fu C C, et al. 2018. The distribution and morphology of microplastics in coastal soils adjacent to the Bohai Sea and the Yellow Sea. Geoderma, 322: 201-208.

Zhou Y, Wang J, Zou M, et al. 2022. Microplastics in urban soils of Nanjing in eastern China: Occurrence, relationships, and sources. Chemosphere, 303(2): 134999.

Zubris K A, Richards B K. 2005. Synthetic fibers as an indicator of land application of sludge. Environmental Pollution, 138(2): 201-211.

第五章　近岸海域及河流水体中微塑料赋存特征

近海及河流是水生态系统的重要组成部分,在水源供给、动植物资源保护、污染物消纳和生态平衡方面具有多重功能。然而,20 世纪以来对塑料的大规模使用和不善管理导致微塑料(粒径小于 5 mm)和纳塑料(粒径小于 1 μm)遍布水环境中,对生态系统构成严重威胁(Thompson et al.,2004;Geyer et al.,2017)。微/纳塑料可通过污水处理厂排放、地表径流、排水和大气沉降进入水环境,也可通过海洋垃圾随潮汐作用向海岸堆积(Su et al.,2022)。江河流域是河口内陆微塑料的主要来源,也是向海洋输出微塑料的主要来源(Lebreton et al.,2017)。据估计,全球 1000 条河流每年向海洋运输 80 万~270 万 t 塑料垃圾,占全球年排放量的 80%(Meijer et al.,2020)。研究表明,中小型污水处理厂每天排放的微塑料高达 1×10^{10} 个(Freeman et al.,2020);澳大利亚 Cook 河中微塑料的丰度高达 17 383 个·m^{-3}(Hitchcock,2020);而我国长江河口区的微塑料丰度达到 4×10^3 个·m^{-3}(Zhao et al.,2014)。微塑料进入浮游动物和鱼类体内后会产生危害和毒性作用,导致炎症反应,其表面载带的环境污染物会增加水生生物的种群死亡率(Li et al.,2023;Ahmed et al.,2023;Chen et al.,2024)。在近海潮滩中,海水养殖活动导致微塑料丰度升高,可能对海产品和人体造成潜在风险。本章分别以黄海桑沟湾和渤海为例,介绍典型海湾和半封闭型海域水体环境中微塑料的污染特征,探讨微塑料的空间变异性和可能的来源,为进一步研究微塑料的生态影响提供重要参考。

第一节　黄海桑沟湾水体中微塑料赋存特征

桑沟湾是黄海中一个历史悠久的养殖海湾,也是国家级海洋牧场。评估黄海桑沟湾的微塑料污染情况,有助于揭示海湾生态系统中微塑料的分布规律,具有重要的研究价值。本节涉及桑沟湾内外、潮滩及沽河表层水体,包括桑沟湾湾内站点 SG1~SG16、湾外站点 SG17~SG23。桑沟湾潮滩站点包括重要入湾河口 SGB6~SGB8、潟湖口海水养殖企业 SGB12 和 SGB13,以及褚岛渔港码头 SGB14。沽河水体站点为 GH1~GH6。采样站点涵盖了受人为活动影响较大的河流注入、城市污水及养殖废水排放地区,包括河口、潮滩、主要航道,以及受人为干扰较少的海域。同时,本节在上述站点中的 6 个站点采集了不同深度的水体样品。在这些站点中,通过对不同水层中微塑料丰度的研究,揭示了微塑料在海水中的垂向分布特征。

一、桑沟湾表层水体中微塑料的赋存特征

由图 5.1 可知，桑沟湾湾内、湾外、河流及潮滩表层水体中的微塑料丰度范围分别为 6.6~33.6 个·L^{-1}、2.6~13.6 个·L^{-1}、8.6~18.6 个·L^{-1} 和 1.8~11 个·L^{-1}。表层水体中微塑料丰度的高值区出现在湾内和河流，其次为湾外，潮滩中丰度最低。

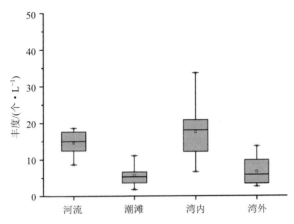

图 5.1　桑沟湾表层水体中微塑料丰度箱式图（引自熊宽旭等，2019）

从图 5.2（a）可以看出，桑沟湾表层水体中的微塑料类型以纤维类（54%~79%）和碎片类（2%~39%）为主，其次为颗粒类（2%~7%）和薄膜类（2%~5%）。经傅里叶变换红外光谱仪鉴定，纤维类聚合物的类型主要为聚对苯二甲酸乙二醇酯和人造纤维，碎片类主要为聚酯树脂和聚丙烯。由图 5.2（b）可知，桑沟湾表层水体中的微塑料以 < 1 mm 的粒径为主（>60%），且随着微塑料粒径的增大，其丰度占微塑料总量的比例逐渐降低。由图 5.3（a）可知，所有的潮滩站点（SGB6、SGB7、SGB8、SGB12、SGB13 和 SGB14）表层水体中的微塑料均以纤维类为主，比例达 80% 以上；而湾内和湾外表层水体中微塑料类型主要以纤维类和碎片类为主，其比例范围分别为 30%~90% 和 9%~65%。由图 5.3（b）可知，流入桑沟湾的沽河表层水体中微塑料类型以纤维类为主（>83%）。Browne 等（2011）的研究结果表明，一件服装每次洗涤可产生 1900 根以上的纤维，大量的纤维可通过城市污水管道进入河流和海湾中。周倩（2016）发现滨海城市大气环境中纤维微塑料占比高达 95%，表明这些微塑料可能会通过大气沉降进入陆海环境，成为海岸环境中微塑料的重要来源。因此，我们推测在桑沟湾水体中大量存在的纤维类微塑料可能来源于桑沟湾沿岸的生活污水排放和大气沉降。而对于桑沟湾水体中的另外一种主要微塑料类型——碎片类微塑料，经扫描电子显微镜比对分析，发

现其表面微观形貌特征与本次调查中观察到的渔船表面脱落的漆片高度相似。进一步采用傅里叶变换红外光谱仪鉴定其聚合物类型，两者都是聚酯树脂。这类树脂通常用于油漆涂料，推测桑沟湾表层水体中部分碎片类微塑料可能来源于养殖用木船表面脱落的油漆碎片。

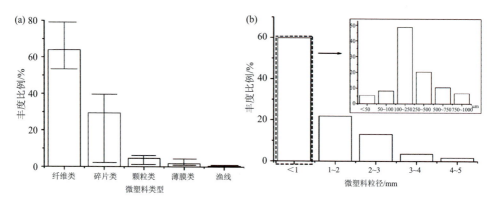

图 5.2　桑沟湾表层水体中不同类型（a）和粒径（b）微塑料的丰度比例（引自熊宽旭等，2019）

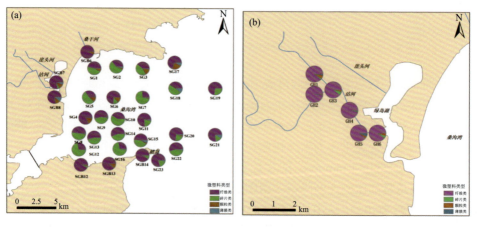

图 5.3　桑沟湾（a）及沽河（b）表层水体中不同类型微塑料的空间分布（引自熊宽旭等，2019）

微塑料的空间变异性主要受到人类活动的范围、路径和位置的影响（Jorquera et al.，2022）。由图 5.4（a）可知，桑沟湾湾内站点 SG1~SG16 表层水体中微塑料的丰度值较高，表明湾内易受到海水养殖活动的影响；而湾外站点 SG17~SG23 表层水体中微塑料的丰度则呈现由湾内向湾外逐渐降低的趋势，这可能与桑沟湾海域的水动力因素有关（Sui et al.，2020）。桑沟湾湾口北部是西向流，湾口南部为东向流，湾口处存在一个往复流，整个湾内呈现逆时针方向的表层环流。湾外微塑料可在桑沟湾表层环流的作用下输运到桑沟湾湾内集聚，并沿着环流方向呈现高值分布的趋势。桑沟湾潮滩站点包括重要入湾河口 SGB6~SGB8、潟湖口海水养殖企业 SGB12 和 SGB13，以及楮岛渔港码头 SGB14。这些站点受到河流注入、城市污水及养殖废水排放的影响，都有一定丰度的微塑料检出，但总体丰度低于湾内站点。沽河沿岸是山东省威海市荣成市最密集的城市化地区，城市径流（沽河）可产生高负荷的污水排放。由图 5.4（b）可知，沽河水体（GH1~GH5）中亦有较高丰度的微塑料检出，但沽河实行阶梯式水坝拦水，加上冬季采样时水面结冰，导致沽河水动力较弱，微塑料容易滞留在河流水体中，难以输送到河口和潮滩区，因此河口区 GH6 站点和潮滩 SGB7~SGB8 水体中微塑料丰度相对较低。

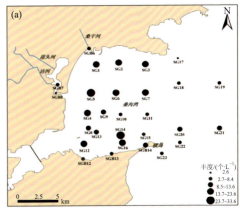
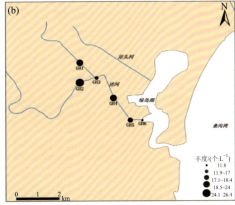

图 5.4　桑沟湾（a）及沽河（b）表层水体中微塑料丰度的空间分布（引自熊宽旭等，2019）

二、桑沟湾垂向水体中微塑料的赋存特征

桑沟湾垂向水体中微塑料的丰度范围为 2.8~41.8 个·L^{-1}，其中表层、中层和底层的微塑料丰度范围分别为 3.8~25.4 个·L^{-1}、2.8~41.8 个·L^{-1} 和 3.4~39.8 个·L^{-1}。由图 5.5 可知，桑沟湾水体中微塑料的垂向分布呈现一定的空间异质性，单一水层中微塑料的丰度特征并不能代表整个水体的特征。桑沟湾近岸浅水区 SG1、SG4 和 SG12 站点水体中，中层海水的微塑料丰度相对较高，这与 Lusher 等（2015）的调查结果相一致，提示与桑沟湾的水动力及微塑料的类型和密度等性质相关。受桑沟湾内沿岸流的影响，聚酯纤维类和树脂碎片类微塑料在桑沟湾近岸水体中实现了再分布，导致大多微塑料悬浮在中层水体中。而湾内中心区的站点 SG10，以及湾外的站点 SG17 和 SG22 均表现出底层微塑料丰度高于表层和中层，这可能与湾口和湾内站点的水动力较弱有关。

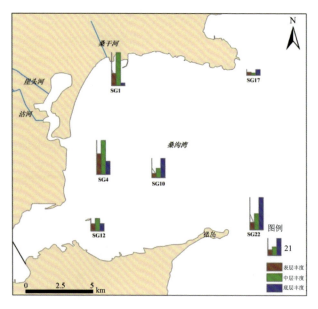

图 5.5　桑沟湾内外不同水层海水中微塑料丰度的垂向分布（引自熊宽旭等，2019）

第二节　渤海水体中微塑料赋存特征

渤海是一个半封闭的内海，被中国人口密集和工业化程度最高的区域之一所环绕，因此受到巨大的环境压力。2016 年 9 月，通过搭载"渤海专项"渤海综合科学考察夏季航次，在渤海的 20 个站位采集了表层水体样品，包括渤海湾（BHB34、BHB20、BHB08、BHB06）、黄河口附近（P1）、莱州湾（LZB15）、辽东湾（T4、T1、R1、M9）、渤海海峡（L2、L5、L7、E1、E0、E6）和中央海区（M5、M2、PLB2、B10），采样站位涵盖了受人为活动影响较大的海湾、河口、近岸海域、主要航道，以及受人为干扰较少的海域。同时，本节在上述 20 个站位中的 6 个站位采集了不同深度的水体样品（Dai et al., 2018）。

从渤海收集的所有 20 个表层水体样品中都检测到微塑料，微塑料的丰度范围为 0.4~5.2 个·L^{-1}，平均为 2.2 个·L^{-1}（表 5.1）。如图 5.6 所示，渤海表层水体的微塑料丰度呈明显的空间异质性。在渤海海峡的 E0 站位检测到表层水中微塑料丰度最高，其次是渤海湾的 BHB20 站位，而辽东湾 T1 站位的微塑料丰度最低。此外，在整个渤海湾和辽东湾均出现了微塑料丰度>3.0 个·L^{-1}的站位。总体而言，渤海湾微塑料平均丰度最高，中央海区最低（表 5.1）。

表 5.1　渤海不同区域表层水中微塑料丰度（引自 Dai et al.，2018）（单位：个·L^{-1}）

区域	站位数	微塑料丰度平均值	微塑料丰度范围
辽东湾	4	1.7±1.2	0.4~3.4
渤海湾	4	3.0±1.6	0.8~4.6
莱州湾	2	2.9±1.8	1.6~4.2
中央海区	4	0.9±0.2	0.8~1.2
渤海海峡	6	2.6±1.4	1.0~5.2
渤海	20	2.2±1.4	0.4~5.2

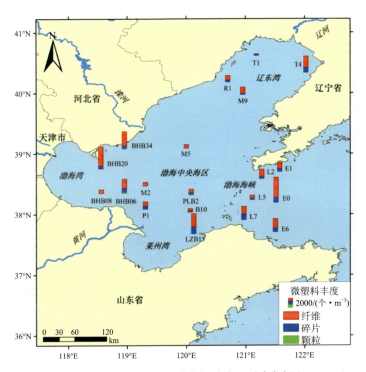

图 5.6　渤海表层海水中微塑料的空间分布（引自代振飞，2018）

不同深度的海水使用温盐深剖面仪（CTD）采集。每 5 m 采集一个样品，除 E0 站位采集至 30 m 深外，其他站位的海水均能从表层采集至底层。如表 5.2 所示，渤海 6 个站位之间的微塑料丰度随深度变化的趋势并不一致。渤海湾的 BHB06 和 BHB20 这 2 个站位均表现为表层水体中微塑料的丰度最高，而其他 4 个站位都是在 5~15 m 深度的微塑料丰度最高。如辽东湾 M9 站位和黄河口附近 P1 站位的 5 m 深度处微塑料的丰度最高，渤海海峡 E0 站位和莱州湾 LZB15 站位分别在 10 m 和 15 m 深度处的微塑料丰度最高。然而，深层水柱（> 20 m）中的微塑料丰度通常较低，甚至在 5 L 水样中未检出微塑料。

表 5.2　渤海水体中微塑料丰度的垂直分布（引自代振飞，2018）（单位：个·L^{-1}）

水柱深度/m	辽东湾 M9	渤海湾 BHB20	渤海湾 BHB06	黄河口附近 P1	莱州湾 LZB15	渤海海峡 E0
0	1.6	4.6	3.0	1.6	4.2	5.2
5	23.0	2.8	1.2	7.6	3.6	0.7
10	3.0	2.0	2.2	3.6	4.4	21.6
15	1.6	3.6	0.6	2.0	6.2	3.4
20	0.8	3.8	1.2	NA	NA	6.6
25	0.2	3.6	NA	NA	NA	2.2
30	NA	NA	NA	NA	NA	1.2
水柱平均值	5.0	3.4	1.6	3.7	4.6	6.9
表层沉积物	105.4	72.6	256.3	95.8	50.9	31.1

注：NA 表示无数据。

　　不同深度水柱中微塑料的类型和颜色如图 5.7 所示。垂直水柱中最主要的微塑料类型为纤维类，其次是碎片类[图 5.7（a）]。然而，不同类型微塑料在水体

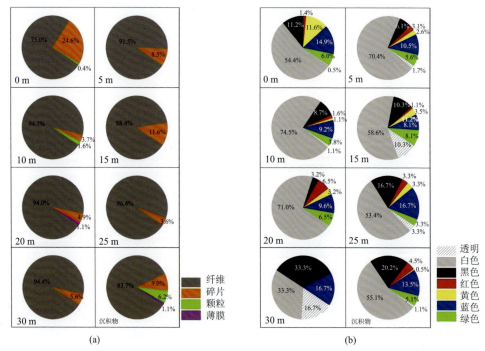

图 5.7　渤海水体中微塑料类型（a）和颜色（b）的垂直变化（引自 Dai et al.，2018）

中的垂直分布却略有差异。纤维类在表层水柱中的比例低于深层水柱,而颗粒类和薄膜类仅在水柱的某些特定层检出,这可能是由于水体采样量有限。垂直水体中微塑料最主要的三种颜色分别为白色、蓝色和黑色,这三种颜色的微塑料在大多数水层中所占的比例均> 50%[图 5.7(b)]。

图 5.8 显示了微塑料尺寸随水体和沉积物深度的变化。微塑料在水柱和沉积物中占主导地位,尺寸>5 mm 的比例非常小。大多数微塑料的尺寸范围在100~3000 μm。在<300 μm 的尺寸部分中观察到,<100 μm 的微塑料在深度为 30 m的水柱中占比显著高于表层水体。

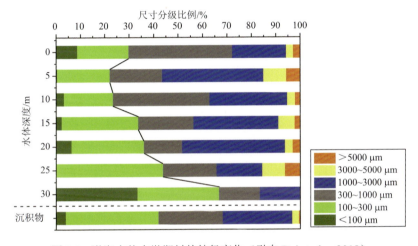

图 5.8 渤海水体中微塑料的粒径变化(引自 Dai et al.,2018)

微塑料聚合物由聚丙烯(PP)、聚乙烯(PE)、聚氯乙烯(PVC)、聚苯乙烯(PS)、聚对苯二甲酸乙二醇酯(PET)、丙烯腈-丁二烯-苯乙烯(ABS)和纤维素组成。在微塑料样品中也发现了 PE 和 PP 的共聚物。在表层水体中检出的密度最大的微塑料聚合物是 PS(密度 $1.06\ \mathrm{g \cdot cm^{-3}}$),而在深层的水柱中检出的微塑料聚合物主要为 PET(密度 $1.39\ \mathrm{g \cdot cm^{-3}}$)和 PVC(密度 $1.56\ \mathrm{g \cdot cm^{-3}}$)。

结 语

本章深入探讨了近海及河流水体中微塑料的赋存特征,观测到黄海桑沟湾表层水体中的微塑料类型以纤维类和碎片类为主,微塑料粒径以小于 1 mm 的为主。表层水体中微塑料丰度高值区主要出现在近岸海域,并且微塑料的丰度由湾内向外海呈递减的趋势,微塑料的垂向分布也呈现一定的空间异质性,这主要受海水养殖、生活和航运等人类活动排放及水动力的影响。渤海水体中微塑料的丰度普遍较高，且不同区域和深度的水体样品中微塑料的分布存在明显差异。近岸海域、渤海湾和渤海海峡海域的表层海水中微塑料丰度较高，表层水体微塑料污染主要受到海上行船排污和沿岸居民生产生活的直接影响。在整个渤海水柱中，渤海海峡和辽东湾海域具有较高的微塑料丰度，微塑料在渤海各水层的分布与不同深度的环流（流速和流向的差异）、海域的水体交换能力、微塑料自身的密度、形貌类型及其颗粒大小，以及沿岸或附近海域人为活动强度密切相关。

参 考 文 献

代振飞. 2018. 渤海微塑料分布及其影响因素研究. 北京: 中国科学院大学.

熊宽旭, 赵新月, 周倩, 等. 2019. 黄海桑沟湾水体及沉积物中微塑料污染特征研究. 海洋环境科学, 38(2): 198-204+220.

周倩. 2016. 典型滨海潮滩及近海环境中微塑料污染特征与生态风险. 北京: 中国科学院大学.

Ahmed A, Billah M, Ali M, et al. 2023. Microplastics in aquatic environments: A comprehensive review of toxicity, removal, and remediation strategies. Science of the Total Environment, 876: 162414.

Browne M, Crump P, Niven S, et al. 2011. Accumulation of microplastic on shorelines worldwide: Sources and sinks. Environmental Science & Technology, 45: 9175-9179.

Chen C F, Albarico F, Lin S, et al. 2024. Phthalate esters and nonylphenol concentrations correspond with microplastic distribution in anthropogenically polluted river sediments. Marine Pollution Bulletin, 199: 116031.

Dai Z, Zhang H, Zhou Q, et al. 2018. Occurrence of microplastics in the water column and sediment in an inland sea affected by intensive anthropogenic activities. Environmental Pollution, 242: 1557-1565.

Freeman S, Booth A M, Sabbah I, et al. 2020. Between source and sea: The role of wastewater treatment in reducing marine microplastics. Journal of Environmental Management, 266: 110642.

Geyer R, Jambeck J R, Law K L, et al. 2017. Production, use, and fate of all plastics ever made. Science Advance, 3: e1700782.

Hitchcock J. 2020. Storm events as key moments of microplastic contamination in aquatic ecosystems. Science of the Total Environment, 734: 139436.

Jorquera A, Castillo C, Murillo V, et al. 2022. Physical and anthropogenic drivers shaping the spatial distribution of microplastics in the marine sediments of Chilean fjords. Science of the Total Environment, 814: 152506.

Lebreton L, van der Zwet J, Damsteeg J, et al. 2017. River plastic emissions to the world's oceans. Nature Communications, 8: 15611.

Li X, Lu L, Ru S, et al. 2023. Nanoplastics induce more severe multigenerational life-history trait changes and metabolic responses in marine rotifer Brachionus plicatilis: Comparison with microplastics. Journal of Hazardous Materials, 449: 131070.

Lusher A L, Tirelli V, O'Connor I, et al. 2015. Microplastics in Arctic polar waters: The first reported values of particles in surface and sub-surface samples. Scientific Reports, 5: 14947.

Meijer L, van Emmerik T, van der Ent R, et al. 2020. Over 1000 rivers accountable for 80% of global riverine plastic emissions into the ocean. EGU General Assembly 2020: EGU2020-22000.

Su X, Yuan J, Lu Z, et al. 2022. An enlarging ecological risk: Review on co-occurrence and migration of microplastics and microplastic-carrying organic pollutants in natural and constructed wetlands. Science of the Total Environment, 837: 155772.

Sui Q, Zhang L, Xia B, et al. 2020. Spatiotemporal distribution, source identification and inventory of microplastics in surface sediments from Sanggou Bay, China. Science of the Total Environment, 723: 138064.

Thompson R C, Olsen Y, Mitchell R P, et al. 2004. Lost at sea: where is all the plastic? Science, 304: 838-838.

Zhao S, Zhu L, Wang T, et al. 2014. Suspended microplastics in the surface water of the Yangtze Estuary System, China: First observations on occurrence, distribution. Marine Pollution Bulletin, 86: 562-568.

第六章 近岸海域及红树林沉积物中微塑料赋存特征

近海沉积物是微塑料的主要汇集区，研究发现微塑料很容易被风和水长距离地从源地区运输，并广泛分布在海岸沙滩、水域和海洋环境的沉积物中（James et al.，2022；Bao et al.，2023）。微塑料的小尺寸使它们容易被海洋生物所吸收，因此它们在沉积物中的普遍和持久存在会对海洋野生生物构成威胁（Lim，2021）。监测近海沉积物中的微塑料有助于提高预测海洋中微塑料的质量估算、尺寸分布、漂移模式及对海洋物种和栖息地的影响的能力（Galloway and Lewis，2016）。Reisser 等（2015）在北大西洋环流中进行的观测研究表明，较小的碎片显示了较低的上升速度，并更容易被垂直传输。Bagaev 等（2017）发现，在波罗的海水域中，人造纤维在近表面和近底层的积累量是中间层的 3~5 倍。由于水体中大多数塑料是通过滤网进行采样来调查的，关于小粒径微塑料在近海沉积物中的分布研究仍非常有限。本章分别以黄海桑沟湾、渤海，以及东南沿海红树林地区为例，介绍典型海湾、半封闭性海域，以及红树林沉积物环境中微塑料的赋存特征。

第一节 黄海桑沟湾沉积物中微塑料赋存特征

桑沟湾是黄海中一个典型的养殖海湾，也是国家级海洋牧场（Dai et al.，2018）。评估桑沟湾的微塑料丰度及其空间分布规律对于揭示海湾及近海生态系统的微塑料污染特征具有重要的意义。本节调查研究了桑沟湾不同潮滩沉积物微塑料的污染特征和时空分布规律，分析了潮汐作用对潮滩沉积物微塑料丰度的影响，揭示了潮滩沉积物剖面中微塑料的垂向分布特征。桑沟湾沿岸潮滩共设置 16 个站点（SGB1~SGB16），覆盖了近岸所有的重要沙滩和河口。分别在 2017 年 9 月、12 月和 2018 年 6 月各采集一次潮滩沉积物样品。如图 6.1 所示，在潮滩高潮线、海藻线和低潮线上选取 100 m 区间线，三条线共设置 4 个方框，使用干净的不锈钢铲采集表层 2 cm 的沉积物。潮汐试验样品采集周期为 10 天，收集每天潮滩上两次高潮线上 5 个 30 cm×30 cm 样方的表层沉积物。在楮岛 3 个潮滩上采集 5 个完整剖面样品，样品采集选取海藻线与高潮线之间的区域，使用不锈钢铲向下挖掘剖面至沉积物底层，剖面间隔设置为 10 cm。沉积物中微塑料的浮选、挑选与鉴定参考第二章第一节中的方法。沉积物中微塑料的丰度单位用每千克干重沉积物中微塑料的个数（个·kg^{-1}，干重）表示。

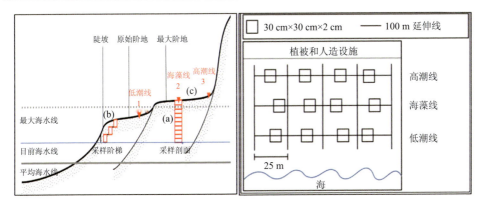

图 6.1　桑沟湾潮滩沉积物中采样示意图（引自熊宽旭，2019）

　　从图 6.2（a）可知，桑沟湾沉积物中的微塑料类型以纤维类为主（45%~79%），其次为发泡类（3%~25%）、颗粒类（11%~19%）、碎片类（6%~19%）和薄膜类（1%~11%）。微塑料的聚合物类型主要有聚烯烃（聚乙烯、聚丙烯）和聚苯乙烯，占 83.3%~87.4%，这与我国塑料生产和使用的规模一致。聚烯烃和聚苯乙烯通常用于制作寿命较短的塑料产品，如海水养殖中的浮力材料、网箱及渔绳、渔线等，是海洋环境中报道最多的塑料聚合物类型。由图 6.2（b）可知，桑沟湾沉积物中的微塑料粒径以 < 1 mm 和 1~2 mm 的为主（>75%），且随着微塑料粒径的增大，其丰度占微塑料总量的比例逐渐降低。由图 6.3（a）可知，桑沟湾湾内和湾外海底沉积物中微塑料的类型都以纤维类为主，而潮滩站点沉积物中微塑料的主要组分则根据潮滩的具体位置呈现多样化的特征[图 6.3（b）]。由图 6.3（c）可知，沽河沉积物中微塑料的主要类型也为纤维类。

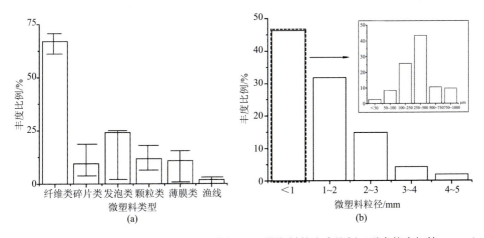

图 6.2　桑沟湾沉积物中不同类型（a）和粒径（b）微塑料的丰度比例（引自熊宽旭等，2019）

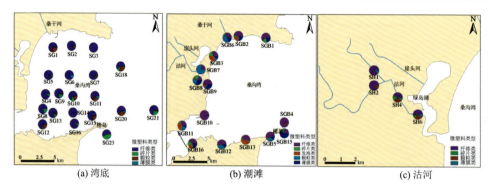

图6.3　桑沟湾湾底、潮滩及周边沽河沉积物中微塑料类型比例的空间分布（引自熊宽旭，2019）

由图6.4可知，桑沟湾沉积物中微塑料的丰度范围为31.2~1246.8 个·kg^{-1}（干重），平均值为134.9 个·kg^{-1}。其中，河流、潮滩、湾内及湾外沉积物中的微塑料丰度分别为34.9~73.6 个·kg^{-1}、31.2~1246.8 个·kg^{-1}、23.7~170 个·kg^{-1}、37.7~120.3 个·kg^{-1}。潮滩沉积物中微塑料的平均丰度值及其变异性均高于海湾及河流沉积物的水平。

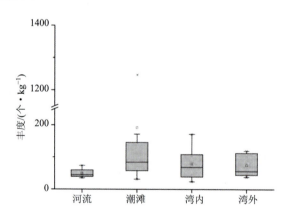

图6.4　桑沟湾沉积物中微塑料丰度箱式图（引自熊宽旭等，2019）

桑沟湾湾底沉积物中微塑料丰度的空间分布如图6.5（a）所示。总的来看，沉积物中微塑料丰度的空间分布规律与水体中的一致，高值区主要出现在近岸浅水区。一方面，这些站点更靠近岸边，受到人类活动的影响更为强烈；另一方面，可能与沿岸环流引起的湾内水体中微塑料的富集和沉降有关。

由图6.5（b）可知，潮滩沉积物中微塑料丰度的空间分布与站点所在地形、植被及风浪等因素有关。其中，微塑料丰度较高的站点SGB2和SGB13在地形特征上都是具有垂直夹角的海滩，这种夹角的特殊地形更有利于潮滩对水体中微塑料的拦截与沉积。站点SGB11则由于沙滩上的植被茂盛，微塑料上岸以后易被植被拦截在岸上的草丛中。而潟湖口站点 SGB8 和 SGB9 受到海上浪流扰动的影响，微塑料会再次悬浮进入海湾中，因此丰度相对较低。

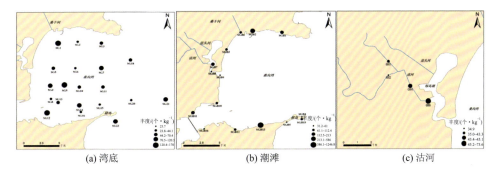

(a) 湾底　　　　　　　　　(b) 潮滩　　　　　　　　　(c) 沽河

图 6.5　潮滩微塑料空间分布图（引自熊宽旭等，2019）

由图 6.5（c）可知，沽河沉积物中的微塑料丰度与水体中的微塑料丰度规律相反，上游沉积物（站点 GH1 和 GH2）中微塑料的丰度显著低于下游（站点 GH4）和河口区（站点 GH6）。这主要是因为冬季水流速度较慢，导致水体中的微塑料逐渐向下游方向的沉积物中沉降累积。

第二节　渤海表层沉积物中微塑料赋存特征

2016 年 9 月，通过搭载"渤海专项"渤海综合科学考察夏季航次分别在渤海湾（BHB6、BHB20）、黄河口附近（P1）、莱州湾（LZB15）、辽东湾（M9）、渤海海峡（E0）等 6 个站点采集了表层沉积物样品（Coyle et al.，2023）。经分析，渤海表层沉积物中微塑料的丰度在 31.1~256.3 个·kg^{-1}（沉积物干重），平均值为（102.0±73.4）个·kg^{-1}。微塑料类型有纤维类（83.7%）、碎片类（9.0%）、颗粒类（6.2%）和薄膜类（1.1%）。微塑料的颜色包括白色（55.1%）、黑色（20.2%）、蓝色（13.5%）、绿色（5.1%）、红色（4.5%）、透明（1.1%）和黄色（0.5%）。在所有点位的沉积物微塑料样品中，粒径小于 3 mm 的微塑料占 96.5%，小于 1 mm 的微塑料占 68.0%。对沉积物中的 5 个碎片和 3 个颗粒进行了红外鉴定，发现其中 6 个微塑料的聚合物类型为聚氯乙烯，2 个为聚乙烯。

由图 6.6 可知，在不同站点的空间分布上，渤海表层沉积物中微塑料的丰度从大到小依次是 BHB06 > M9 > P1 > BHB20 > LZB15 > E0，这一分布特征与表层海水、海洋水柱中的分布均不相同。在这 6 个站点中，各站点海水平均浊度从大到小依次是 BHB20 > BHB6 > M9 > P1 > LZB15 > E0，除 BHB20 站点外，其他站点中，海水浊度较大时，微塑料丰度也较大。海水浊度是由于不溶性物质的存在而引起的透光度降低的程度，不仅与水体中浮游生物、微生物有关，也与悬浮颗粒的种类、粒径、形状、颜色及其化合物性质有关，微塑料丰度与海水浊度的对应关系，表明了海水中浑浊物质影响微塑料的沉降行为，浑浊物质（生物或悬浮颗粒物）越多，越有利于微塑料在沉积物中的积累。浊度主要反映海水的浑浊程度，反映入射光线在海水中散射、吸收而导致的光线的衰减程度，能够反映砂质悬浮体丰度，但是不能反映水体中透明、半透明生物的含量。叶绿素 a 存在于所有的光养种群中，其含量是反映海水中浮游植物生物量或现存量的一项重要参数。渤海水体中，各站点海水中叶绿素 a 的平均含量从大到小依次是 M9 > LZB15 > BHB6 > P1 > BHB20 > E0，叶绿素 a 的含量也与沉积物中的微塑料含量密切相关；除 LZB15 站点外，水体中叶绿素 a 含量高的站点，沉积物中微塑料含量也较高。海水中浮游植物会对微塑料的沉积行为产生影响，浮游植物生物量越多越有利于微塑料的沉积。据此，可以判断沉积物中微塑料的含量与上层水体悬浮颗粒物和浮游植物生物量有着密切的关系，但微塑料的沉积行为不是由某一个因素主导，而是受到这两个因素的共同影响。

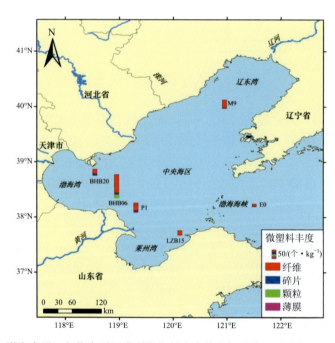

图 6.6　渤海表层沉积物中不同类型微塑料丰度的空间分布（引自代振飞，2018）

　　如果将水体中微塑料的丰度换算成单位质量的微塑料丰度，在所有的站点中沉积物中微塑料的丰度均大于该站点所有深度水体样品的微塑料丰度，即使流速较急的渤海海峡，沉积物中微塑料丰度也较水体高。一方面，是由于水体流动性强，微塑料易于迁移、扩散；而沉积物相对稳定，沉积物中的微塑料难以发生迁移扩散（Flores-Cortés and Armstrong-Altrin，2022）。另一方面，可能是在水体与沉积物中，类型最多的微塑料——聚酯纤维，密度比水大，因此无论水平上如何迁移，终究会有沉降的趋势，水体中的聚酯纤维在短时间内存在，而沉积物中的聚酯纤维是在更长时间尺度上的积累（Nel et al.，2018）。

表 6.1 比较了渤海与其他地区沉积物中的微塑料丰度。由于样品前处理与分析方法的差异会对数据的可比性产生重要的影响，表 6.1 同时列出了不同研究所采用的沉积物微塑料分选方法以供参考。由表 6.1 可知，渤海表层沉积物中的微塑料丰度低于北极海域沉积物，与我国长江口、三峡水库沉积物中微塑料丰度相当，但长江口沉积物中微塑料分布的空间异质性更大。Nel 等（2018）分别在冬季和夏季调查了布劳克朗斯河沉积物中微塑料的分布情况，该河流沉积物中微塑料的分布具有明显的季节差异，在冬季该河流的微塑料丰度大于渤海沉积物中微塑料的丰度，夏季则明显较低。

表 6.1　渤海与其他地区沉积物中微塑料丰度的对比（引自代振飞，2018）

研究区域	分选方法	微塑料丰度/（个·kg^{-1}）	参考文献
长江口	30% H_2O_2 消解，1.2 g·cm^3 NaCl 溶液浮选，使用 Whatman GF/B 过滤	20~340	Peng et al.，2017
三峡水库	30% H_2O_2 消解，过 0.45 μm 滤膜	25~300（湿沉积物）	Di and Wang，2018
北极	ZnCl$_2$ 溶液浮选，先过 500 μm 筛网，再过 20 μm 筛网	42~6595	Bergmann et al.，2017
南非布劳克朗斯河（夏）	过 2 mm 筛网，筛下物质用饱和盐溶液浮选，从筛上物中收集较大微塑料	1~14.6	Nel et al.，2018
南非布劳克朗斯河（冬）	过 2 mm 筛网，筛下物质用饱和盐溶液浮选，从筛上物中收集较大微塑料	13.31~563.8	Nel et al.，2018
渤海表层沉积物	NaCl 溶液浮选，过 5 μm 滤膜	31.1~256.3	本书

第三节　沿海红树林沉积物中微塑料赋存特征

红树林是一种独特的海岸湿地类型，在食物和水供应、养分循环、环境净化、固碳、气候调节和文化服务等生态系统服务中发挥着重要作用（Mcleod et al.，2011）。红树林主要分布在热带和亚热带地区的潮间带，2014 年全球红树林的总面积为 81 485 km^2，其中 42% 的红树林分布在亚洲（Giri et al.，2011）。然而，有关红树林沉积物中微塑料污染的研究却非常有限。本节揭示了中国主要红树林地区沉积物中微塑料丰度与空间分布特征；探索了红树林地区沉积物中微塑料的潜在来源，以及微塑料在红树林沉积物中分布和滞留的影响因素。

红树林沉积物样品采自中国东南沿海 12 000 km 海岸线上的 21 个红树林采样点（Zhou et al.，2020）。采样点覆盖从热带（海南）到中亚热带（浙江）的 5 个省份（表 6.2）。采样点的类型高度多样化，包括海水养殖区、港口、旅游区、自然保护区和河口。本节还同时采集了 5 个没有红树林植被的潮滩沉积物作对照，用于比较沉积物中微塑料的丰度。沉积物中微塑料的分析方法参考第二章。

表 6.2　红树林和非红树林区沉积物采样点位置及特征

地点	位置	红树林面积/km²	沉积物类型
HN1	海口，海南	17.97	泥质
HN2	三亚，海南	2.41	泥质
GX1, GX2, GX3	防城港，广西	21.38	泥质；砂质
GX4	钦州，广西	36.03	砂质
GX5, GX6, GX7, GX8	北海，广西	30.39	泥质；砂质
GD1	湛江，广东	142.74	泥质
GD2	茂名，广东	2.55	泥质
GD3	阳江，广东	13.26	泥质
GD4	江门，广东	12.29	泥质
GD5	珠海，广东	10.16	泥质
GD6	深圳，广东	1.76	泥质
GD7	汕头，广东	5.59	泥质
FJ1, FJ2	漳州，福建	6.56	泥质
FJ3	泉州，福建	2.98	泥质
ZJ1	温州，浙江	0.09	泥质
FCG	防城港，广西	非红树林	砂质
QZ	钦州，广西	非红树林	砂质
BH	北海，广西	非红树林	砂质
MM	茂名，广东	非红树林	砂质
WZ	温州，浙江	非红树林	砂质

红树林沉积物中发现的微塑料类型包括发泡、纤维、薄膜、碎片和颗粒类，其中发泡、纤维和碎片类最常见（图 6.7）。不同采样点的沉积物中不同类型微塑料的占比不同，这主要是由于不同采样点的微塑料污染源不同。在广西红树林沉积物的样本中发现大量发泡类微塑料，这是因为当地的海水养殖业中广泛使用发泡材料（如浮架、发泡渔具和容器）。这些发泡材料很容易经光氧化和机械磨损分解成微塑料（Song et al.，2017）。纤维类微塑料主要在广东和福建的河口、海湾、

港口或旅游区附近的红树林沉积物中检出。这可能与陆源物质的河流输送及近岸排放有关（Browne et al.，2011）。由于薄膜类和碎片类微塑料的来源较为复杂，几乎在所有采样点的沉积物样品中都能检测到这两类微塑料的存在，而颗粒类则仅在两个采样点（GX1 和 GD5）处检出，可能源自意外泄漏（Zhou et al.，2018）。沉积物中所有检出的微塑料都呈现出多种颜色，包括白色、蓝色、黑色、红色、黄色、绿色、紫色、灰色和透明色，其中纤维类微塑料的颜色是最丰富的。本节中发现的纤维的主要颜色是蓝色（34.7%）和透明（27.8%），这在其他地方也很常见（Peng et al.，2017）。大多数碎片类是透明（38.5%）、绿色（23.1%）和蓝色（19.2%）的，而发泡类和薄膜类主要由白色和透明颗粒组成。这些有色微塑料很容易被许多生物误认为是食物而摄入，导致生物饿死，从而造成红树林栖息地生物多样性的丧失（Lusher et al.，2017）。

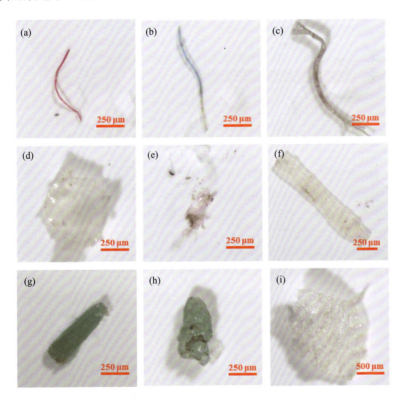

图 6.7　红树林沉积物中不同类型的微塑料（引自 Zhou et al.，2020）

（a）～（c）为红色、蓝色和透明纤维；（d）、（e）为透明和红色薄膜；（f）～（h）为白色碎片（f）和绿色碎片（g、h）；（i）为白色发泡；（a）、（b）为丙烯酸；（d）、（e）为聚乙烯；（c）、（f）、（g）、（h）为聚丙烯；（i）为聚苯乙烯

红树林沉积物中所检出的微塑料尺寸范围为 0.05~5 mm。图 6.8（a）显示了微塑料和大塑料（5~15 mm）的尺寸分布谱。微塑料丰度最高的尺寸范围为 1~

2 mm，占 46%。本节所发现的红树林沉积物中微塑料占比最大的尺寸比在新加坡发现的（< 40 μm，占 58%）更大，这种差异很可能与所用滤膜的孔径不同有关。本节中，大多数纤维的尺寸均< 1 mm（57.1%），其中，0.5~1 mm 的纤维占比最大（36.3%）。尺寸范围为 1~2 mm 的发泡类、薄膜类和碎片类的占比在该类型的尺寸分布中均为最高（发泡类，48.7%；薄膜类，28.6%；碎片类，25.0%）。所有颗粒类的尺寸都处于 4~5 mm 的范围内，常见于典型的用于制造不同塑料产品的人造塑料颗粒原料。

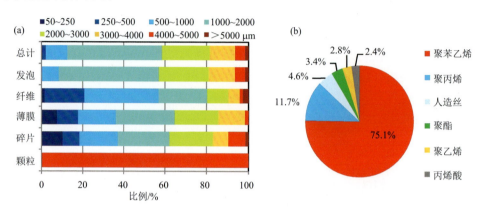

图 6.8　红树林沉积物中不同尺寸（a）和不同聚合物类型（b）微塑料丰度的百分比
（引自 Zhou et al.，2020）

红树林沉积物中所检出的微塑料聚合物成分主要包括聚苯乙烯（75.1%）、聚丙烯（11.7%）、人造丝（4.6%）、聚酯（3.4%）、聚乙烯（2.8%）和丙烯酸（2.4%）[图 6.8（b）]，聚合物成分的多样性高于之前报道的新加坡红树林沉积物及中国渤海和黄海沿岸沉积物（Nor and Obbard，2014）。FTIR 分析表明，所有发泡类都是 PS（100%）；而碎片类和颗粒类主要由 PP 和 PE 组成（碎片：81.8% PP 和18.2% PE；颗粒：100% PP）；薄膜类则由 PE（40.0%）、PP（40.0%）和 PS（20.0%）组成；纤维类由多种聚合物组成，其中 43.1%为纯合成纤维，主要是 PP（16.7%），其次是聚酯（15.3%）和丙烯酸基聚合物（11.1%）。20.8%的纤维类为人造丝，它来源于天然聚合物。此外，约 36.1%的纤维成分不是塑料聚合物（棉或植物碎片）。纤维中的聚合物种类繁多，显然与其来源多样有关，包括母体材料的碎片化和陆地输入。PP 和 PS 是本节鉴定出的最主要的微塑料聚合物成分，这可能包括以下三个原因：①由 PP 和 PS 制成的塑料制品在现代社会中被广泛使用，特别是在渔业和海水养殖业中；②在紫外线辐射、浪流引起的机械应力、环境条件（如盐度、温度）和生物作用（生物膜形成、生物团聚）等影响下，PP 和漂浮的发泡类聚苯乙烯（EPS）容易磨损和碎裂成碎片；③PE 和 EPS 的密度较低，很容易随潮汐、波浪、洋流或河流运输带走。因此，PP 和 PS 常在近海海域水体、沉积物及红树林沉积物中被检出。

　　沿海植被生长对外源性微塑料有阻挡作用，但在人类活动频繁产生高程度微塑料污染的地区，则会对微塑料的扩散和输出产生阻碍作用。后者可能导致微塑料在滨海湿地生态系统中聚集，从而增大沿岸微塑料污染的风险。本节通过增加红树林地区采样点及其附近对应的非红树林生长地区（无植被生长的光滩）的海滩采样点，比较了受人类活动（养殖、旅游等）影响的红树林植被生长区和无植被生长区土壤中微塑料丰度的差异。如图 6.9 所示，在五组红树林区与非红树林区土壤调查结果中，红树林区土壤中检测到的微塑料丰度比非红树林区高 1.1~8.5 倍。此外，红树林土壤中微塑料分布还受植株高度和密度的影响。例如，在广西壮族自治区防城港市东兴市红树林，分别调查了红树林植株生长茂盛区（植株密度：0.5 株·m^{-2}，植株高度：约 2.0 m）和稀疏区（植株密度：0.25 株·m^{-2}，植株高度：约 1.0 m）土壤中的微塑料丰度，结果表明植株生长茂盛区土壤中微塑料丰度显著高于植株生长稀疏区，前者微塑料丰度为 309.0 个·kg^{-1}，后者仅为 49.0 个·kg^{-1}。综上可见，滨海植被对海岸带土壤中微塑料污染的影响具有两面性，同时，滨海植被的生长还会对局部地区的潮汐和流场产生影响，进而可能间接影响微塑料分布。沿岸湿地植被中微塑料的聚集，会影响滨海生态系统的健康，增大了生态风险及其脆弱性。因此，未来应重视并加强有植被生长的滨海湿地中微塑料污染的治理与防控。

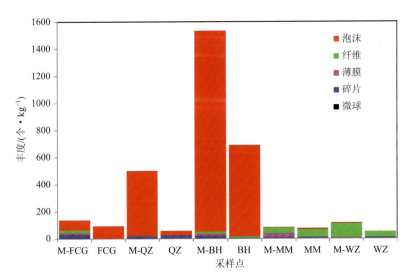

图 6.9　红树林沉积物与无红树林植被的海滩沉积物之间微塑料丰度的比较（引自 Zhou et al.,
　　　　2020）

M 代表红树林

结　语

本章主要介绍了典型海湾、近岸海域及红树林沉积物中微塑料的赋存特征。黄海桑沟湾沉积物中的微塑料以纤维类为主，粒径集中在<1 mm 和 1~2 mm，微塑料丰度随粒径增大而降低；潮滩沉积物中的微塑料空间分布存在明显的差异性，这与地形、植被和海湾风浪的影响有关。渤海表层沉积物中的微塑料丰度在渤海湾和辽东湾海域较高，在大多数站点，表层沉积物中微塑料的丰度与上层水体浊度及叶绿素 a 含量密切相关。东南沿海红树林沉积物中微塑料类型多样，以发泡、纤维和碎片类为主，颜色丰富，尺寸范围为 0.05~5 mm，聚合物成分包括聚苯乙烯、聚丙烯等。人类活动的高强度、红树林的高度和密度，以及沉积物质地是导致这种异质性的主要因素。未来应重视并加强有植被生长的滨海湿地中微塑料污染与防控研究。

参 考 文 献

代振飞. 2018. 渤海微塑料分布及其影响因素研究. 北京: 中国科学院大学.

熊宽旭. 2019. 黄海桑沟湾微塑料污染特征及其影响因素研究. 舟山: 浙江海洋大学.

熊宽旭, 赵新月, 周倩, 等. 2019. 黄海桑沟湾水体及沉积物中微塑料污染特征研究. 海洋环境科学, 38(2): 198-204+220.

Bagaev A, Mizyuk A, Khatmullina L, et al. 2017. Anthropogenic fibres in the Baltic Sea water column: Field data, laboratory and numerical testing of their motion. Science of the Total Environment, 599: 560-571.

Bao M, Xiang X, Huang J, et al. 2023. Microplastics in the atmosphere and water bodies of coastal agglomerations: A mini-review. International Journal of Environmental Research and Public Health, 20(3): 2466.

Bergmann M, Wirzberger V, Krumpen T, et al. 2017. High quantities of microplastic in arctic deep-sea sediments from the HAUSGARTEN observatory. Environmental Science & Technology, 51: 11000-11010.

Browne M A, Crump P, Niven S J, et al. 2011. Accumulation of microplastic on shorelines worldwide: Sources and sinks. Environmental Science & Technology, 45(21): 9175-9179.

Coyle R, Service M, Witte U, et al. 2023. Modeling microplastic transport in the marine environment: Testing empirical models of particle terminal sinking velocity for irregularly shaped particles. ACS ES&T Water, 3: 984-995.

Dai Z, Zhang H, Zhou Q, et al. 2018. Occurrence of microplastics in the water column and sediment in an inland sea affected by intensive anthropogenic activities. Environmental Pollution, 242: 1557-1565.

Di M, Wang J. 2018. Microplastics in surface waters and sediments of the Three Gorges Reservoir, China. Science of the Total Environment, 616-617: 1620-1627.

Flores-Cortés M, Armstrong-Altrin J S. 2022. Textural characteristics and abundance of microplastics in Tecolutla beach sediments, Gulf of Mexico. Environmental Monitoring and Assessment, 194: 752.

Galloway T, Lewis C. 2016. Marine microplastics spell big problems for future generations. Proceedings of the National Academy of Sciences of the United States of America, 113: 2331-2333.

Giri C, Ochieng E, Tieszen L L, et al. 2011. Status and distribution of mangrove forests of the world using earth observation satellite data. Global Ecology and Biogeography, 20(1): 154-159.

James K, Kripa V, Vineetha G, et al. 2022. Microplastics in the environment and in commercially significant fishes of mud banks, an ephemeral ecosystem formed along the southwest coast of India. Environmental Research, 204: 112351.

Lim X. 2021. Microplastics are everywhere - But are they harmful? Nature, 593: 22-25.

Lusher A, Hollman P, Mendoza-Hill J. 2017. Microplastics in fisheries and aquaculture: Status of knowledge on their occurrence and implications for aquatic organisms and food safety. FAO Fisheries and Aquaculture Technical Paper: No. 615.

Mcleod E, Chmura G L, Bouillon S, et al. 2011. A blueprint for blue carbon: Toward an improved understanding of the role of vegetated coastal habitats in sequestering CO_2. Frontiers in Ecological and the Environment, 9(10): 552-560.

Nel H, Dalu T, Wasserman R. 2018. Sinks and sources: Assessing microplastic abundance in river sediment and deposit feeders in an Austral temperate urban river system. Science of the Total Environment, 612: 950-956.

Nor N H, Obbard J P. 2014. Microplastics in Singapore's coastal mangrove ecosystems. Marine Pollution Bulletin, 79(1-2): 278-283.

Peng G, Zhu B, Yang D, et al. 2017. Microplastics in sediments of the Changjiang Estuary, China. Environmental Pollution, 225: 283-290.

Reisser J, Slat B, Noble K, et al. 2015. The vertical distribution of buoyant plastics at sea: An observational study in the North Atlantic Gyre. Biogeosciences, 12: 1249-1256.

Song Y K, Hong S H, Jang M, et al. 2017. Combined effects of UV exposure duration and mechanical abrasion on microplastic fragmentation by polymer type. Environmental Science & Technology, 51(8): 4368-4376.

Zhou Q, Tu C, Fu C, et al. 2020. Characteristics and distribution of microplastics in the coastal mangrove sediments of China. Science of the Total Environment, 703: 134807.

Zhou Q, Zhang H, Fu C, et al. 2018. The distribution and morphology of microplastics in coastal soils adjacent to the Bohai Sea and the Yellow Sea. Geoderma, 322: 201-208.

第七章　海岸带近地表大气中微塑料赋存特征

近 10 年来，有关微塑料在陆地和海洋环境中的类型、丰度、分布、来源及生物效应等研究报道越来越多，但对于大气环境中微塑料的研究长期被忽视。最近的研究表明，大气环境中存在合成纤维、混合纤维、天然聚合物（纤维素、醋酸纤维素等）和天然纤维（棉花、羊毛）等微塑料（纤维），且室内空气中的微塑料（纤维）污染可能是大气环境中微塑料的重要来源。大气环境中的微塑料不仅能沉降在陆地，还能通过大气输送沉降到海洋，甚至到边远山区和极地环境中，成为全球陆海环境微塑料来源的重要途径。本章以滨海城市山东省烟台市、辽宁省大连市和天津市为例，分别介绍大气微塑料污染的时空分布特征、表面形貌及沉降通量，旨在为评估大气环境微塑料污染对陆海环境微塑料的贡献提供科学依据。

第一节　滨海城市大气中微塑料赋存特征

一、滨海城市烟台大气环境中微塑料的形貌类型、特征及季节性差异

本节在我国滨海城市烟台探索性地设置了一个观测点，进行被动采样，收集和分析了大气沉降样品中的微塑料（周倩等，2017）。研究报道了基于该观测点的大气中微塑料类型、丰度、组成、沉降通量和一年四季动态变化的研究结果，旨在为探讨大气环境微塑料污染和评估其对陆海环境微塑料的贡献提供新依据。

观测点位于中国科学院烟台海岸带研究所内草坪上方 1.8 m 处（37°28′21.53″N，121°26′29.49″E），距离烟台四十里湾（黄海海域）约 1.6 km。按季节分别在 2014 年 3 月 1 日~6 月 24 日、6 月 25 日~8 月 20 日、8 月 21 日~12 月 8 日和 12 月 9 日~2015 年 3 月 3 日，收集了 4 个时间段的终端收集瓶中大气沉降微塑料样品，其水量分别为 1375 mL、2185 mL、970 mL 和 555 mL，大致代表春、夏、秋和冬四个季节。大气微塑料沉降样品采用大气被动采样器收集，对收集到的样品进行分离，风干后置于体视显微镜下观测。将收集到的疑似微塑料样品，根据其形貌类型、颜色进行分类，并从中选取代表性样品，运用衰减全反射傅里叶变换红外光谱仪（FTIR-ATR）和显微傅里叶变换红外光谱仪（μ-FTIR），结合标准谱图库（Hummel Polymer Library；Nicolet Sampler Library）进行匹配分析，鉴定微塑料成分。

从滨海城市烟台观测点一年时间内收集的微塑料形貌观察数据和颗粒分析数

据来看，大气沉降样品中存在纤维类、碎片类、薄膜类、发泡类四种形貌类型的微塑料（图7.1），其中纤维类所占比例最高，约占95%以上，并有白、黑、红和透明等颜色，而碎片类、薄膜类和发泡类所占比例均很低，碎片类约占4%，后两者比例小于1%。傅里叶变换红外光谱分析表明，在聚合物成分上，碎片类为聚乙烯，薄膜类为聚氯乙烯，发泡类为聚苯乙烯，纤维类主要为聚酯（40%）、赛璐玢（30%）和聚氯乙烯（10%），但存在非塑料成分，还有部分尚不能确定的成分（可能存在动、植物纤维等，20%）。在微塑料粒径上，大气中微塑料以0.5 mm以下居多，4个季节中该粒径范围的微塑料数量比例均在50%以上，其次是粒径在0.5~1 mm的微塑料，然后是粒径在1~2 mm和2~3mm的微塑料，而3~5 mm的微塑料只在春季稍有出现。总体上，微塑料的数量随着粒径增大而快速递减（图7.2）。粒径在0.5 mm以下的微塑料则以100~300 μm居多，约占62%，50 μm以下粒径的微塑料最少（图7.2），但这并不意味粒径在50 μm以下的微塑料量很少。由于研究方法的局限性，更细小的微塑料颗粒因难以辨识鉴定，在统计过程中被忽略了。

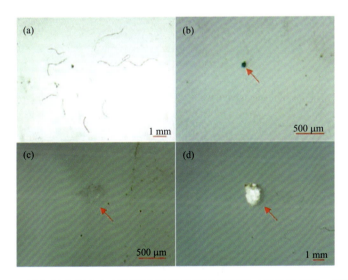

图7.1　滨海城市烟台大气环境中微塑料的形貌类型（引自周倩等，2017）
（a）纤维类；（b）碎片类；（c）薄膜类；（d）发泡类

二、环渤海海岸大气环境中微塑料的时空分布特征

目前，已有的大气环境中微塑料污染研究主要基于单区域或多区域的短周期采样调查，缺少针对多区域、长周期的大气微塑料污染比较研究。海岸带是受全球气候变化和人类活动双重影响的重要区域，研究海岸带城市大气中微塑料污染

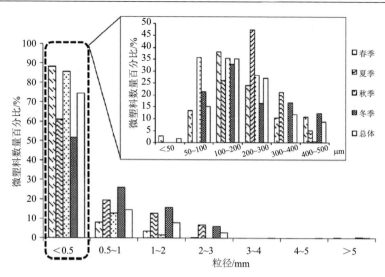

图 7.2　滨海城市烟台大气环境中不同粒级范围微塑料的数量比例及季节性差异（引自周倩等，
2017）

的时空分布特征具有重要的科学意义。本节以环渤海 3 个沿海城市烟台、天津和
大连为研究区域，开展了为期一年的大气沉降微塑料样品采集与分析工作，比较
研究了环渤海不同海滨城市大气沉降样品中微塑料的赋存特征（田媛等，2020），
以期为环渤海海滨城市的大气微塑料污染与防控研究提供科学依据。

　　分别于 2018 年 6 月~2019 年 5 月在烟台（37°59′N、121°43′E）、天津（38°84′N、
117°44′E）和大连（38°87′N、121°53′E）3 个采样点采集大气沉降微塑料样品，
按季节分为夏季（2018 年 6~8 月）、秋季（2018 年 9~11 月）、冬季（2018 年 12
月~2019 年 2 月）和春季（2019 年 3~5 月）进行采集，每个采样点采集 2 个样品。
大气沉降微塑料样品采用不锈钢采样瓶进行连续被动采样（包括干、湿沉降），其
中，夏季和秋季采样瓶尺寸为 35 cm × φ 7 cm，体积为 2.5 L，冬季和春季采样瓶
尺寸为 35 cm × φ 5.5 cm，体积为 2.0 L。烟台、天津和大连采样点距海岸线的距
离分别为 0.1 km、6 km 和 1 km，海拔分别为 5 m、30 m 和 25 m。

　　通过对采集的微塑料样品进行形貌和粒径分析发现，大气沉降样品中存在纤
维、薄膜、碎片和颗粒 4 种类型的微塑料。如图 7.3 所示，在三个研究区域中，
纤维类微塑料均占绝大部分（>90%），薄膜类、碎片类和颗粒类微塑料所占比重
较少。在三个研究区域的每个季节样品中都存在纤维类微塑料，但并不都存在薄
膜类、碎片类和颗粒类微塑料。例如，烟台 4 个季节的大气沉降样品中均不存在
颗粒类微塑料。

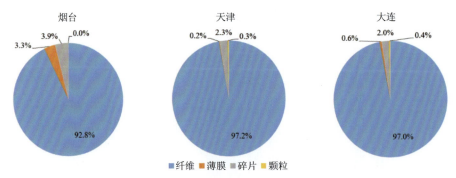

图 7.3　大气沉降微塑料类型的比例（引自田媛等，2020）

如图 7.4 所示，大气沉降微塑料具有透明、红色、蓝色、黑色、灰色等多种颜色，其中以透明微塑料的比例最高。在烟台，透明微塑料占总微塑料样品的 35.2%；而在天津和大连，透明微塑料均占微塑料总数的 70% 以上。此外，纤维类微塑料以透明、蓝色、黑色为主；薄膜类微塑料以透明为主；碎片类微塑料以蓝色、绿色为主；颗粒类微塑料以蓝色、红色为主。

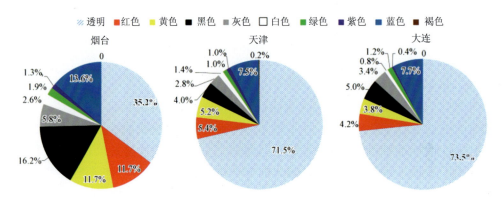

图 7.4　大气沉降微塑料颜色比例（引自田媛等，2020）

大气沉降微塑料的粒径按<1 mm、1~2 mm、2~3 mm、3~4 mm 及 4~5 mm 进行划分。由图 7.5 可知，粒径<1 mm 的微塑料在 3 个研究区域 4 个季节的样品中所占比重最大（37%~76%）；其次为粒径为 1~2 mm 的微塑料。总的来说，微塑料数量随着微塑料粒径的增大而快速递减。但由于微塑料检测方法的局限性，粒径<100 μm 的微塑料和透明颜色的微塑料难以被辨别鉴定，可能会产生统计误差，导致粒径<100 μm 微塑料和透明微塑料的数量被低估。

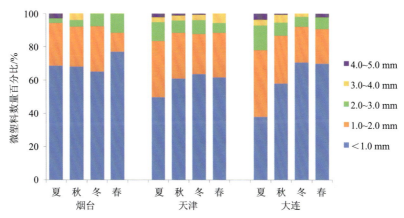

图 7.5　不同采样点不同季节的微塑料粒径分布（引自田媛等，2020）

已有研究显示，在法国巴黎市区与郊区的大气沉降样品中只观察到纤维类微塑料（Dris et al.，2016），而在中国上海、东莞、烟台的大气沉降样品和中国 39 个主要城市的大气降尘样品中，纤维类微塑料占大部分（67%~95%）（Liu et al.，2019b；Cai et al.，2017；周倩等，2017；Liu et al.，2019a），这与本节的研究结果相似。但 Klein 和 Fischer（2019）在德国汉堡地区的研究中发现碎片类微塑料占主要地位（>90%），导致此差异的主要原因可能是不同区域的微塑料来源不同。不同类型微塑料的聚合物成分不同，其来源也广泛而多样（Wang et al.，2019；赵新月，2019）。汉堡地区的微塑料类型以碎片类为主，其聚合物成分主要为聚乙烯和乙烯-乙酸乙烯酯共聚物，这类微塑料一般主要来源于塑料薄膜、薄片及电器配件的风化碎片（金世龙等，2017）。而本节中微塑料占比最高的类型为纤维类，其主要成分为赛璐玢和聚对苯二甲酸乙二醇酯，这类微塑料主要来源于包装纸和纺织纤维。此外，大气微塑料样品的分析鉴定方法不同也是不同地区微塑料类型产生差异的原因之一。本节和法国巴黎、中国东莞的研究都是在体视显微镜观察后用显微傅里叶变换红外光谱仪鉴定的（Dris et al.，2016；Cai et al.，2017），由于碎片类微塑料粒径明显小于纤维类微塑料粒径，不易被观察，可能导致对纤维类微塑料比例的高估。而德国汉堡的研究方法是在对滤膜进行尼罗红试剂染色后用荧光显微镜进行观察，有机物会呈现明显的橙色、红色，该实验方法在发现小粒径微塑料方面有明显优势。

Liu 等（2019b）在中国上海的大气微塑料样品中观察到黑色、蓝色、红色、透明、棕色、绿色、黄色和灰色等多种颜色，且以蓝色（37%）和黑色（33%）为主。本节在环渤海的 3 个城市大气样品中除了发现有上述透明、蓝色、黑色、红色、黄色、绿色、灰色等颜色的微塑料以外，还发现有白色和紫色微塑料，且在 3 个城市中的微塑料颜色均以透明为主，这可能是因为不同研究区域的微塑料

聚合物成分不同。在上海的研究中发现微塑料主要以 PET 为主（49%），而本节中的微塑料主要以赛璐玢为主（>50%）。

目前已有的文献报道表明，大气沉降微塑料的粒径主要以<1 mm 为主，且微塑料的数量随着粒径增大明显减少，大粒径的微塑料较为罕见。这与本节的微塑料粒径范围大致相同，提示小粒径的微塑料更容易在大气环境中飘浮和传输。结合显微傅里叶变换红外光谱仪对 3 个研究区 4 个季节的微塑料样品进行聚合物成分鉴定，结果如图 7.6 所示。超过半数（55.8%）的微塑料样品为赛璐玢，其次为 PET，占 35% 以上，这两种聚合物占微塑料样品总数的 90% 以上，剩余部分由聚丙烯（PP）、乙烯-丙烯-二烯三元共聚物（ethylene-propylene-diene monomer，EPDM）、聚氨酯（polyurethane，PU）、聚酰胺（polyamide，PA）、聚丙烯酸乙酯（poly ethyl acrylate，PEA）、醇酸树脂（alkyd resin，ALK）和聚醋酸乙烯酯（polyvinyl acetate，PVAc）等组成。

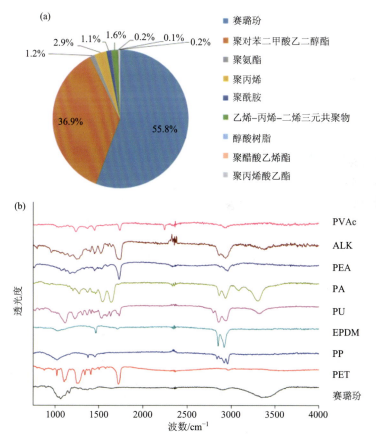

图 7.6　大气沉降微塑料的聚合物成分（引自田媛等，2020）

（a）为大气沉降微塑料聚合成分比例；（b）为大气沉降微塑料的红外光谱图

纤维类微塑料主要由赛璐玢和 PET 组成。赛璐玢又称玻璃纸，是一种再生纤维素。大块的赛璐玢在生产、运输、使用和废弃的过程中，可能发生破损、开裂等物理变化和光降解、生物降解等化学变化，进而形成微塑料并进入大气环境中。PET 又称涤纶，因具有高回弹性和耐磨性，广泛应用于纺织业和家具制造业。当机械磨损或纺织品衣服和床上用品损坏时可能会形成微塑料纤维。已有研究表明，衣物的家庭洗涤可能产生相当大的微塑料污染（Browne et al.，2010）。此外，当晾晒纺织品时，合成纺织品将暴露于紫外线照射和热环境中，由此产生的光氧化和热效应，易促使纺织品分解和降解成纤维类微塑料，从而进入大气环境中造成微塑料污染。碎片类微塑料主要由 EPDM 组成。EPDM 具有良好的耐化学性和电绝缘性等，被广泛应用于汽车部件、建筑用防水材料、电线电缆护套等领域，其磨损和损耗产生的微塑料碎片可从地表灰尘或垃圾填埋场的表面被风吹走而进入大气环境中。

第二节　大气中微塑料的表面形貌特征

大气沉降微塑料具有复杂的表面形貌，且与微塑料的类型密切相关。纤维类微塑料总体仍呈丝状[图 7.7（a）]，顶端较为平滑，边缘未出现明显老化痕迹[图 7.7（b）]，但其表面存在明显裂纹和孔隙[图 7.7（c）]。颗粒类微塑料的边缘则出现较明显老化痕迹，表面风化程度明显，以孔隙为主[图 7.7（d）]。

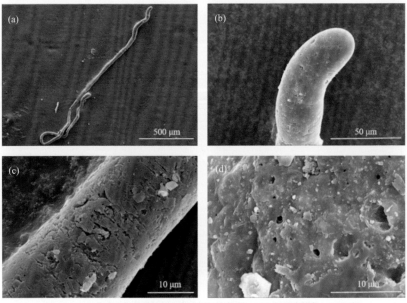

图 7.7　大气沉降微塑料的表面微观形貌（引自田媛等，2020）
（a）～（c）为纤维类微塑料；（d）为颗粒类微塑料

环境中的微塑料由于长时间受到环境风化、侵蚀等作用，其表面发生裂化、老化等变化，主要表观特征是表面纹理粗糙，并伴有不规则孔隙。微塑料颗粒小、疏水性强、比表面积大，导致表面可容纳较多的其他粒子，比表面积、表面形貌、孔隙度等是影响其吸附有毒有害污染物的主要影响因素。微塑料可吸附持久性有机污染物（permanent organic pollution，POP）、多环芳烃、重金属和病原体等有毒有害物质。如图 7.8 所示，在未经消解的碎片类、颗粒类和纤维类微塑料表面均发现有球菌和杆菌的存在。由于大气环境内微塑料粒径较小、不易进行挑选、梯度脱水等操作，目前对于微塑料表面附着微生物的研究多集中于水环境中，尚未有研究报道大气沉降微塑料表面的附着物。McCormick 等（2014）分析了美国芝加哥河流中收集到的树脂颗粒，发现表面生物膜主要为短杆菌；Carson 等（2013）分析了北太平洋环流区收集到的发泡类聚苯乙烯（EPS），表面生物膜主要存在杆菌、球菌、硅藻、鞭毛藻、颗石藻和放射虫等；陈涛（2018）在暴露于海水中的PE 薄膜、PP 树脂颗粒和 EPS 小球表面发现存在不同形态的生物膜，包括圆形细胞、杆状菌形成的聚集体。与水环境中微塑料样品相比，本节可观察到的大气沉降微塑料表面附着物种类较少，这可能与暴露时间及环境介质的差异有关。大气环境中小粒径的微塑料纤维和颗粒及其表面附着物易被人体吸入呼吸道并沉积在肺部，或沉降至地面灰尘并经口摄入而进入人体，从而引发潜在的人体健康风险，未来应加以关注。

 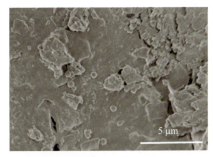

(a) 碎片类微塑料及其表面微观形貌电镜照片

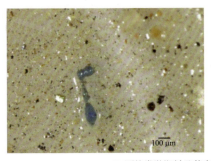 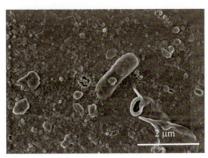

(b) 颗粒类微塑料及其表面微观形貌电镜照片

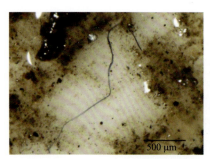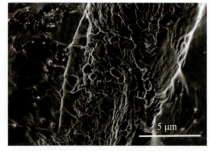

(c) 纤维类微塑料及其表面微观形貌电镜照片

图 7.8　大气沉降微塑料表面附着物的微观形貌（引自田媛，2020）

第三节　大气中微塑料沉降通量的时空分布特征

采用每天每平方米通过大气沉降的微塑料数量表示微塑料沉降通量，计算公式如下：

$$微塑料沉降通量 = \frac{n}{s \times t} \times 10^4 \qquad (7.1)$$

式中，n 为样品中微塑料数量（粒）；s 为装置收集口面积（cm^2）；t 为收集时间（d）。

根据在不同研究区的微塑料丰度，采用式（7.1）计算可知，烟台、天津和大连 3 个海滨城市大气微塑料的沉降通量分别为 35.7~154.4 粒·m^{-2}·d^{-1}、119.0~327.1 粒·m^{-2}·d^{-1} 和 98.4~391.4 粒·m^{-2}·d^{-1}，其中最大值出现在 2018 年大连的夏季样品，为 391.4 粒·m^{-2}·d^{-1}，最小值出现在 2018 年烟台的秋季样品，为 35.7 粒·m^{-2}·d^{-1}。烟台、天津、大连 4 个季节的微塑料平均沉降通量分别为 74.8 粒·m^{-2}·d^{-1}、244.9 粒·m^{-2}·d^{-1} 和 197.7 粒·m^{-2}·d^{-1}，其中天津微塑料沉降通量显著高于烟台（$p < 0.05$）；天津和大连微塑料沉降通量差异不显著；大连微塑料沉降通量相对高于烟台，但差异不显著。由图 7.9 可知，秋季、冬季和春季微塑料最大沉降通量发生在天津，而夏季微塑料最大沉降通量发生在大连。3 个研究区的微塑料沉降通量的季节性分布并不规律，具体表现为：烟台，冬>春>夏>秋；天津，夏>冬>秋>春；大连，夏>秋>冬>春。

目前大气微塑料污染研究尚无统一可对比的方法，不同方法可能会对微塑料污染特征产生影响。采样点的位置对大气微塑料的类型和沉降通量有较大影响（Liu et al.，2019b）。天津和大连的采样点设置于市区，建筑密度和道路密度大致相同；烟台采样点设置于郊区，建筑密度和道路密度明显低于天津和大连。由于人类活动、道路灰尘和轮胎磨损等均会影响微塑料的沉降通量，所以市区采样点（天津、大连）的微塑料沉降通量大于郊区采样点（烟台）。东莞（Cai et al.，2017）

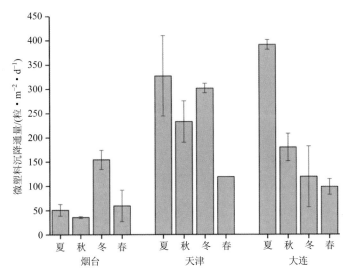

图7.9 烟台、天津、大连不同季节的微塑料沉降通量（引自田媛等，2020）

和巴黎（Dris et al.，2015）不同研究区的大气微塑料污染特征调查结果同样表明，市区微塑料沉降通量高于郊区，这与本节所得研究结果相同。但汉堡的研究结果显示，位于森林的郊区采样点的微塑料沉降通量高于市区，主要原因为滞尘效应的影响（Klein and Fischer，2019）。植物叶片表面的特性和本身的湿润性决定了植物具有较强的滞尘能力，在重力和风的作用下，通过枝叶对微塑料的截留和吸附作用，微塑料可沉降在植物表面，后被降水冲刷下来，进而影响微塑料沉降通量。此外，本节三个采样点的海拔虽然也有所差异，但Liu等（2019b）的研究表明，当采样点位于对流层时，气流对流混合效果明显，可使大气环境中的微塑料均匀垂直分布，对微塑料沉降通量无显著影响。采样设备的口径会影响所收集到的微塑料数量，但本节在计算和比较微塑料沉降通量时以单位面积为标准，故采样设备的口径对微塑料的沉降通量不会产生较大影响。

周倩等（2017）发现烟台大气微塑料沉降通量具有显著的季节差异，导致微塑料沉降通量季节差异的因素主要包括风速、风向、降水、温度等，本节不同季节的微塑料沉降通量间存在着相对差异。但降水量与大气微塑料沉降通量之间并不存在显著相关性（Klein and Fischer，2019；周倩等，2017）。本节中，天津和大连在降水量最多的夏季大气微塑料沉降通量为最大，而烟台的沉降通量在降水量相对较少的冬季为最大。这一方面可能与冬季降雪增加了大气微塑料沉降有关；另一方面，春节期间大量燃放的烟花爆竹向空气中输送了大量的颗粒态物质，这可能进一步加速了大气微塑料的沉降。

大气环境中微塑料通过传输和沉降成为陆海环境中微塑料的一个重要来源。

本节的烟台、天津和大连三个采样点离海岸线的距离分别为：0.1 km、6 km 和 1 km，基本上反映了大气微塑料沉降至渤海海面的状况。以本节所观察到的微塑料污染特征为基准，烟台、天津和大连研究区域单位面积（m²）微塑料年沉降数量分别为 2.7×10⁴ 个、8.9×10⁴ 个和 7.37×10⁴ 个。经扫描电子显微镜图像观察，纤维类微塑料近似截面面积为 100 μm²；薄膜类微塑料近似截面面积为 500 μm²；碎片类微塑料宽度为 1500 μm；颗粒类微塑料厚度为 10 μm。结合微塑料粒径长度、截面面积和密度，可计算出单个微塑料质量。以 100 km² 为研究面积，可估算出烟台、天津和大连三个城市每年通过大气沉降进入渤海中的微塑料总质量分别为 0.23 t、1.0 t 和 0.73 t。周倩等（2017）估算了烟台地区（160 km²）每年通过大气沉降的微塑料质量为 0.9~1.4 t，这与本节存在差异。这一方面是周倩等将采样点设置于市区，而本节采样点设置于郊区，由于人类活动、道路灰尘和轮胎磨损等均会影响微塑料的沉降通量，进而导致微塑料沉降通量产生不同；另一方面是由于周倩等假设微塑料类型均为纤维类，按照广泛应用于纺织业的聚酰胺和聚酯的密度进行估算（Dris et al.，2016），而本节按照实际采集的微塑料类型、粒径和成分进行估算，可以更加准确地估算出大气环境中微塑料的沉降对渤海环境中微塑料污染的贡献。

结　　语

目前，我国有关大气环境中微塑料的研究较少，对其污染特征和潜在风险的认识还不足。本章研究发现，烟台、天津和大连等滨海城市的大气沉降样品中存在纤维、薄膜、碎片和颗粒 4 种类型的微塑料，以纤维类微塑料为主；微塑料的颜色以透明为主；大部分微塑料粒径小于 1 mm，且随着粒径增大，微塑料的数量快速递减；大气微塑料的主要成分为赛璐玢和聚对苯二甲酸乙二醇酯。大气沉降微塑料表面存在明显的裂缝和孔隙，表面风化程度明显。不同城市的大气微塑料沉降通量存在差异，微塑料沉降通量季节性变化规律不明显。未来应加强大气微塑料传输动力学、大气微塑料化学成分和吸附污染物对人类及生态系统健康的影响等方面的研究。

参 考 文 献

陈涛. 2018. 近海微塑料表面生物膜的形成及其对微塑料理化性质的影响. 北京: 中国科学院大学.

金世龙, 郑斌茹, 历娜, 等. 2017. 乙烯-乙酸乙烯酯共聚物接枝聚合物的合成、表征及应用新进展. 化工进展, 36(10): 3757-3764.

田媛. 2020. 渤海及北黄海海岸带大气环境微塑料时空分布特征及沉降通量研究. 北京: 中国科学院大学.

田媛, 涂晨, 周倩, 等. 2020. 环渤海海岸大气微塑料污染时空分布特征与表面形貌. 环境科学学报, 40(4): 1401-1409.

赵新月. 2019. 海岸带环境中大塑料和微塑料的组成、鉴别及来源研究——以黄海桑沟湾为例. 北京: 中国科学院大学.

周倩, 田崇国, 骆永明. 2017. 滨海城市大气环境中发现多种微塑料及其沉降通量差异. 科学通报, 62(33): 3902-3909.

Browne M A, Galloway T S, Thompson R C. 2010. Spatial patterns of plastic debris along estuarine shorelines. Environmental Science &Technology, 44(9): 3404-3409.

Cai L Q, Wang J D, Peng J P, et al. 2017. Characteristic of microplastics in the atmospheric fallout from Dongguan city, China: Preliminary research and first evidence. Environmental Science and Pollution Research, 24: 24928-24935.

Carson H S, Nerheim M S, Carroll K A, et al. 2013. The plastic-associated microorganisms of the North Pacific Gyre. Marine Pollution Bulletin, 75(1-2): 126-132.

Dris R, Gasperi J, Rocher V, et al. 2015. Microplastic contamination in an urban area: A case study in Greater Paris. Environmental Chemistry, 12(5): 592-599.

Dris R, Gasperi J, Saad M, et al. 2016. Synthetic fibers in atmospheric fallout: A source of microplastics in the environment? Marine Pollution Bulletin, 104: 290-293.

Klein M, Fischer E K. 2019. Microplastic abundance in atmospheric deposition within the metropolitan area of Hamburg, Germany. Science of the Total Environment, 685: 96-103.

Liu C G, Li J, Zhang Y L, et al. 2019a. Widespread distribution of PET and PC microplastics in dust in urban China and their estimated human exposure. Environment International, 128: 116-124.

Liu K, Wang X H, Fang T, et al. 2019b. Source and potential risk assessment of suspended atmospheric microplastics in Shanghai. Science of the Total Environment, 675: 462-471.

McCormick A, Hoellein T J, Mason S A, et al. 2014. Microplastic is an abundant and distinct microbial habitat in an urban river. Environmental Science & Technology, 48(20): 11863-11871.

Wang T, Zou X Q, Li B J, et al. 2019. Preliminary study of the source apportionment and diversity of microplastics: Taking floating microplastics in the South China Sea as an example. Environmental Pollution, 245: 965-974.

第八章 陆地农作物和近海生物体内微塑料积累与分布特征

微塑料作为一种难以降解的污染物,广泛存在于陆地和海洋生态系统中。了解生物体内微塑料的积累和分布特征,对于评估微塑料对生态系统和人类健康的潜在影响至关重要。本章揭示陆地农作物体内微塑料的吸收与分布特征,基于微宇宙系统研究微/纳塑料在河口典型生物体中的积累和分布特征,比较海带和紫菜这两种食用海藻中微塑料的污染特征,为了解微塑料的环境行为和人体暴露风险提供科学依据。

第一节 陆地农作物体内微塑料的吸收与分布特征

一、生菜对微塑料的吸收与分布

研究塑料微球进入植物体内及其在植物体内积累和转运状态对认识其环境影响至关重要。本节采用 0.2 μm 和 1.0 μm 的不同荧光(红色和绿色荧光)标记的两种聚苯乙烯塑料微球。微塑料颗粒呈球形,平均粒径分别为(0.23 ± 0.04)μm 和(0.98 ± 0.09)μm,在水相中分散、保存,本实验储备液浓度为 10 mg·mL^{-1}。微球在被激发后可观察到高亮度荧光,且具有良好的稳定性,在溶液中未发现染料泄漏。生菜(*Lactuca sativa* L.)种子由中国农业科学院提供。挑选饱满且大小一致的种子,先用 0.5% NaClO 溶液浸泡处理 10 min,进行表面灭菌。随后用去离子水将种子洗涤 3 次,以洗去残留的 NaClO 溶液。将种子置于湿润的滤纸上,在 20℃下,避光催芽 2 d。种子萌发后在泥炭土中生长 21 d。然后将生菜幼苗取出洗净,转移到霍格兰(Hoagland)营养液中,在人工气候室(25 ± 2)℃、光照:黑暗(12 h:12 h)和70%相对湿度条件下,继续培养生长 7 d。将红色和绿色荧光标记的聚苯乙烯微球储备液超声分散 3 min 后,与 Hoagland 营养液混合,再超声分散一次,配制成 50 mg·L^{-1} 聚苯乙烯微球暴露试验液。本节设置两种粒径(0.2 μm 和 1.0 μm)处理,每个处理 4 个重复,每个盆钵(1 L)移入两株生菜苗。移栽后的幼苗在人工气候室继续生长 14 d。暴露试验液每隔 2 d 更换一次。暴露结束后,借助激光共聚焦扫描显微镜(FluoView FV1000,奥林巴斯,日本)和扫描电子显微镜(S-4800,日立,日本)观察植物体内微球的积累与分布状况。

在利用荧光标记聚苯乙烯微球的实验中，未发现微米级（1.0 μm）微球被生菜吸收[图 8.1（a）~（f）]，这表明在本实验条件下微米级聚苯乙烯微球难以通过生菜根系细胞间隙的自由空间和质外体屏障进入根系皮层甚至中柱。本节主要探讨了纳米级（0.2 μm）聚苯乙烯微球在生菜体内的吸收、累积和分布。红色荧光微球，由于可避免生菜根部自身背景荧光干扰，在本节中被用来示踪微球在生菜根部的蓄积。植物根冠可以分泌大量黏液来保护植物免受病原体攻击。荧光微球处理的生菜根尖具有明显肉眼可见的"深绿色"（荧光标记微球的颜色），表明塑料微球能被生菜根冠分泌的黏液（高度水合多糖）捕获并黏附在根表面。而对照组生菜根横切和纵切图中未观察到荧光。从荧光微球处理组生菜根的横切[图 8.2（a）~（c）]和纵切[图 8.2（d）~（f）]切片图可以看出，大量荧光存在于细胞壁的间隙中，表明聚苯乙烯微球能够进入生菜根里面。此外，还发现聚苯乙烯微球能够到达中柱。在进入中柱后，塑料微球就可以在根压和蒸腾拉力的作用下随蒸腾流和营养流通过木质部向地上部分移动。

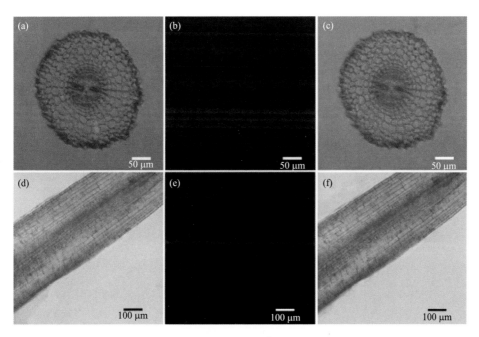

图 8.1 荧光标记聚苯乙烯微球（1.0 μm，50 mg·L^{-1}）处理 14 d 后生菜根部横切（a）和纵切（d）的激光共聚焦扫描显微成像图（引自李连祯等，2019）

其中，（a）和（d）分别为荧光（b）、明场（c）和荧光（e）、明场（f）的合成图。在生菜根部横切和纵切切片中未观察到红色荧光，指示在根组织中没有聚苯乙烯微球积累

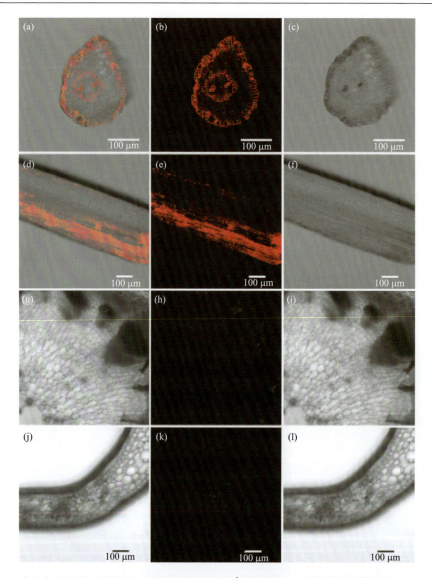

图 8.2　荧光标记聚苯乙烯微球（0.2 μm，50 mg·L^{-1}）处理 14 d 后生菜根部横切［(a)~(c)］、纵切［(d)~(f)］和茎［(g)~(i)］、叶［(j)~(l)］的激光共聚焦扫描显微成像图（引自李连祯等，2019）

其中，(a)、(d)、(g)、(j) 分别为 (b) 和 (c)、(e) 和 (f)、(h) 和 (i)、(k) 和 (l) 的合成图

　　绿色荧光微球，由于可避免生菜茎和叶组织自身背景荧光干扰，被用来研究微球向生菜地上部迁移。对照组生菜茎和叶中未观察到荧光。激光共聚焦扫描显微照片显示，生菜在根部积累大量聚苯乙烯微球后，通过维管组织可将少量微球输运到茎和叶的脉管系统中［图 8.2（g）~（l）］。为验证聚苯乙烯微球能被生菜

吸收和转运，将生菜根叶组织切片放在扫描电子显微镜下进行进一步观察。扫描电子显微镜照片证明了微球在生菜根部大量存在，在维管组织中彼此黏附在一起呈现"葡萄"或"链条"聚集状[图 8.3（c）、（f）]，在叶片组织中微球粘连在一起呈分散状[图 8.3（i）]。

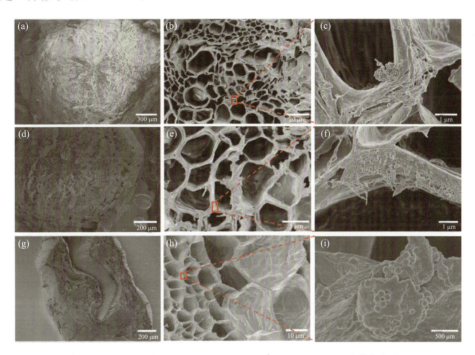

图 8.3 荧光标记聚苯乙烯微球（0.2 μm，50 mg·L^{-1}）处理 14 d 后生菜根部[（a）～（f）]和叶片[（g）～（i）]的横切面扫描电子显微镜照片（引自李连祯等，2019）

其中，（a）、（d）、（g）分别为根和叶的全局图；（c）、（f）、（i）分别是（b）、（e）、（h）中红色方框处的放大图

陆地环境微塑料来源广泛，产生量大，由于尚缺乏统一的土壤和土壤孔隙水微塑料分析检测标准方法，难以估测其在土壤中的浓度。目前已有不少关于农业土壤中微塑料污染的报道，但仍无法确定其实际暴露水平。需要指出的是，由于很难从实际环境中分离出足够量的微塑料用于其生态环境效应的评价，本节选用不同尺寸的纳米级聚苯乙烯微珠模拟微塑料污染，以指示高等植物的可吸收和积累性。由于聚合物类型、尺寸、表面性质和形状等的差异，商品化的微塑料可能与环境中的微塑料存在一定差异。未来的研究不仅包括微珠或近似球形的塑料颗粒，还应包括环境中经常检测到的纤维和其他形状的塑料颗粒。此外，未来需进行更接近微塑料环境浓度和环境条件的暴露实验，以此来评估其对生态系统的真实影响。

值得关注的是，可直接食用高等植物生菜是受国内外消费人群喜爱的绿叶蔬菜之一，同时也是世界上无土栽培的常见蔬菜之一。本节研究证明，生菜不仅可吸收微塑料，而且可将其运输、积累和分布在茎叶之中。因而，在实际生产过程中，特别是当无土栽培的营养液受微塑料污染时，很有可能产生生菜农产品安全风险，继而通过食物链影响人体健康，因而需要引起重视。无土栽培过程中营养液可能会受到塑料装置、塑料大棚及大气沉降等影响产生微塑料污染。与有土栽培介质相比，微塑料在水溶液中移动性更强，在蒸腾拉力作用下更加容易积累到植物体内。不同作物或者蔬菜由于根系分泌物、细胞壁空隙度、蒸腾速率和根系水力传导率等影响因素的差异，其吸收富集微塑料颗粒的能力也可能存在差异，需要进一步进行比较研究。目前已有不少关于植物对金属和碳基纳米颗粒吸收转运的研究报道，而微塑料由于其较强的黏附性和可形变性，更容易被植物黏附并吸收到体内，进而产生潜在的生态和健康风险。可食用作物中微塑料的积累，还可能会增加人体对塑料中添加的化学品（包括可浸出添加剂和黏附污染物）的直接暴露，并可能进一步危害人类健康。需要指出的是，目前尚缺乏食品中微塑料含量、膳食暴露及微塑料对人体毒性的基础数据，其健康风险评估方法也亟须建立。未来亟待加强微塑料颗粒及其添加剂和黏附污染物毒性的研究和基础数据积累。

本节介绍了生菜吸收、传输和积累微塑料的研究成果，可为研究高等植物对微塑料的吸收和积累机制及生态效应提供科学依据，对于评估土壤中微塑料对农作物及蔬菜的潜在安全及健康风险具有重要意义。更细小的微塑料更易被生物吸收，因而未来需要加强对微/纳塑料在食用性作物中积累和食物链传递机制的研究，并关注其对生态系统和人体健康的影响。

二、小麦幼苗根系对微塑料的吸收与分布

在前期利用荧光标记聚苯乙烯微球的实验中发现，水培条件下纳米级（0.2 μm）聚苯乙烯微球能被可食用蔬菜生菜根部吸收并传输到地上部茎叶之中，而微米级微球未能被生菜吸收。基于前期基础工作，本节主要探讨了砂培条件下纳米级（0.2 μm）聚苯乙烯微球在小麦体内的吸收、累积和分布。本节采用两种不同荧光标记[尼罗蓝（Nile blue）荧光染料标记的红色荧光微球，4-氯-7-硝基-1,2,3-苯并氧杂噁二唑标记的绿色荧光微球]的 0.2 μm 聚苯乙烯塑料微球，均在水相中分散、保存。小麦（*Triticum aestivum*）种子由中国农业科学院提供，前处理方法参考上节。本节所用砂培基质为取自烟台鱼鸟河的原状河砂。砂砾取回后仅过筛除去大粒砂子，为反映真实砂体性质对作物吸收塑料微球的影响，砂体未做淋洗处理去除其中的黏粒等天然有机无机胶体物质。所用河砂粒径分布为 0.5~0.05 mm：34%；2~0.5 mm：64%；2~5 mm：2%，pH 为 7.9，可溶性有机碳（dissolved organic carbon，DOC）含量为 11.2 mg·L^{-1}。实验设置两个处理，对照处理组和

荧光微球处理组，每个处理设置两盆重复，每个盆钵（250 mL）移入株高、株重无明显差异的 6 株小麦幼苗。移栽后的幼苗在人工气候室继续生长 21 d。每隔 2 d补充一次 1/5 Hoagland 营养液。暴露结束后，取小麦根、茎、叶，运用激光共聚焦扫描显微镜（FluoView FV1000，奥林巴斯，日本）和扫描电子显微镜观察植物体内塑料微球的积累与分布。

对小麦幼苗不同部位组织的自发荧光检测发现，小麦幼苗根部组织在 405 nm（蓝色）、488 nm（绿色）、559 nm（橙色）激发光波长下均有一定强度的自身背景荧光，而在 633 nm 激发光波长下自身背景荧光较弱[图 8.4（a）]。因此，在激发（620 nm）/发射（680 nm）波长下的红色荧光微球可有效避免小麦根部自身背景荧光干扰，可用于指示微球在小麦幼苗根部的累积。在相同条件下，小麦幼苗地上部组织则在激发（488 nm）/发射（518 nm）波长下自身背景荧光较弱[图 8.4（b）、（c）]。激发（488 nm）/发射（518 nm）波长下的绿色荧光微球可有效避免小麦幼苗茎和叶组织自身背景荧光干扰，可用于指示微球向小麦地上部的迁移。

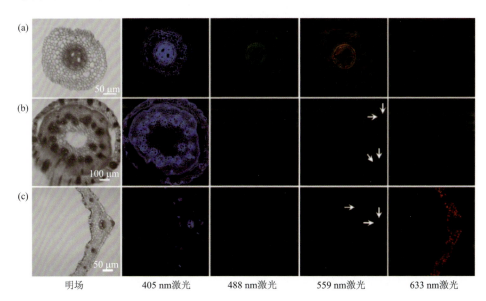

图 8.4　不同激发光波长下小麦根（a）、茎（b）和叶（c）的激光共聚焦扫描显微成像图（引自李瑞杰等，2020）

实验期间所有小麦幼苗生长状况良好，微球处理组与对照组小麦长势无显著性差异，添加微球未对小麦生长产生影响。小麦根部暴露在含有聚苯乙烯塑料微球的砂砾中后，观察到根表附着大量根系分泌物；微球处理组小麦根部经超声清洗后，在其表面仍能观察到明显的红色荧光，这表明塑料微球能被小麦根系分泌物捕获并黏附在根表面。如图 8.5 所示，对照组小麦根组织切片[图 8.5（a）]中未观察到荧光；从荧光微球处理组小麦根组织切片[图 8.5（d）]来看，荧光主要分布在根表皮、外皮层和维管柱木质部中，少量荧光分布于根的内皮层。这表明聚苯乙烯微球能被小麦根吸收，并主要分布在根外皮层和维管柱中。为进一步明确塑料微球在小麦根部的富集，通过扫描电子显微镜观察小麦根组织切片，发现塑料微球以聚集体形式分布于根部木质部及外皮层的细胞间隙中（图 8.6）。

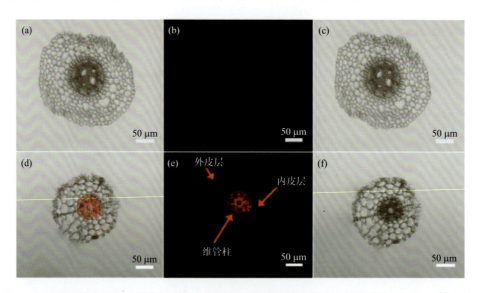

图 8.5　对照组小麦根部横切[（a）～（c）]和 0.2 μm 荧光标记聚苯乙烯微球（0.5 mg·g⁻¹ 河砂）处理 21 d 后小麦根部横切[（d）～（f）]的激光共聚焦扫描显微成像图（引自李瑞杰等，2020）
（b）、（e）为激发波长为 633 nm 的荧光照片；（c）、（f）为明场照片；（a）、（d）分别为（b）和（c）、（e）和（f）的合成图

　　激光共聚焦扫描显微照片显示，对照组茎[图 8.7（a）]、叶[图 8.7（g）]中未观察到绿色荧光，而荧光微球处理组小麦幼苗茎的维管柱[图 8.7（d）]及叶的脉管系统[图 8.7（j）]中均呈现不同强度的绿色荧光，这表明小麦根部吸收的塑料微球可通过木质部导管输送到地上部。

　　土壤中微塑料在生物和非生物作用下可破碎为粒径更小的塑料颗粒或者碎片，这可能会进一步增大其对土壤生态系统的潜在危害。目前，已有关于微塑料对植物生长发育毒效应的研究报道，但对其作用过程和机制尚不清楚。本节则是在更接近植物真实生长环境的砂培条件下观察到了纳米级聚苯乙烯塑料微球能被小麦幼苗根系吸收到外皮层甚至木质部，并进一步传输到地上部，但对于其进入根系的机制和传输途径仍需深入研究。纳米颗粒能通过根尖、根毛或者侧根吸收到植物体内，并通过质外体途径从根表皮内化到皮层，甚至到达木质部导管。植物结构上的相互贯通可确保各种生理功能的正常进行。比如，茎与根相互联系，

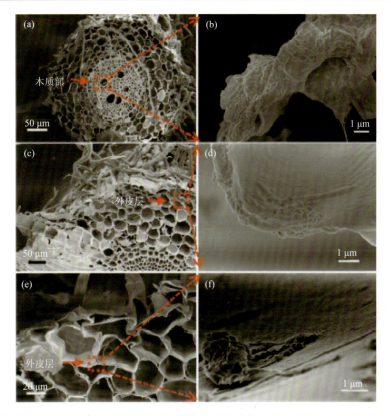

图 8.6　在含有 0.5 mg·g^{-1} 0.2 μm 荧光标记聚苯乙烯微球的河砂中生长 21 d 后的小麦根横切面
扫描电子显微照片（引自李瑞杰等，2020）

（b）、（d）、（f）分别是（a）、（c）、（e）中红色方框处的放大图

共同组成植物体的体轴，而茎与根通过过渡区维管组织不同水平部位上细胞的分
化连接起来，形成地下部与地上部物质运输的通道。由于木质部是维管植物的运
输组织，可将根部吸收的水分及营养传输到植物的各个器官。纳塑料到达根部中
柱可进一步转移到茎、叶之中。然而，塑料微球与纳塑料在植物吸收机制和传输
途径方面的异同尚需进一步研究。

　　在前期营养液培养的工作基础上，在更加接近植物真实生长环境的固-液相介
质培养中，证实了纳米级（0.2 μm）聚苯乙烯塑料微球能被植物体吸收并转移到
地上部。值得注意的是，本节所用的商品化塑料微球为单一材质粒子，形状规则，
与真实环境中的微塑料形貌、材质、老化程度会有所不同。另外，实验所用的河
砂培养基质与真实土壤环境仍存在一定差异，而河砂培养基质中含有的天然有机
质、无机离子及矿物胶体等物质，很可能会影响塑料微球的表面性质和存在状

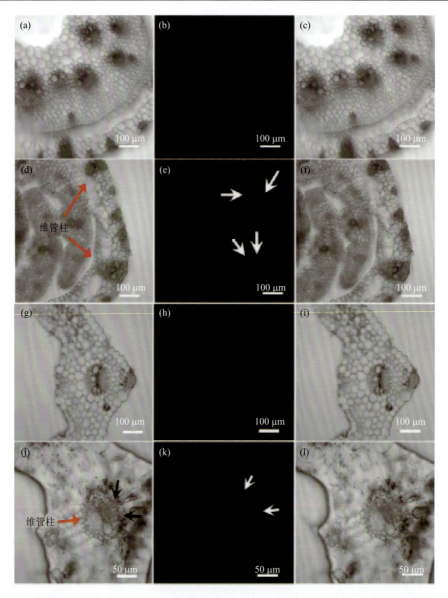

图 8.7　对照组小麦茎部［（a）～（c）］与叶［（g）～（i）］横切和 0.2 μm 荧光标记聚苯乙烯微球（0.5 mg·g⁻¹ 河砂）处理 21 d 后小麦茎部［（d）～（f）］与叶［（j）～（l）］横切的激光共聚焦扫描显微成像图（引自李瑞杰等，2020）

（b）、（e）、（h）、（k）为激发波长为 488 nm 的荧光照片；（c）、（f）、（i）、（l）为明场照片；（a）、（d）、（g）、（j）分别为（b）和（c）、（e）和（f）、（h）和（i）、（k）和（l）的合成图

态，进而影响植物根系对微球的吸收。因此，真实土壤环境中植物对微塑料的吸收、传输及量化评估将是未来值得研究的重要科学问题。另外，微塑料一旦被作物吸收积累，其表面吸附的常规污染物及其本身的化学添加剂，均有可能随着微塑料的吸收而在植物体内积累，从而同步增大其健康风险。

本节介绍了在砂培条件下纳米级聚苯乙烯微球能进入小麦幼苗根部，主要分布在外皮层及维管柱。积累在根部的微球可被转移到地上部，主要分布在茎部维管柱，甚至能到达叶片的脉管系统中。该研究结果为评估微塑料在土壤-作物系统中的吸收、积累与传输提供了参考依据。

第二节　基于微宇宙系统的微/纳塑料在河口生物体中积累和分布特征

本实验在中国科学院牟平海岸带环境综合试验站的室内模拟微生态系统中进行。该设计采用并改进了之前在工程纳米颗粒微宇宙实验中验证过的装置，该装置包括上部储潮缸、中部生物观测缸和底部净水缸三部分，由三个 96 L（长 60 cm× 宽 40 cm×高 40 cm）的有机玻璃缸组成，旨在模拟和还原河口潮间带的相关生态环境（图 8.8）。同时，该微宇宙系统具有水循环（200 L/h，半封闭系统）、潮汐

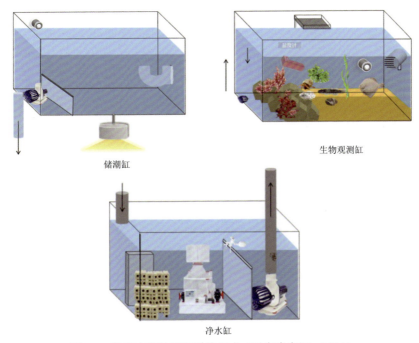

储潮缸　　　生物观测缸

净水缸

图 8.8　微宇宙实验研究系统组成（引自肖向阳，2024）

循环（一天内 10:00 和 22:00 涨潮，4:00 和 16:00 退潮）和昼夜交替（16/8 h，光/暗循环）功能。考虑到环境相关性，从当地渤海海峡采集了海水和潮间带河口沉积物（顶部 2~5 cm），将沉积物干燥后用 5 mm 筛网过筛，均匀分装到微宇宙系统中。每个微宇宙系统装有约 5 kg 沉积物和 80 L 海水。经过两周的运行和稳定后，将当地河口区具有不同生活习性的生物体引入中部生物观测缸中，具体包括捕食性鱼类许氏平鲉、软体贝类脉红螺、滤食性贝类长牡蛎和水生植物宽叶鳗草。为了使各微宇宙系统之间的水质和藻类成分趋于一致，在实验开始前，使用控制装置和潜水泵在所有微宇宙系统之间进行了水循环。

本节中使用稀土元素钆（Gd）标记的聚对苯二甲酸乙二醇酯微纤维（PET-Gd）外形呈规则棒状，且长度均一（图 8.9），湿法纺丝制得的纤维直径约为 30 μm，在冷冻切片机上切成（91.6 ± 15.9）μm 的长度[图 8.10（a）]，表面带有负电荷，Zeta 电位为（−6.4 ± 0.14）mV。显微傅里叶变换红外光谱分析证实了该聚合物为聚对苯二甲酸乙二醇酯[图 8.10（b）]。通过线性拟合试验，发现 PET-Gd 和 Gd 两者间具有良好的线性关系，每 1 mg PET-Gd 中含有 Gd 0.028 mg[图 8.10（c）]。通过对 PET-Gd 暴露的胃肠模拟液进行动态监测，电感耦合等离子体-质谱仪（ICP-MS）分别检测了 PET-Gd 消解液和超滤液中的 Gd 元素含量，发现 PET-Gd 在胃肠模拟液和海水中的泄漏率呈现先上升后下降的趋势，在为期 30 d 的暴露过程中，Gd 的泄漏不明显，整体泄漏率小于 1.0%[图 8.10（d）]，表明包裹在 PET 中的 Gd 元素在暴露环境中相对稳定，这意味着样品中测量出的 Gd 含量都来源于纤维，而不是游离的 Gd 元素。通过加标回收实验测定了 PET-Gd 在生物组织中的回收率为 84.1%~105.9%，平均回收率为 91.15%（表 8.1）。

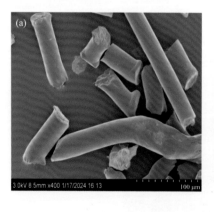

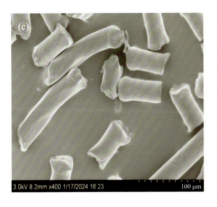
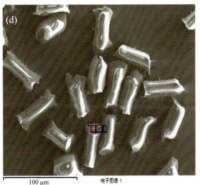
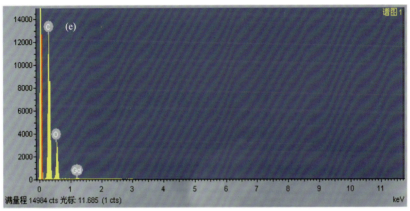

图 8.9　稀土元素 Gd 标记聚对苯二甲酸乙二醇酯微纤维（PET-Gd）扫描电子显微镜图［（a）~（d）］和 SEM-EDS 能谱图（e）（引自肖向阳，2024）

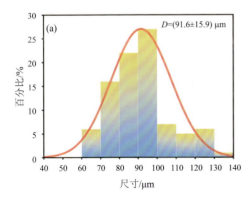
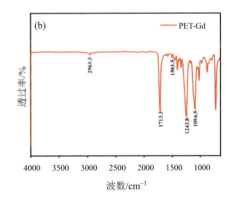

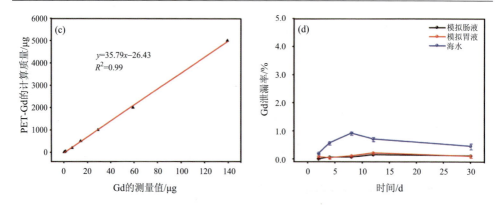

图 8.10　稀土元素 Gd 标记聚对苯二甲酸乙二醇酯微纤维（PET-Gd）的表征（引自肖向阳，2024）
（a）PET-Gd 的粒径分布图；（b）PET-Gd 的红外光谱图；（c）PET-Gd 和 Gd 的线性拟合曲线；（d）PET-Gd 在海水和胃肠模拟液中的泄漏率

表 8.1　PET-Gd 在生物组织中的回收率（引自肖向阳，2024）

样品	添加量/μg	回收量/μg	回收率/%
长牡蛎	0	0.003 ± 0.001	
	0.056	0.059 ± 0.004	105.9
	0.56	0.472 ± 0.014	84.3
脉红螺	0	0.018 ± 0.008	
	0.056	0.051 ± 0.001	90.3
	0.56	0.471 ± 0.007	84.1
		平均	91.15

　　为避免 PET-Gd 微纤维在暴露实验过程中损失，在暴露实验开始后关闭了可能会截留微纤维的底部净化装置。通过增设制氧机来稳定微宇宙系统中的溶解氧水平，同时采用定期换水和补加微纤维的方法来确保微宇宙系统中水质和微塑料含量的稳定。根据前期预实验结果，采取每两天更换 10 L 表层水的方式来维持微宇宙生态系统的稳定。所有的微宇宙系统装置被随机分为两组，每组三个重复，其中一组的 PET-Gd 微纤维暴露浓度为 1 mg·L^{-1}，该浓度具有现实的环境意义（Das et al., 2023），另外一组做空白对照。为了避免 1 mg·L^{-1} 的 PET-Gd 微纤维分散液团聚，在施加前先超声水浴 30 min，然后将溶液逐滴加入 10 L 的玻璃烧杯中并搅拌均匀，最后将溶液缓慢倒入微宇宙系统中并多次搅拌，以达到良好的分散效果。本次在微宇宙系统中进行为期 7 d 的实验，在整个研究期间持续地监测微宇宙系统的物理、化学参数和水质情况。对海水、沉积物和生物采取动态采样，在第 0 h、1 h、2 h、4 h、6 h、8 h、10 h、12 h、24 h、48 h、72 h、96 h、120 h、144 h 收集海水和沉积物，在第 7 d 采集一次生物样品，所有样品都是在不扰动微宇宙系统

的情况下采集的。使用 25 mL 移液管从微宇宙系统中收集海水和底砂沉积物，在每个生物观测缸中的不同水层（表层水和底层水）的不同区域采集 15 mL 海水，在沉积物表面的不同区域采用五点取样法采集 2~3 g 底砂，最后封装在 15 mL 聚丙烯离心管中，并在-20℃下冷冻保存。使用不锈钢抄网从生物观测缸中收集生物，为避免微宇宙系统的交叉污染，在进入不同处理的微宇宙系统之前，要更换手套并彻底冲洗抄网和移液管。

通过测定微宇宙系统不同组分中 Gd 的浓度来评估微纤维在水体和沉积物中的迁移和转化。在为期 7 d 的暴露实验中，对水体和沉积物（顶部 0.5 cm）进行了全程监测，结果表明进入微宇宙系统内的 PET-Gd 在前 2 h 内会发生快速沉降 [图 8.11（a）]，从表层水到底层水，PET-Gd 的含量持续下降，之后趋于一致。表层水中 Gd 的浓度从（0.64 ± 0.07）μg·mL^{-1} 迅速下降到（0.15 ± 0.05）μg·mL^{-1}，底层水中 Gd 的浓度从（0.61 ± 0.03）μg·mL^{-1} 迅速下降至（0.22 ± 0.12）μg·mL^{-1}，在 6 h 左右沉降完全，在 12 h 之后浓度趋于稳定，均维持在 0.1 μg·mL^{-1} 以下。通过对比发现，底层水中的 PET-Gd 沉降速率明显大于表层水。对水体中 Gd 浓度的监测表明，悬浮在水体中的微纤维由于沉降作用而逐渐从水体中分离出来，相应地在沉积物表面逐渐增加 [图 8.11（b）]。这些结论与其他现场观察结果高度一致，正如预期的那样，高密度的聚酯纤维受其密度、尺寸和形状的影响，进入水体后会快速沉降，其表面带负电荷，使其倾向于在沉积物中积累（Burns et al.，2013）。目前的研究指出，沉积物可能是微塑料最终的"汇"，其相互作用显著影响微塑料在生态系统中的迁移、分布和生物利用度（de Smit et al.，2021）。本节沉积物中微纤维的浓度比水体和底栖生物体中富集的微纤维浓度高出 1~3 个数量级。此外，由于湍流运动和风剪切应力的影响，微纤维在表层海水中的运动相较底层更加复杂，所以在表层沉降速度更慢。目前实验室研究中使用的装置，大多采用有利于沉降的条件，如低剪切应力和高颗粒浓度（Möhlenkamp et al.，2018），这可能无法反映微塑料在真实环境中的行为。由于海洋环境的复杂性，微塑料在海洋中的迁移和转化受到许多因素的影响。水体动力条件和微塑料的理化性质是影响其沉降的决定性因素，塑料的密度、尺寸和形状是控制微塑料浮力和流动性的主要因素，较高的密度和尺寸会降低微塑料的浮力，从而影响其环境分布特征（Jalón-Rojas et al.，2019）。

由于其体积小，比表面积大，微塑料几乎可以被所有营养级的生物体摄入，从而能够转移有害物质。因此，确定微塑料在生物体中的富集部位及是否可以进入食物链对于评估微塑料人体摄入风险及其环境影响至关重要。迄今为止，对复杂暴露系统中微塑料的研究很少，其中，对不同营养级生物的整体研究较为匮乏。本书研究了 PET-Gd 在模拟河口潮间带微宇宙生态系统中典型生物体内的积累和分布，结果表明，在所有暴露组中都观察到了生物体对 PET-Gd 的富集。

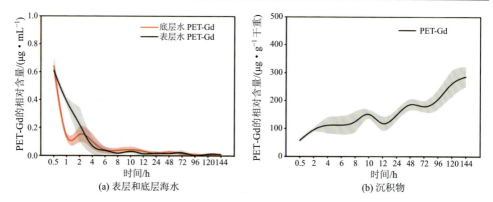

图 8.11　投加 PET-Gd 后微宇宙系统内海水和沉积物中微纤维含量变化曲线（引自肖向阳，2024）

浅色区域表示标准差

　　许氏平鲉属于捕食性鱼类，以虾、小蟹、蛤蜊等底栖生物为食，在暴露期间每两天投喂一次新鲜虾仁为其提供食物来源。本节发现其肝脏、消化道、鳃等部位的 PET-Gd 富集量相对较高，而肌肉组织内的含量则相对较低 [图 8.12（a）]。因此，许氏平鲉摄入微塑料的主要途径可能是通过其鳃对海水的过滤作用，微塑料主要富集于消化道中。大多数的研究表明，微/纳塑料在鱼类体内需要穿过数道生物屏障才能被组织器官吸收（McIlwraith et al., 2021），而鱼鳃通常被认为是与环境接触的重要场所，肝脏是主要代谢器官，当外源有机污染物进入生物体时，它们可以迅速吸收、代谢和积累污染物。肝脏中有 PET-Gd 的富集说明本节所使用粒径 30 μm 的微纤维在许氏平鲉体内具有很强的渗透能力。Collard 等（2017）曾在野生凤尾鱼、沙丁鱼和鲱鱼的肝脏中检测到 124~438 μm 的微塑料，并提出肠道上皮吸收可能是微塑料易位到肝脏的原因。同样，McIlwraith 等（2021）在 7种淡水鱼的肌肉组织和肝脏中也观察到了 100~400 μm 的微纤维，认为形状是与易位机制有关的另一个重要因素。由于方法的局限性，这些实地调查研究没有量化或表征小于 63 μm 的微/纳塑料，缺乏小尺寸微/纳塑料易位的直接证据。一般来说，观察到大于 20 μm 微/纳塑料易位的实验室研究并不常见（Su et al., 2019），而我们的研究首次提供了粒径为 30 μm 的微纤维在许氏平鲉体内易位的证据 [图 8.12（a）]，弥补了这部分的研究空白。然而，遗憾的是，关于微塑料如何从肠道吸收并易位到其他组织器官的机制目前尚不清楚，迫切需要对水生生物，特别是鱼类等大型生物进行更多的研究。

　　长牡蛎属滤食性生物，对食物的选择性较差，一般只根据水中悬浮物质的大小进行摄食选择，而对食物的化学性刺激反应不大，除了刺激性较大的有害物质，牡蛎对食物的化学选择性并不强。本节发现长牡蛎对 PET-Gd 具有很强的富集能力，其鳃、外套膜、消化腺和性腺部位均有较高浓度的微纤维 [图 8.12（b）]，这

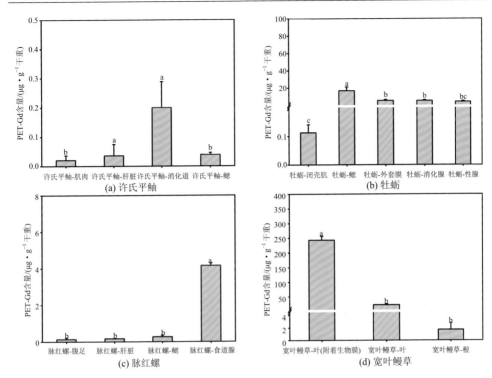

图 8.12　PET-Gd 在河口潮间带微宇宙生态系统中典型生物体内的积累和分布（引自肖向阳，2024）

主要是由于长牡蛎通过鳃过滤海水，然后将物质和有机物传递给其他组织。这提示聚酯纤维对长牡蛎可能存在潜在的生殖毒性。长牡蛎移动性差，更容易暴露于微塑料污染中，可能导致更高的微塑料生物积累，其生长繁殖和种群数量也可能会受到一定影响，进而导致潮间带生态系统的稳定性降低。考虑到长牡蛎通常会被整只食用，其中富集的微塑料可通过食用进入人体，对人体健康构成潜在威胁，建议在食用个体较大的双壳类动物时，去除它们的鳃可最大限度地降低人体摄入微塑料的风险。

　　脉红螺主要栖息在底砂中，常以海藻及微小生物为食，在夜间活动和进食，对底砂造成明显的扰动。本节中发现 PET-Gd 只在脉红螺食道腺内有明显的积累［（4.16±0.14）μg·g^{-1} 干重］[图 8.12（c）]，这说明 30 μm 聚酯纤维易滞留在脉红螺消化系统中，较难进入循环系统。进食底砂和海藻是主要的摄入途径，这在大多数研究中已经得到证实（Gutow et al.，2016）。同时，在脉红螺的鳃和肝脏部位也检测到了 PET-Gd，表明 30 μm 聚酯纤维很可能已经进入了脉红螺的呼吸系统[图 8.12（c）]。这也提示在食用海螺时，建议摘除肝脏和鳃后再食用。此外，微塑料在脉红螺食道腺、鳃、肝脏中的不断积累，还可能对其消化、呼吸、内分泌系统造成干扰，进而影响正常生长。

宽叶鳗草属于绿色开花植物，广泛分布于北温带地区的浅海，在我国的辽宁、山东等地沿海均有分布。其主要生长在河流入海口、海湾、潮滩湿地等低潮线以下的浅海水域。其为大量的鱼类、贝类、虾、蟹等生物提供了适宜的栖息环境。

在本微宇宙系统中，宽叶鳗草的部分叶片上附着生长了大量的微藻，逐渐形成生物膜，通过比较附着生物膜的叶片和未附着生物膜的叶片上 PET-Gd 的含量可以发现，多种藻类在宽叶鳗草叶片上形成的生物膜对微纤维具有极强的黏附作用。同时，由于宽叶鳗草根系欠发达及微纤维的尺寸较大，其根部对底砂中 PET-Gd 的吸收积累量较低[图 8.12（d）]。生物膜和藻类是微塑料进入水生食物链的潜在途径，附着生物膜可以吸收或转移微塑料，从而影响微塑料的环境归宿。一些宽叶鳗草附着生物膜的叶片脱落会增加底栖生物的摄入风险，这已经在纳米颗粒研究中得到证实（Zhao et al., 2017）。因此，需重视海洋生物膜对微塑料的黏附作用，这对于了解微塑料在河口潮间带的迁移行为与分布规律具有重要参考意义。

由于目前的暴露研究主要集中在单一或少数物种上，且没有考虑到微塑料在水体中沉降及从沉积物中再悬浮会进一步影响生物的利用度，未来的研究工作应针对更广泛的物种、更多的聚合物类型并在更加符合真实自然环境条件下进行。本节基于模拟河口潮间带生态系统的结果，不仅发现了生物扰动和摄入会影响微塑料的归宿和生物利用度，还科学地评估了微塑料在接近真实自然环境条件下生物体中的积累和分布，为当前实验室模拟研究提供了新的思路和见解。

第三节　食用海藻中微塑料的积累特征

随着海藻类产品逐渐进入主流饮食和全球市场，目前亟须研究食用海藻中微塑料的积累水平，以及评估其对人类健康的潜在影响。本节针对大众经常忽视的通过食用海藻接触微塑料的问题，详细分析了从东亚四个主要产区（中国、韩国、朝鲜和日本）采样的两种市售食用海藻（海带和紫菜）中的微塑料的类型、数量和大小。通过分析来自不同地区的海藻样本来评估其微塑料含量，并试图量化其污染水平。

研究发现，微塑料在东亚地区人们经常食用的海带和紫菜中广泛存在。海带和紫菜中的微塑料丰度分别为（2.3 ± 0.7）～（12.7 ± 6.5）个·g^{-1}（干重）和（2.9 ± 1.7）～（5.0 ± 2.0）个·g^{-1}（干重）[图 8.13（a）和（b）]。微纤维（>90%）占主导地位[图 8.13（e）和（f）]，大多数纤维小于 500 μm。赛璐玢是最主要的聚合物类型（占 67%）。根据膳食模式，对人类通过食用海藻摄入的微塑料量进行了估算和量化。中国人通过食用海藻摄入的微塑料估计为 17 034 个·$人^{-1}$·a^{-1}，占全年微塑料摄入总量的 13.1%，其中海藻的摄入量占膳食中微塑料总摄入量的

45.5%，是膳食中微塑料的最大来源。东亚居民通过食用海藻摄入的微塑料数量明显高于欧洲。摄入量最高的是韩国，其次是朝鲜、中国和日本。这项研究强调了之前被忽视的微塑料膳食暴露途径，对海藻消费的全面风险评估和缓解策略的制定至关重要，尤其是对东亚国家人群而言。

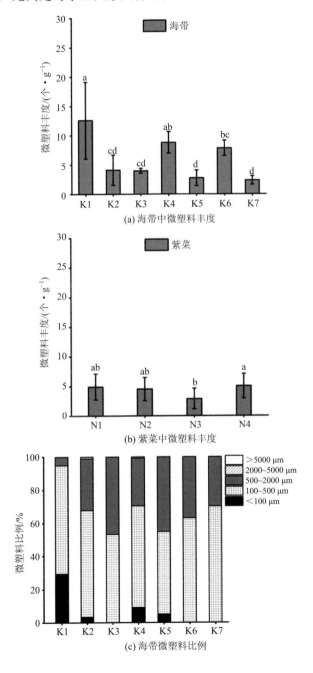

(a) 海带中微塑料丰度

(b) 紫菜中微塑料丰度

(c) 海带微塑料比例

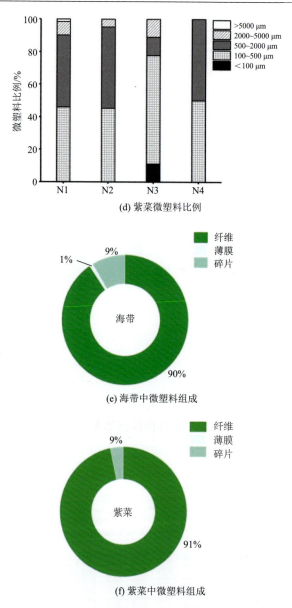

图 8.13 东亚地区市售海带和紫菜的微塑料污染特征

K1（中国蓬莱区）、K2（中国荣成市）、K3（中国舟山市）、K4（中国防城港市）、K5（韩国清州市）、K6（日本佐贺）、K7（朝鲜北部沿海）；N1（中国泉州市）、N2（中国蓬莱区）、N3（中国连云港市）、N4（韩国清州市）

　　在所有调查样本中都观察到了微塑料，它们在东亚地区的海带和紫菜中被广泛检测到。海带中微塑料的丰度为（2.3±0.7）~（12.7±6.5）个·g^{-1}（干重），平均丰度为（6.1±3.5）个·g^{-1}（干重）。中国市售海带中的微塑料含量高于日本、韩国和朝鲜［图 8.13（a）］。紫菜中的微塑料丰度为（2.9±1.7）～（5.0±2.0）个·g^{-1}（干重），平均丰度为（4.3±0.9）个·g^{-1}（干重）。这些结果与之前在泰国的两种大型藻类 *Caulerpa lentillifera*［含量范围为 2.57~9.55 个·g^{-1}（干重）］和 *Gracilaria fisheri*［含量范围为 3.81~13.87 个·g^{-1}（干重）］以及中国黄海的 *Ulva prolifera*［含量范围为 4.5~5.5 个·g^{-1}（干重）］中发现的结果类似（Klomjit et al.，2021）。而中国海州湾养殖紫菜中微塑料的丰度［0.12~0.17 个·g^{-1}（干重）］明显低于我们的结果（Feng et al.，2020），这种差异可能是由于我们的检测分析方法对于较小的微塑料（小于 500 μm）具有更高的灵敏度。

海带和紫菜中的大多数微塑料尺寸在 100~500 μm。海带和紫菜中>100 μm 的微塑料的含量随着微塑料尺寸的减小而增加［图 8.13（c）和（d）］，而尺寸小于 100 μm 的微塑料仅占 0.83%，这表明本节很可能低估了海藻中小尺寸微塑料的丰度。与紫菜相比，小尺寸微纤维更容易在海带中发现。这些差异可能与海带的表面结构和生产加工程序有关。海带具有较大的比表面积，能产生更多的多糖类胶体，这有助于其吸附或捕获海水中更多的微塑料。然而，值得注意的是，尽管农作物能直接吸收 200 nm 的塑料珠，食用海藻是否能直接吸收小尺寸的微/纳塑料目前仍是未知数（Li et al.，2020a）。尺寸较小的微塑料往往更容易进入生物体内，从而引起更高的生物毒性。因此，可以推测纳米级塑料微粒很可能会被可食用海藻组织吸收，进而引起更大的人体摄入风险。然而，由于目前分析方法的局限性，准确检测和量化海藻中的这些微小塑料颗粒仍然是一项重大挑战。未来的研究工作应优先发展更先进、更灵敏的技术，用于检测和量化食用海藻样本中的纳米级微塑料。

纤维是海带（90%）和紫菜（91%）中最多的微塑料类型，其次是碎片（9%）和薄膜（1%）［图 8.13（e）和（f）］，这与之前的报告一致（Mateos-Cárdenas et al.，2021）。除了人类活动在陆地上产生大量微纤维外，一些海洋活动（如水产养殖）也被认为是海洋微纤维的另一个重要来源。渔具和绳索的风化，以及各种合成纤维的广泛使用，也会导致微纤维释放到环境中。赛璐玢是最主要的纤维状微塑料类型（67%），其次是聚对苯二甲酸乙二醇酯（PET）14%、聚乙烯（PE）12%和聚酰胺（PA）7%（图 8.14），这与 Li 等（2020b）在商业紫菜中观察到的结果一致。在食品包装和橡胶生产中广泛使用的赛璐玢可能会增加海洋环境中微塑料的输入量。据报道，PET 纤维是亚洲空气中微塑料的主要聚合物之一（Kim et al.，2018），这可能导致通过大气传输沉积到海洋中的微塑料增加。

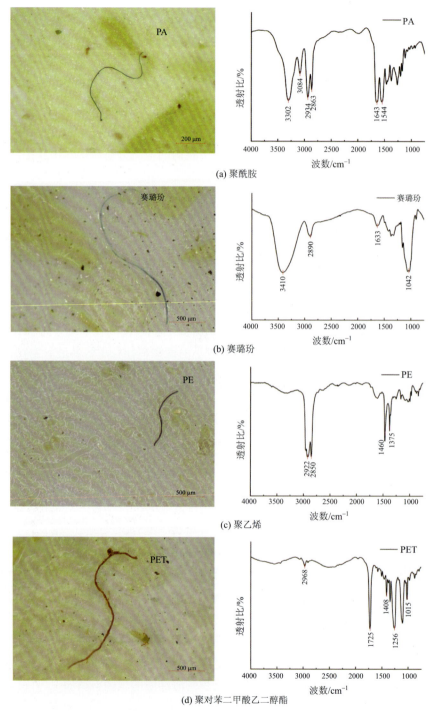

图 8.14　食用海藻中的微塑料及微塑料的傅里叶变换红外光谱
PA：聚酰胺；PET：聚对苯二甲酸乙二醇酯；PE：聚乙烯

　　为了阐明海带中微塑料的潜在来源，我们在中国荣成一海带加工生产线分别采集了不同加工处理的样品，包括新鲜海带（未经任何处理，F）、干燥海带（干燥处理，D）、盐渍海带（焯水后盐渍处理，S）。为减少背景干扰，还检测了海带养殖场的海水和加工过程中使用的海盐中的微塑料含量。为了明确食用海藻与微塑料的相互作用机制，我们将海带藻体划分为图 8.15 所示的六个部分，用不锈钢剪刀将其按照划分部位剪成大小一致的小块（1 cm²）并按照划分部位进行混合。通过测定不同部位海带中微塑料的含量，分析微塑料在海带中的分布特征。同时，研究了不同部位褐藻胶与微塑料的吸附关系。

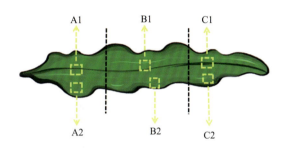

图 8.15　海带不同部位划分示意图

　　结果表明，新鲜海带中的微塑料含量明显高于干燥海带和盐渍海带［图 8.16（a）］，说明海藻中部分微塑料可以通过干燥和盐渍等加工过程去除。同样，Sundbæk 等（2018）也强调了黏附在 *Fucus vesiculosus* 表面的微塑料颗粒会在逐步脱水和干燥过程中大量损失。因此，黏附在海带上的微塑料主要来自海水，而在加工过程中引入的微塑料数量少于去除的微塑料数量。此外，研究还发现三种海带产品上微塑料的分布特征一致，尖端中部区域的微塑料含量明显高于尖端边缘区域，中间边缘区域的微塑料含量明显高于中间中部区域［图 8.16（b）～（d）］。海藻细胞壁中的海藻多糖可能有助于微塑料的黏附。有研究表明，海藻表面的海藻酸胶凝特性由 β-*D*-甘露糖醛酸（M）与 α-*L*-古罗糖醛酸（G）的比例决定，低浓度的古罗糖醛酸（G）会使凝胶结构更开放、凝胶黏度更高（Lomartire et al.，2022）。在这项研究中，我们发现海带不同部位吸附的微塑料含量与该部位的 M/G 值成正比，这表明微塑料在海带上的分布特征主要由不同部位褐藻胶凝胶黏度决定，而不是由褐藻胶含量决定（表 8.2）。

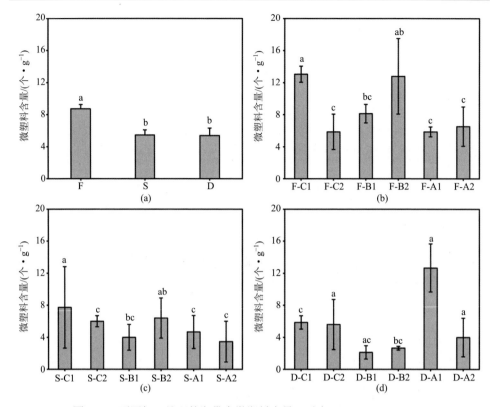

图 8.16　不同加工处理的海带中微塑料含量（引自 Xiao et al.，2024）

表 8.2　海带不同部位的褐藻胶含量（引自 Xiao et al.，2024）

项目	不同部位				
	A1	A2	B1	B2	C
褐藻胶含量/%	11.8	19.5	11.1	21.9	18.1

结　　语

　　微塑料的污染已成为全球面临的重大挑战。本章通过对陆地农作物和近海生物体内微塑料积累与分布特征的系统研究，揭示了其在生态系统中的广泛分布和潜在影响。这些发现强调了微塑料管理与监测的紧迫性，为未来量化微塑料的环境、食物链与健康风险，制定环境保护政策和开发应对措施提供了科学依据，同时为评估微塑料对生态系统的潜在风险提供了线索，具有重要的科学与实际意义。随着对微塑料影响的深入理解，我们迫切需要进行全球合作，共同应对这一全球性挑战，以保护地球生态环境，确保人类健康。

参 考 文 献

李连祯, 周倩, 尹娜, 等. 2019. 食用蔬菜能吸收和积累微塑料. 科学通报, 64(9): 928-934.

李瑞杰, 李连祯, 张云超, 等. 2020. 禾本科作物小麦能吸收和积累聚苯乙烯塑料微球. 科学通报, 65(20): 2120-2127.

肖向阳. 2024. 不同形态微/纳米塑料在河口潮间带微宇宙中的归趋研究. 泰安: 山东农业大学.

Burns J M, Pennington P L, Sisco P N, et al. 2013. Surface charge controls the fate of Au nanorods in Saline estuaries. Environmental Science & Technology, 47: 12844-12851.

Collard F, Gilbert B, Compère P, et al. 2017. Microplastics in livers of European anchovies (*Engraulis encrasicolus* L.). Environmental Pollution, 229: 1000-1005.

Das B C, Ramanan P A, Gorakh S S, et al. 2023. Sub-chronic exposure of *Oreochromis niloticus* to environmentally relevant concentrations of smaller microplastics: Accumulation and toxico-physiological responses. Journal of Hazardous Materials, 458: 131916.

de Smit J C, Anton A, Martin C, et al. 2021. Habitat-forming species trap microplastics into coastal sediment sinks. Science of the Total Environment, 772: 145520.

Feng Z, Zhang T, Wang J, et al. 2020. Spatio-temporal features of microplastics pollution in macroalgae growing in an important mariculture area, China. Science of the Total Environment, 719: 137490.

Gutow L, Eckerlebe A, Giménez L, et al. 2016. Experimental evaluation of seaweeds as a vector for microplastics into marine food webs. Environmental Science & Technology, 50: 915-923.

Jalón-Rojas I, Wang X H, Fredj E. 2019. A 3D numerical model to track marine plastic debris (TrackMPD): Sensitivity of microplastic trajectories and fates to particle dynamical properties and physical processes. Marine Pollution Bulletin, 141: 256-272.

Kim J S, Lee H J, Kim S K, et al. 2018. Global pattern of microplastics (MPs) in commercial food-grade salts: Sea salt as an indicator of seawater MP pollution. Environmental Science & Technology, 52: 12819-12828.

Klomjit A, Sutthacheep M, Yeemin T. 2021. Occurrence of microplastics in edible seaweeds from aquaculture. Ramkhamhaeng International Journal of Science and Technology, 4(2): 38-44.

Li L, Luo Y, Li R, et al. 2020a. Effective uptake of submicrometre plastics by crop plants via a crack-entry mode. Nature Sustainability, 3: 929-937.

Li Z, Feng C, Wu Y, et al. 2020b. Impacts of nanoplastics on bivalve: Fluorescence tracing of organ accumulation, oxidative stress and damage. Journal of Hazardous Materials, 392: 122418.

Lomartire S, Marques J C, Gonçalves A M M. 2022. An overview of the alternative use of seaweeds to produce safe and sustainable bio-packaging. Applied Sciences, 12(6): 3123.

Mateos-Cárdenas A, van Pelt F N, O'Halloran J, et al. 2021. Adsorption, uptake and toxicity of micro-and nanoplastics: Effects on terrestrial plants and aquatic macrophytes. Environmental

Pollution, 284: 117183.

McIlwraith H K, Kim J, Helm P, et al. 2021. Evidence of microplastic translocation in wild-caught fish and implications for microplastic accumulation dynamics in food webs. Environmental Science & Technology, 55: 12372-12382.

Möhlenkamp P, Purser A, Thomsen L. 2018. Plastic microbeads from cosmetic products: An experimental study of their hydrodynamic behaviour, vertical transport and resuspension in phytoplankton and sediment aggregates. Elementa: Science of the Anthropocene, 6: 61.

Su L, Deng H, Li B, et al. 2019. The occurrence of microplastic in specific organs in commercially caught fishes from coast and estuary area of east China. Journal of Hazardous Materials, 365: 716-724.

Sundbæk K, Koch I, Villaro C, et al. 2018. Sorption of fluorescent polystyrene microplastic particles to edible seaweed *Fucus vesiculosus*. Journal of Applied Phycology, 30: 2923-2927.

Xiao X, Liu S, Li L, et al. 2024. Seaweeds as a major source of dietary microplastics exposure in East Asia. Food Chemistry, 450: 139317.

Zhao J, Ren W, Dai Y, et al. 2017. Uptake, distribution, and transformation of CuO NPs in a floating plant *Eichhornia crassipes* and related stomatal responses. Environmental Science & Technology, 51: 7686-7695.

第九章　农用地和滨海土壤中微塑料表面风化和形貌变化

环境中的微塑料，在环境因素作用下其表面会发生风化，微塑料表面风化会引起表面性质（包括形貌、基团、疏水性和比表面积等）和表面附着物（包括非生物/生物物质）等的变化。土壤中的微塑料在物理化学风化和生物转化的作用下，表面性质会发生显著变化，可形成生物膜，产生大量的微孔、褶皱、裂缝等微观结构（Tu et al.，2020；周倩等，2021）。本章分别从长期覆膜、施肥和施用污泥的农用地土壤、海岸带潮滩土壤、滨海盐沼湿地和红树林湿地土壤中采集微塑料样品，对不同环境中微塑料表面风化和形貌变化进行表征与分析，探明不同土壤环境中微塑料表面变化特征及影响因素，旨在为深入了解我国土壤微塑料的环境行为和发展风险管控技术提供基础数据和科学依据。

第一节　农用地土壤中微塑料的表面风化和形貌变化

一、覆膜土壤中微塑料的表面风化和形貌变化

采样地点、采样方法和土壤微塑料分离方法同第四章第三节。微塑料表面形貌的分析采用扫描电子显微镜-能谱仪（SEM-EDS），测试前将代表性微塑料在去离子水中超声 30 s，去除黏附的杂质后自然风干。待测样品通过导电胶带固定在样品台后，使用离子溅射仪对表面进行喷金处理，观察微塑料表面形貌。

对从土壤中提取出的聚乙烯薄膜微塑料进行表面形貌分析，并将其与应用于该区域的商用塑料地膜进行对比。扫描电子显微成像结果显示，原始薄膜相对光滑，而土壤中提取出的聚乙烯薄膜微塑料表现出较强的风化特征（图9.1）。从连续覆膜10年的土壤中提取的聚乙烯薄膜微塑料比从覆膜4年的土壤中提取的聚乙烯薄膜微塑料风化程度更强，表面孔数更多，孔径更大。随着覆膜时间的增加，微塑料表面逐渐老化，变得粗糙，降解程度也随之增加。光、温度和微生物也会通过风化作用降解土壤中的微塑料。Huang 等（2020）通过扫描电子显微镜观察到土壤中提取的薄膜微塑料表面存在菌丝和细菌孢子。Zhou 等（2018）在河口滩涂中提取的薄膜微塑料的表面存在许多凸起和裂缝。这些研究都展现了微塑料在不同的环境条件下具有不同的风化特征。微塑料长期受到土壤的机械作用，导致

外来物质易于附着在其表面。能谱分析结果表明,微塑料表面的黏附物中含有 Al、Si、Fe 等元素,这些元素以氧化物的形式存在于微塑料表面(图 9.1)。可以推断,这些黏附物是黏土矿物和铁氧化物。从红树林沉积物和湿地沉积物中提取的微塑料表面也发现了这些物质(简敏菲等,2018;Zhou et al.,2020)。黏土矿物等黏附在微塑料表面的物质可能会增强微塑料对其他污染物的吸附作用。

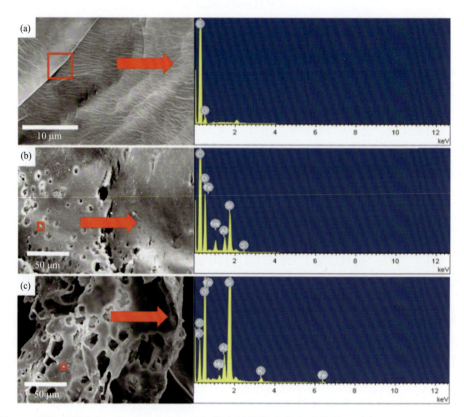

图 9.1　原始薄膜与聚乙烯薄膜微塑料的扫描电子显微成像和能谱图(引自 Yang et al.,2023)
(a)原始薄膜;(b)2012~2015 年覆膜 4 年的土壤中提取的聚乙烯薄膜微塑料;(c)2009~2019 年覆膜 10 年的土壤中提取的聚乙烯薄膜微塑料

二、施用有机肥土壤中微塑料的表面风化和形貌变化

研究区域、处理设置、采样方法和微塑料分离提取方法同第四章第一节。长期施用有机肥的土壤中微塑料的表面形态如图 9.2 所示。微塑料在土壤中长期风化后表现出复杂的形态特征。纤维类和颗粒类微塑料的表面出现凸起和凹陷,碎片类微塑料的表面出现裂缝,裂缝周围有菌丝缠绕。此外,薄膜类微塑料的表面出现较大的微孔(约 1 μm)[图 9.2(h)、(i)]。土壤中微塑料的表面特征与海

岸带潮滩中的微塑料表面特征不同，潮滩上强烈的风化作用对微塑料表面形貌具有重要的影响（Zhou et al.，2018）。这种对微塑料的强烈风化作用表明，微塑料的形貌变化与机械、化学及生物学过程有关。耕地土壤中的微塑料受土壤深度和植被覆盖的影响，受到的非生物降解（如紫外线辐射和机械磨损）影响较小。碎片类和薄膜类微塑料表面存在的一些菌丝和微孔可能反映了微生物的重要作用。微生物可以在土壤中的薄膜微塑料表面定植，Zhang 等（2019）发现大量的土壤微生物定植在地膜表面的微孔中，提示微塑料具有吸引降解菌定植的潜力。

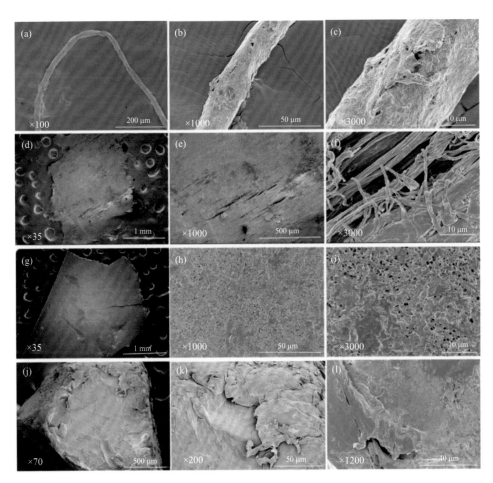

图 9.2　有机肥施用土壤中微塑料的 SEM 图像（引自 Yang et al.，2021b）

（a）、（d）、（g）和（j）分别为纤维类、碎片类、薄膜类和颗粒类微塑料；

（b）、（c），（e）、（f），（h）、（i），（k）、（l）分别为其放大图片

三、施用污泥土壤中微塑料的表面风化和形貌变化

研究区域、采样方法和土壤微塑料分离分析方法同第四章第二节。选择纤维类和碎片类微塑料为代表，采用扫描电子显微镜观察施用不同来源污泥的土壤中微塑料的微观形貌变化特征（图9.3）。所有施用污泥的土壤中微塑料表面都表现出不同程度的降解。碎片类微塑料出现许多断裂和缝隙，这与纤维类表面出现的粗糙且不均匀的凸起不同。农业土壤中微塑料的老化规律与施肥土壤中微塑料的老化规律相似（Yang et al.，2021a）。紫外线辐射、温度、机械作用和微生物过程是影响微塑料降解的主要因素。施用新鲜市政污泥（FSS1）土壤中，碎片类微塑料显示出一些可能与环境或聚合物类型有关的撕裂性裂纹。PA纤维比PES纤维更容易降解（Sørensen et al.，2021）。未来需要进一步研究验证施用污泥的土壤中微塑料的形貌变化是否与污泥来源有关。

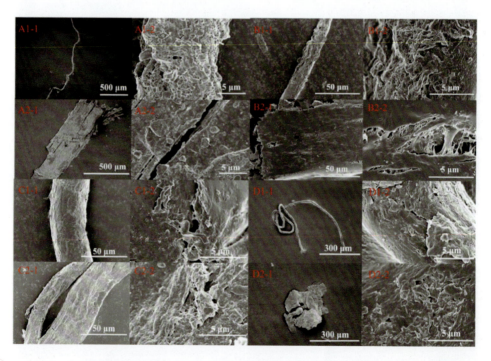

图9.3　不同土壤处理的纤维类和碎片类微塑料的表面形态（引自Yang et al.，2021a）

A、B、C和D分别代表来自CK、FSS1、FSS2和DSS的微塑料；X1-1、X1-2分别是纤维类微塑料及其放大图像，X2-1、X2-2分别是碎片类微塑料及其放大图像（X：A，B，C，D）；CK，未施用污泥；FSS1，施用新鲜市政污泥；FSS2，施用新鲜工业污泥；DSS，施用热干化市政污泥

第二节　潮滩土壤中微塑料的表面风化和形貌变化

一、围填海区潮滩土壤中微塑料的表面风化和形貌变化

研究区域和土壤微塑料的分离分析方法同第四章第四节。运用扫描电子显微镜-能谱仪（SEM-EDS）分析微塑料表面形貌和表面微域的元素组成。曹妃甸围填海区潮滩土壤中的微塑料具有复杂的表面形貌，并与其类型有关（图 9.4）。碎片类微塑料两端的风化痕迹较明显，表面有许多沿同一方向的凸起和裂解痕迹。颗粒类微塑料较脆、易粉化，棱角突出、边缘破损程度高。纤维类微塑料表面凹凸不平，已无成品时的形态。薄膜类微塑料边缘无固定形状。同时，同一类型微塑料也会出现形貌差异，如图 9.4（a）和（b）所示的碎片类微塑料，图 9.4（b）中的微塑料表面比图 9.4（a）的表面具有更明显和复杂的块状凸起和撕裂痕迹，这些凸起和撕裂痕迹几乎遍布于整个表面。这种差异可能是二者的风化程度不同所致。Ashton 等（2010）通过 SEM 图像对老化的树脂扁粒表面进行分析并得出与本节相似的结论，即在这些老化的树脂扁粒表面出现不同程度的撞击、裂化或粉化的痕迹，与新购买的同类型商品塑料[图 9.4（f）和（g）]相比，上述这些表面形貌特征都是土壤或沉积物环境中微塑料所特有的。总体来说，土壤环境中的微塑料样品具有表面粗糙、多孔等特点，这种变化会使微塑料形成多孔性表面。这种多孔性表面的形成会使比表面积增大，从而可能增强微塑料对污染物的吸附能力。Antunes 等（2013）发现老化后的微塑料表面会吸附更多的持久性有机污染物[多氯联苯（polychlorinated biphenyls，PCBs）和滴滴涕（dichloro-diphenyl- trichloroethane，DDT）]，这可能与老化后微塑料表面发生的这些微观形貌变化有关。

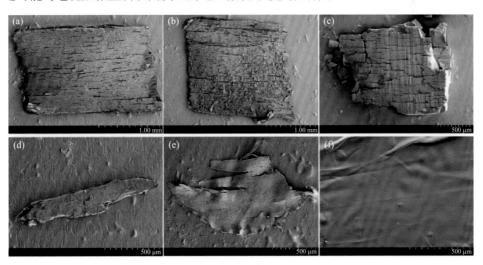

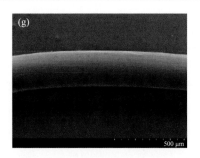

图9.4 不同形貌类型的微塑料扫描电子显微镜图（引自周倩等，2016）

（a）、（b）碎片类微塑料；（c）颗粒类微塑料；（d）纤维类微塑料；（e）薄膜类微塑料；（f）对照样品（新薄膜）；
（g）对照样品（新渔线）

表面孔隙是微塑料的一个重要表观特征，会影响微塑料的表面性质。如图9.5所示，两种微塑料类型都具有不同类型的微孔特征。有些微孔为纵向撕裂形成[图9.5（a）和（c）]，其微孔长度>50 μm，宽度约为10 μm，微孔中还嵌有纤维状的断裂微塑料残体。一些均匀裂解形成的微小孔隙[图9.5（b）和（e）]，裂纹方向与裂缝呈 90°，这种一纵一横的裂化使微塑料表面产生众多块状凸起（其单个凸起的面积大多数不足 200 μm²），形成的孔隙长度在 10~50 μm。有些孔隙是无规则撕裂形成[图9.5（d）和（f）]，孔隙边缘无规则，结构复杂、粗糙且凹凸不平。Corcoran 等（2009）认为微塑料表面的纹理特征可用于鉴别微塑料表面的易氧化区，与线性裂纹平行的边缘具有优先氧化的特点。

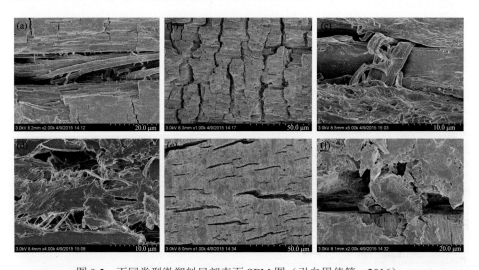

图9.5 不同类型微塑料局部表面 SEM 图（引自周倩等，2016）

（a）、（b）碎片类微塑料（黑）表面；（c）、（d）碎片类微塑料（半透明）边缘；（e）、（f）颗粒类微塑料孔隙

二、海岸带潮滩土壤中微塑料的表面风化和形貌变化

使用 SEM 观察到山东省海岸带潮滩土壤中不同类型的微塑料表面具有不同的形态特征（图9.6）。颗粒类和碎片类微塑料的表面出现不同大小的不均匀凸起、凹槽和凹坑[图9.6（a）、（b）、（e）、（f）]。发泡类微塑料表面有鳞片状凸起和不规则的孔洞，表层与下层呈分离状[图9.6（c）、（d）]。扁丝类微塑料表面也存在极小的凹坑和裂缝等风化侵蚀特征[图9.6（g）、（h）]。此外，薄膜类和纤维（线）类微塑料表面上的划痕多于孔隙和凸起[图9.6（i）～（k）]，但在更高的放大倍数（×10000 倍）下，纤维（线）类微塑料显示出更高的粗糙度和损坏度[图9.6（l）]。海绵类微塑料表现出碎片化特征[图9.6（m）、（n）]，这可能与这类微塑料的形成过程有关。一般来说，上述形态特征表明潮滩上的大多数微塑料表面已受到强烈风化。在海岸带潮滩的真实环境条件下，机械、化学和生物过程都可能参与了微塑料的风化作用。沙子的机械侵蚀、紫外线辐射的化学氧化、生物降解和塑料材料特性（如硬度、老化、光化学稳定性）可能是导致潮滩中微塑料表面形态发生变化的关键力量或因素。

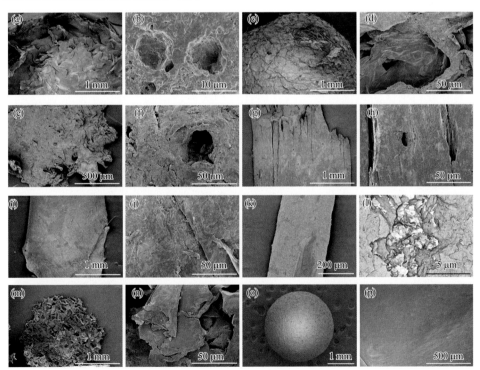

图9.6　山东省海岸带潮滩中 7 种风化微塑料的 SEM 图（引自 Zhou et al.，2018）

（a）、（b）颗粒类；（c）、（d）发泡类；（e）、（f）碎片类；（g）、（h）扁丝类；（i）、（j）薄膜类；（k）、（l）纤维（线）类；（m）、（n）海绵类；（o）新发泡；（p）新颗粒

第三节　滨海盐沼湿地与红树林湿地土壤中微塑料的
表面风化和形貌变化

滨海湿地是微塑料的重要聚集区，因植被拦截作用，滨海湿地的微塑料丰度可高达无植被生长的光滩 8 倍以上（Zhou et al.，2020）。同时，湿地生态系统中植被和水循环模式能促进悬浮固体和微塑料的夹带、传输和沉积，使滨海湿地成为全球生态系统微塑料传播的枢纽。滨海湿地具有的较强海陆相互作用和复杂水文条件，可对微塑料表面形貌和性质变化产生独特且重要的影响，从而进一步影响其与环境污染物的复合及对海洋生物的毒害作用，造成潜在的环境风险。因此，研究滨海湿地土壤环境中微塑料的表面变化具有重要意义。本节选取我国北方温带的黄河口盐沼湿地和南方亚热带的北部湾红树林湿地，通过原位暴露微塑料样品和定期采样，观察和分析微塑料表面形貌随暴露时间的变化过程，以期揭示跨纬度气候带、不同生物地理环境滨海湿地土壤中微塑料表面变化的过程及其差异。

本节选择黄河口盐沼湿地和北部湾红树林湿地两个典型点位进行微塑料原位暴露试验（表 9.1）。黄河口盐沼湿地位于山东省东营市的黄河入海口处，北临渤海，年均降水量 530~630 mm，年平均气温 12.8℃，气候为暖温带季风气候，因海水、淡水交汇而呈现独特的水文条件，土壤含盐量高。北部湾红树林湿地位于广西壮族自治区防城港市珍珠湾红树林保护区内，南临南海，年降水量 2500~2700 mm，年平均气温 22.5℃，具有明显的亚热带海洋性季风气候特点，土壤有机质含量丰富，还原性强。分别选取黄河口盐沼湿地和北部湾红树林湿地潮间带土壤环境为投放点，对应的典型植被类型分别为盐地碱蓬（*Suaeda salsa*）和桐花树（*Aegiceras corniculatum*）。两个投放点均设置地上暴露作为对照组。

表9.1　黄河口盐沼湿地和北部湾红树林湿地原位暴露点位信息和暴露时间（引自周倩等，2021）

暴露区域	潮带位置	暴露方式	植被类型	土壤氧化还原电位/mV	土壤电导率/（S·m⁻¹）	暴露时间/月
黄河口	潮上带	地上暴露	—	—	—	6，12，18，24
	潮间带	地下暴露	盐地碱蓬（*Suaeda salsa*）	−38.4	4.49	6，12，18，24
北部湾	潮上带	地上暴露	—	—	—	6，12，18，24
	潮间带	地下暴露	桐花树（*Aegiceras corniculatum*）	−99.0	2.23	6，12，18，24

注："—"表示无相关数据或信息。

选取环境中常见的聚苯乙烯发泡（球状，直径 4~5 mm）和聚乙烯薄膜（膜状，长和宽各 5 mm）两种微塑料类型，各称取 5 g 装入尼龙网兜（孔径 200 μm）中，封口后放入不锈钢丝框（100 cm×50 cm×25 cm，孔径 1 cm×1 cm）中，分别置于黄河口盐沼湿地和北部湾红树林湿地土壤中进行原位暴露试验，掩埋深度约 25 cm。二者均设置地上暴露对照组试验，将装有微塑料样品的尼龙网兜暴露于空气中，受阳光照射。分别在暴露 6、12、18 和 24 个月后收集样品，同时采集现场站点土壤和水体样品，低温保存运回实验室。微塑料表面形貌分析方法与第二章第二节一致。

微塑料表面形貌变化受地理位置、微塑料类型、暴露时间及暴露方式（地下和地上）等多种因素影响。黄河口盐沼湿地地下暴露和地上暴露中发泡的表面形貌变化如图 9.7 所示，在暴露 6 个月后，黄河口盐沼湿地地下暴露和地上暴露发泡表面均出现较明显的凹凸和褶皱[图 9.7（a）和（e）]；暴露 24 个月后，发泡表面出现了更深的凹坑和孔隙[图 9.7（d）和（h）]。与黄河口盐沼湿地相比，北部湾红树林湿地中发泡表面出现更多的凹坑和孔洞，且孔洞在暴露 6 个月时已经出现，并随着暴露时间呈增大趋势。北部湾红树林湿地地上暴露环境中发泡在暴露 18 个月后表面开始脆化、破损[图 9.7（k）]，在暴露 24 个月后表面破碎和脱落现象更严重[图 9.7（l）]，而地下暴露及黄河口盐沼湿地地上暴露和地下暴露的发泡并未出现该现象。推测这可能与温度和紫外线辐射强度有关。北部湾红树林湿地（防城港）年平均气温（22.5℃）高于黄河口盐沼湿地（东营）年平均气温（12.8℃）。光辐射是聚苯乙烯发泡表面化学老化的主要因素。随着老化时间的增加，苯乙烯分子结构中氧元素含量会逐渐增加，结构中大分子断链，导致力学性能下降，发生破碎化。两种湿地环境中的薄膜表面形貌变化程度直观上均较小，仅有少量的凸起和划痕，且形貌变化差异不明显[图 9.8（a）~（p）]。在相同暴露条件下，两种类型的微塑料表面形貌变化的差异可能与聚合物成分有关，与聚乙烯较稳定的饱和分子链相比，聚苯乙烯分子链因含有苯环而不稳定，在外界环境作用下分子链更易断裂。为进一步观察薄膜表面形貌变化，以北部湾红树林湿地地上暴露 24 个月后的聚乙烯薄膜为例，通过原子力显微镜观察其表面微区形貌，对照原始薄膜表面粗糙度（Ra）为（30.2±37.9）nm[图 9.9（a）]，暴露 24 个月后表面粗糙度（Ra）为（69.5±97.2）nm[图 9.9（b）]，远高于原始样品粗糙度，且表面均匀性差。

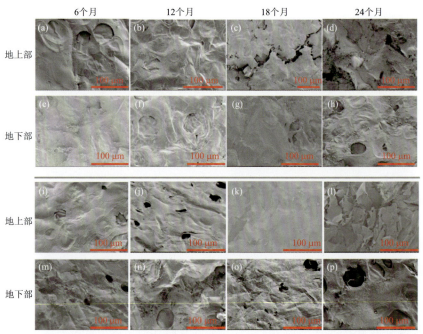

图 9.7　黄河口盐沼湿地 [(a)~(h)] 和北部湾红树林湿地 [(i)~(p)] 地上暴露和地下暴露环境中聚苯乙烯发泡表面形貌随时间变化（引自周倩等，2021）

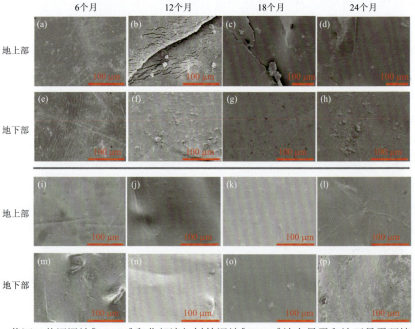

图 9.8　黄河口盐沼湿地 [(a)~(h)] 和北部湾红树林湿地 [(i)~(p)] 地上暴露和地下暴露环境中聚乙烯薄膜表面形貌随时间变化（引自周倩等，2021）

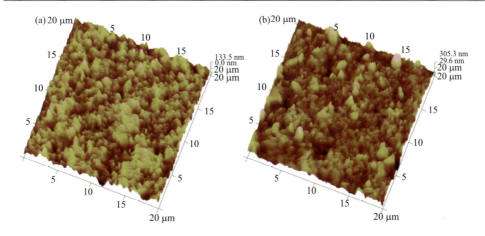

图 9.9　北部湾红树林湿地区域地上暴露环境暴露 0 个月（a）和 24 个月（b）后的聚乙烯薄膜表面原子力显微镜照片（引自周倩等，2021）

由此可见，在土壤避光环境中发泡和薄膜微塑料表面形貌发生不同程度的变化[图 9.7（e）～（h）和（m）～（p）；图 9.8（e）～（h）和（m）～（p）]，主要原因是潮汐等作用引起的颗粒摩擦，如硅铝等矿物的移动。此外，北部湾红树林湿地土壤环境为强还原性环境，在该环境下暴露的微塑料表面发现了大量的硫铁矿物团聚体（Fe-S），以结核状或片状聚集体存在，还原性硫和铁的存在会引起聚合物链断裂，导致微塑料发生破损。另外，土壤中生物或微生物作用也可能是微塑料表面形貌变化的原因之一，如土壤动物的啃食和微生物降解影响等（Huerta Lwanga et al.，2016；陈涛，2018）。未来仍需进一步研究海岸土壤环境中微塑料表面形貌变化作用机制。

结　　语

本章分别介绍了长期覆膜、施用有机肥和施用污泥的农田土壤，海岸带潮滩土壤，滨海盐沼湿地及红树林湿地土壤中微塑料表面风化和形貌变化特征。在长期物理、化学和生物作用下，微塑料在土壤中会出现风化和降解，其表面出现微米级裂纹和微孔等，长期的风化作用使微塑料表面逐渐老化，裂解成粒径更小的微塑料甚至是纳米塑料，增大了环境风险。未来需进一步关注风化和表面变化后的微/纳塑料和添加剂的释放规律，以及其对外源化学和生物性污染物的吸附特征与载体效应，包括生物膜的形成与生物降解效应。

参 考 文 献

陈涛. 2018. 近海微塑料表面生物膜的形成及其对微塑料理化性质的影响. 北京: 中国科学院大学.

简敏菲, 周隆胤, 余厚平, 等. 2018. 鄱阳湖-饶河入湖段湿地底泥中微塑料的分离及其表面形貌特征. 环境科学学报, 38(2): 579-586.

周倩, 涂晨, 张晨捷, 等. 2021. 滨海湿地环境中微塑料表面性质及形貌变化. 科学通报, 66(13): 1580-1591.

周倩, 章海波, 周阳, 等. 2016. 滨海潮滩土壤中微塑料的分离及其表面微观特征. 科学通报, 61(14): 1604-1611.

Antunes J C, Frias J G L, Micaelo A C, et al. 2013. Resin pellets from beaches of the Portuguese coast and adsorbed persistent organic pollutants. Estuarine, Coastal and Shelf Science, 130: 62-69.

Ashton K, Holmes L, Turner A. 2010. Association of metals with plastic production pellets in the marine environment. Marine Pollution Bulletin, 60: 2050-2055.

Corcoran P L, Biesinger M C, Grifi M. 2009. Plastics and beaches: A degrading relationship. Marine Pollution Bulletin, 58(1): 80-84.

Huang Y, Liu Q, Jia W, et al. 2020. Agricultural plastic mulching as a source of microplastics in the terrestrial environment. Environmental Pollution, 260: 114096.

Huerta Lwanga E, Gertsen H, Gooren H, et al. 2016. Microplastics in the terrestrial ecosystem: Implications for *Lumbricus terrestris* (Oligochaeta, Lumbricidae). Environment Science & Technology, 50(5): 2685-2691.

Sørensen L, Groven A S, Hovsbakken I A, et al. 2021. UV degradation of natural and synthetic microfibers causes fragmentation and release of polymer degradation products and chemical additives. Science of the Total Environment, 755(2): 143170.

Tu C, Chen T, Zhou Q, et al. 2020. Biofilm formation and its influences on the properties of microplastics as affected by exposure time and depth in the seawater. Science of the Total Environment, 734: 139237.

Yang J, Li L, Li R, et al. 2021a. Microplastics in an agricultural soil following repeated application of three types of sewage sludge: A field study. Environmental Pollution, 289: 117943.

Yang J, Li R, Zhou Q, et al. 2021b. Abundance and morphology of microplastics in an agricultural soil following long-term repeated application of pig manure. Environmental Pollution, 272: 116028.

Yang J, Song K, Tu C, et al. 2023. Distribution and weathering characteristics of microplastics in paddy soils following long-term mulching: A field study in Southwest China. Science of the Total Environment, 858: 159774.

Zhang M, Zhao Y, Qin X, et al. 2019. Microplastics from mulching film is a distinct habitat for bacteria in farmland soil. Science of the Total Environment, 688: 470-478.

Zhou Q, Tu C, Fu C, et al. 2020. Characteristics and distribution of microplastics in the coastal mangrove sediments of China. Science of the Total Environment, 703: 134807.

Zhou Q, Zhang H, Fu C, et al. 2018. The distribution and morphology of microplastics in coastal soils adjacent to the Bohai Sea and the Yellow Sea. Geoderma, 322: 201-208.

第十章　滨海潮滩环境微塑料表面组成和性质变化

环境中的微塑料在紫外线、机械力、高温、生物等环境因素的作用下发生一系列物理、化学和生物老化（Alimi et al.，2022；Ge et al.，2023）。这些老化过程不仅可使微塑料表面形貌和化学特性发生改变，还增加了塑料中增塑剂、阻燃剂等添加剂向环境中释放的风险（Ouyang et al.，2023）。本章主要介绍海滩和河口泥滩环境中微塑料表面塑料添加剂的组成与变化特征，并基于不同暴露时间和空间条件下的长期观测试验，分析滨海盐沼和红树林湿地环境中微塑料的表面性质变化，旨在为评估环境中风化与老化微塑料的环境风险提供科学依据。

第一节　海滩和河口泥滩环境中微塑料表面塑料添加剂的组成与变化

有机磷酸酯（OPEs）常被用作阻燃剂和增塑剂。邻苯二甲酸酯（PAEs）则是最常用的增塑剂，其含量可占聚氯乙烯塑料聚合物质量的 60% 以上（Teuten et al.，2009）。添加剂通常不会与聚合物的基质发生化学结合，因此它们很容易通过塑料材料的浸出和排放释放到环境中。尽管塑料添加剂对生物体具有潜在危害，但相关研究仍非常有限。已有研究在从海滩、沉积物、湖泊和海洋中收集的微塑料样品或生物体中检出了壬基酚（NP）、PAEs、多溴二苯醚（PBDE）、双酚 A（BPA）和六溴环十二烷（HBCD）等塑料添加剂，其中某些塑料添加剂的浓度比周围水体中同类添加剂的浓度高出 6 个数量级（Rochman et al.，2014）。然而，有机磷酸酯作为一种广泛使用且易向环境释放的塑料添加剂，在微塑料的研究中尚未受到关注。因此，有必要对海洋和海岸环境中微塑料的添加剂进行表征，特别是对于目前尚未受到关注的 OPEs，以填补对 OPEs 在自然环境中的来源和归趋认识的空白。本节介绍了中国北方渤海和黄海沿岸海滩采集的微塑料中 OPEs 和 PAEs 的浓度和组成特征，并揭示了它们在不同类型及聚合物组分的微塑料中的差异（Zhang et al.，2018）。

研究区位于山东半岛的渤海湾、莱州湾和黄海海岸带。根据此前对该研究区的调查，当地的微塑料来源有两种，包括树脂颗粒的滞留，以及来自渔业、水产养殖和包装袋塑料碎片的风化。水产养殖中使用的发泡聚苯乙烯浮子是该区域聚苯乙烯泡沫颗粒的主要来源。2015 年 6~7 月，从研究区的沿海海滩、海水浴场和河口泥滩共采集了 28 个沉积物样品。经鉴定，所收集的微塑料根据其形态和聚合物成分可分为 PS 发泡、PE 颗粒、PP 扁丝、PP 碎片和 PE 碎片。最终从 28 个沉积物样品中分离出 41 个微塑料样品用于 OPEs 和 PAEs 分析。

微塑料样品中 PAEs 和 OPEs 浓度的平均值、中值、范围及检出率见表 10.1。OPEs 的浓度总体上高于 PAEs。基于中值，PAEs 和 OPEs 的平均总浓度分别为 1.53 ng·g^{-1} 和 32.7 ng·g^{-1}。微塑料中两种添加剂之间浓度的巨大差异可能是因为 PAEs 作为增塑剂主要被添加到聚氯乙烯（PVC）而非其他聚合物类型中（Net et al.，2015），但本节中获得的微塑料样品均不含 PVC 组分。相比之下，OPEs 在聚合物材料中有作为阻燃剂、增塑剂和稳定剂等多种用途。PAEs 以 DEHP、DiBP 和 DnBP 为主，分别占 9 种 PAEs 浓度的 36.8%、20.5% 和 20.4%。这与水体（Wu et al.，2013）、土壤（Zeng et al.，2008）和气溶胶颗粒（Zeng et al.，2010）中的调查结果一致。OPEs 以氯化物为主，即 TCEP 和 TCPP，分别占 53.7% 和 35.1%。TCEP 的比例高于 TCPP，表明亚洲国家的 TCEP 消费量较高，这与欧洲的情况恰好相反（Bollmann et al.，2012）。在黄海和东海的海水样本中也观察到了类似的 OPEs 分布模式（Wang et al.，2014）。

表 10.1　海岸带潮滩微塑料样品中 PAEs 和 OPEs 的浓度及检出率（修改自 Zhang et al.，2018）

化合物	算术平均值/（ng·g^{-1}）	中值/（ng·g^{-1}）	范围/（ng·g^{-1}）	DF[a]/%	比例[b]/%
1. 邻苯二甲酸酯（PAEs）					
DMP	0.084	0.10	<LOD~1.26	24.4	2.0
DEP	0.58	0.28	<LOD~16.2	29.3	10.1
DiBP	0.81	0.39	<LOD~7.51	70.7	20.5
DnBP	0.68	0.25	<LOD~6.78	82.9	20.4
BBP	0.0092	0.0066	<LOD~0.097	36.6	5.1
DCHP	0.0082	0.0047	<LOD~0.063	65.9	4.0
DEHP	3.89	2.87	<LOD~69.9	46.3	36.8
DNP	0.009	0.062	<LOD~0.16	12.2	0.7
DOP	0.011	0.055	<LOD~0.17	19.5	0.4
Σ9 PAEs	6.09	1.53	0~80.4	97.6	—
2. 有机磷酸酯（OPEs）					
TiBP	3.15	1.9	<LOD~64.5	46.3	8.6
TnBP	1.41	0.46	<LOD~19.3	70.7	2.6
TCEP	140.9	31.0	<LOD~1825.2	70.7	53.7
TCPP	2246.9	5.76	<LOD~84 425.8	85.4	35.1
Σ4 OPEs	2392.4	32.7	0~84 595.9	97.6	—

注：DMP 为邻苯二甲酸二甲酯；DEP 为邻苯二甲酸二乙酯；DiBP 为邻苯二甲酸二异丁酯；DnBP 为邻苯二甲酸二正丁酯；BBP 为邻苯二甲酸丁苄酯；DCHP 为邻苯二甲酸二环己酯；DEHP 为邻苯二甲酸二（2-乙基己基）酯；DNP 为邻苯二甲酸二正戊酯；DOP 为邻苯二甲酸二辛酯；TiBP 为磷酸三异丁酯；TnBP 为磷酸三正丁酯；TCEP 为磷酸三（2-氯乙基）酯；TCPP 为磷酸三（2-氯异丙基）酯；LOD（limit of detection）为检测限；a，DF 指检出率；b，以算术平均值表示的 9 种 PAEs 及 4 种 OPEs 的单个化合物浓度占总浓度的比例。

　　单个化合物的浓度因微塑料类型和聚合物而异。同一化合物在五种微塑料类型之间的差异可高达 6 个数量级。对于相同聚合物成分的不同形貌微塑料（如 PP 扁丝和 PP 碎片），增塑剂化合物的化学浓度也有显著差异。如表 10.2 所示，PE 颗粒中大多数单体化合物、9 种 PAEs 总浓度及 4 种 OPEs 总浓度均为最低，而 PP 扁丝和 PS 发泡中的浓度则较高。这可能与微塑料的粒径有关。与五种微塑料中粒径最大的 PE 颗粒相比，PP 碎片和 PS 发泡的粒径较小，应该具有更高的破碎度和污染物吸附能力。这提示了高度风化的微塑料中可能含有更多的有机污染物，但不能排除原材料（PE 颗粒）和塑料制品之间所使用添加剂的差异（Teuten et al.，2009）。

表 10.2　不同潮滩中各类型微塑料表面 PAEs 总浓度和 OPEs 总浓度的比较（修改自 Zhang et al.，2018）

微塑料	海岸类型	N	PAEs 总浓度/（ng·g⁻¹）		OPEs 总浓度/（ng·g⁻¹）	
			平均值±SD	范围	平均值±SD	范围
PE 颗粒	河口泥滩	3	0.033 ± 0.039	0.006~0.078	14.0 ± 20.3	0.20~37.3
	天然海滩	4	0.11 ± 0.17	0.008~0.37	17.4 ± 29.8	0.27~61.9
	沐浴海滩	6	0.20 ± 0.37	0.006~0.95	69.6 ± 133.4	5.94~340.2
PS 发泡	河口泥滩	3	1.43 ± 2.33	0.071~4.12	16.8 ± 24.7	2.09~45.3
	天然海滩	6	16.2 ± 31.7	0.016~80.4	$14\,112.0 \pm 34\,529.9$	0~84 595.9
	沐浴海滩	7	4.17 ± 3.22	0~9.38	974.5 ± 2503.6	1.33~6651.4
PP 扁丝	河口泥滩	2	4.34 ± 2.39	2.64~6.03	1082.3 ± 1253.6	195.9~1968.8
	天然海滩	5	15.3 ± 11.2	2.05~27.2	716.2 ± 1013.3	44.1~2377.5
PP 碎片	沐浴海滩	3	1.73 ± 1.27	0.29~2.67	27.3 ± 18.2	6.38~39.4
	天然海滩	1	0.83	—	69.3	—
PE 碎片	天然海滩	1	26.6	—	117.4	—

　　注：SD 表示标准偏差。N 指样本数。

　　如图 10.1 所示，PAEs 和 OPEs 的总浓度随采样潮滩的空间分布而变化，但两类化合物之间的空间变化并不一致。北黄海潮滩自西向东和南黄海潮滩自北向南各类微塑料中 PAEs 的浓度略有增加，以威海潮滩（NYS05）和胶州湾周边潮滩（SYS03）处浓度最高。已有研究表明，来自北黄海和南黄海胶州湾的底栖双壳类动物（贻贝，*Mytilus edulis*）体内 PAEs 浓度较高（Liu et al.，2008）。因此，微塑料和底栖双壳类动物中 PAEs 浓度之间的关系值得进一步研究。表 10.2 还列出了不同类型潮滩（河口泥滩、天然海滩和沐浴海滩）微塑料中 PAEs 和 OPEs 的空间分布差异。尽管对于每种微塑料类型，不同潮滩之间没有统计学差异，但在总体趋势上，所有微塑料类型的 PAEs 浓度在河口泥滩中最低（除 PP 碎片和 PE 碎片在河口泥滩中未检出外)。除 PP 扁丝和 PE 颗粒外，OPEs 的浓度也呈类似的趋势（表 10.2）。这种趋势可能与不同海滩之间塑料碎片的风化程度有关。河口泥滩中的微塑料通常周期性淹没在水中或埋藏在沉积物之中，其风化程度较低。其他海滩上的微塑料受到高温和太阳辐射的影响而发生强烈的风化作用，微塑料表面的聚合物键发生断裂并导致添加剂从微塑料的内部迁移到外表面。这种机制决定了微塑料外表面上可提取态 PAEs 和 OPEs 的浓度。

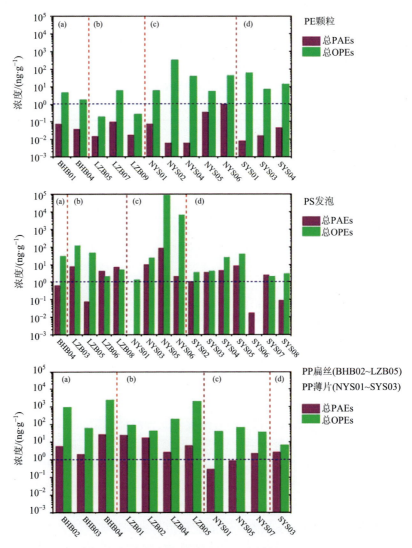

图 10.1 渤海湾［（a）BHB］、莱州湾［（b）LZB］、北黄海［（c）NYS］和南黄海［（d）SYS］潮滩微塑料中 PAEs 和 OPEs 总浓度分布（修改自 Zhang et al.，2018）

y 轴刻度以对数表示

PAEs 和 OPEs 的组成也因微塑料类型和采样地点而异（图 10.2）。对于 PE 颗粒，PAEs 的组成随采样海滩的位置而变化，总体上没有占主导的化合物类型。但对于 PS 发泡，PAEs 的组成在不同海滩之间较为相似，在多数采样点均以 DEHP 为主。PP 扁丝中则存在较高比例的 DiBP 和 DnBP，渤海湾的 PP 碎片中，DEP 占 16.4%~59.7%。PP 碎片和 PE 碎片的 PAEs 组成也因采样海滩的位置而异，总体上以 DiBP、DnBP 和 DEHP 为主，因为它们在 PE、PP 和 PS 聚合物中作为增塑剂的应用频率和在环境中的持久性都很高（Liu et al.，2008；Net et al.，2015）。然而，本节在渤海湾和莱州湾潮滩微塑料中发现了大量低分子量 PAEs（如 DEP）。与其他 PAEs 相比，DEP 具有更高的水溶性，很容易从塑料中浸出。因此，微塑料中 DEP 的存在可能表明这些海滩上存在新的污染源。

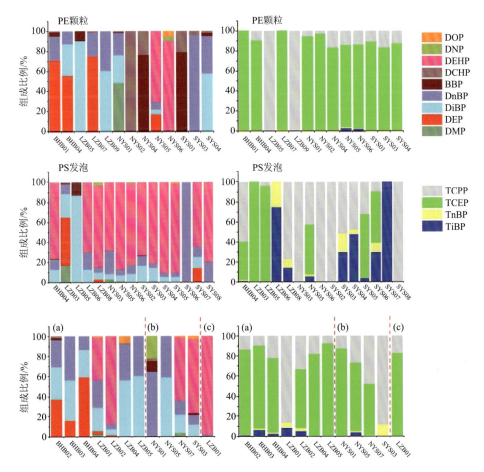

图 10.2　不同类型潮滩微塑料中 PAEs（左列）和 OPEs（右列）的组成（修改自 Zhang et al.，2018）

（a）PP 扁丝；（b）PP 碎片；（c）PE 碎片

与 PAEs 相比，OPEs 在不同微塑料中的化学组成更为相似。4 种 OPEs 化合物中以氯化 OPEs 为主，其中 TCEP 是除 PS 发泡外的多种微塑料中最主要的氯化 OPEs。在 16 个潮滩中有 8 个潮滩的 PS 发泡中，TCPP 是主要的氯化 OPEs。此外，在某些潮滩（LZB06 和 SYS07）的 PS 发泡样品中，非氯化 OPEs（尤其是 TiBP）的检出比例也较高。氯化 OPEs 经常用作阻燃剂，而非氯化 OPEs 常用作增塑剂。因此，这些潮滩的 PS 发泡中 TiBP 的比例较高表明了该聚合物中添加了非氯化 OPEs 作为增塑剂。研究表明，氯化 OPEs 比非氯化 OPEs 具有更高的持久性（Wei et al.，2015）。因此，在莱州湾和南黄海周边潮滩观察到的含有高比例 TiBP 的 PS 发泡微塑料可能会在潮滩上短期停留，并且可能源自当地塑料碎片的分解。

由于不同的添加剂在合成聚合物行业有其特定用途，微塑料样品中添加剂的成分与浓度范围对环境污染物的溯源具有一定的指示意义。添加剂成分的差异有助于预测微塑料在环境中的停留时间。微塑料表面高比例的非持久性化学物质（如 DEP、TiBP）可能提示微塑料在环境中的短期滞留。未来需进一步研究环境微塑料表面不同化学性质添加剂的动态变化及其与周围环境基质中浓度变化的关系。

第二节　滨海盐沼湿地和红树林湿地环境中微塑料的表面组成和性质变化

一、微塑料比表面积和孔隙度变化

暴露在环境中的各类微塑料表面形貌发生变化后，会引起孔隙和比表面积的改变。本节选取我国北方温带的黄河口盐沼湿地和南方亚热带的北部湾红树林湿地，通过原位暴露微塑料样品和定期采样，以黄河口和北部湾地区暴露 24 个月后的微塑料样品为例，分析了环境中微塑料比表面积和孔隙度的变化特征（周倩等，2021）。表 10.3 为地上暴露和地下暴露环境中发泡和薄膜微塑料的比表面积变化特征。与原始对照样品相比，两个地区的薄膜微塑料比表面积 [（12.01±1.34）~（13.58±0.57）$m^2 \cdot g^{-1}$ 是原始对照样品 [（1.94±0.00）$m^2 \cdot g^{-1}$ 的 6~7 倍；发泡微塑料比表面积 [（2.97±0.05）~（4.15±0.74）$m^2 \cdot g^{-1}$ 是原始对照样品 [（1.01±0.00）$m^2 \cdot g^{-1}$ 的 3~4 倍。可见，微塑料进入海岸环境后其比表面积变大，且不同形貌类型微塑料比表面积变化程度具有差异，薄膜（膜状）微塑料比表面积变化程度高于发泡（球状）微塑料，这与 Chubarenko 等（2016）的研究结果一致。以薄膜微塑料为例，进一步分析其表面孔径分布（表 10.4），薄膜微塑料表面以大孔（孔径>50 nm）和介孔（孔径 2~50 nm）为主，未发现微孔（孔径<2 nm）。与原始对照样品相比，暴露 24 个月后薄膜微塑料的大孔比例（体积比）降低，介孔比例增加，这表明微塑料在环境中主要以增加介孔的形式改变比表面积。比较黄河口和北部湾两个地理区域，暴露于黄河口的微塑料比表面积和孔隙度略高于暴露于北部湾的微塑料。例如，黄河口地上暴露中的发泡微塑料比表面积高于北部湾地上暴露发泡微塑料样品，这可能是由于在暴露 24 个月后，北部湾地上暴露的发泡微塑料表面发生剥落现象，导致其比表面积降低。这种剥落现象也将造成众多更细小的老化微塑料进入环境中，增加环境污染物载体效应和生物摄食概率，带来潜在的环境风险问题。对于地下暴露环境而言，黄河口的发泡和薄膜微塑料比表面积均高于北部湾的微塑料，推测这可能与两个区域的土壤性质有关，未来需进一步探究。环境中微塑料比表面积增大、表面孔隙度和粗糙度增加，将改变其与环境污染物或病原微生物的复合作用与机制，增加生态环境风险。同时，微塑料与污染物/微生物形成的复合体能改变微塑料的密度，进而改变其在环境中的沉降与归趋，间接地影响着环境中微塑料的空间分布及其源汇关系。

表 10.3　在黄河口盐沼湿地和北部湾红树林湿地中暴露 24 个月后的发泡和薄膜

微塑料比表面积（引自周倩等，2021）　　（单位：$m^2 \cdot g^{-1}$）

位置	微塑料类型	原始对照	地上暴露	地下暴露
黄河口	发泡	1.01 ± 0.00^D	$3.50 \pm 0.70^{B,C}$	4.15 ± 0.74^B
	薄膜	$1.94 \pm 0.00^{C,D}$	13.50 ± 0.45^A	13.14 ± 2.18^A
北部湾	发泡	1.01 ± 0.00^D	$2.97 \pm 0.05^{B,C,D}$	$3.22 \pm 0.30^{B,C}$
	薄膜	$1.94 \pm 0.00^{C,D}$	13.58 ± 0.57^A	12.01 ± 1.34^A

注：字母 A~D 代表显著性差异水平，相同字母表示差异不显著，不同字母表示差异显著，$p=0.05$。

表 10.4　在黄河口盐沼湿地和北部湾红树林湿地地下环境中暴露 24 个月后的薄膜微塑料孔径分布（引自周倩等，2021）

位置	孔隙度	大孔（>50 nm）（体积比）/%	介孔（2~50 nm）（体积比）/%	微孔（<2 nm）（体积比）/%
原始对照	1.0	91.3	8.7	0.0
黄河口	64.9	82.2	17.8	0.0
北部湾	48.9	87.0	13.0	0.0

二、微塑料表面羧基指数变化

红外光谱分析表明，环境中微塑料表面的多种官能团会随着时间推移发生变化。其中，羰基指数是表征微塑料样品表面老化程度的重要指标。通过羰基指数分析（图 10.3）可知，不同暴露环境下的两种微塑料表面羰基指数均随暴露时间呈上升趋势。比较黄河口盐沼湿地和北部湾红树林湿地两种生物地理环境，黄河口盐沼湿地地下暴露发泡和薄膜微塑料表面羰基指数增长速率高于北部湾红树林湿地地下暴露环境［图 10.3（b）、（d）、（f）、（h）］，这与二者的微塑料比表面积比较结果一致。从二者土壤环境理化性质上分析，黄河口盐沼湿地土壤氧化还原电位为–38.4 mV，高于北部湾红树林湿地土壤氧化还原电位（–99.0 mV），表明北部湾红树林湿地形成了更强的还原性土壤环境，且黄河口盐沼湿地土壤环境的含盐量（电导率 4.49 S·m^{-1}）高于北部湾红树林湿地土壤环境（电导率 2.23 S·m^{-1}）。低还原性和高盐土壤环境条件会导致微塑料分子链更易断裂，有利于与氧分子结合形成羰基官能团，加速老化。在滨海植被湿地生态系统中，不同类型植被会产生土壤特征上的差异，间接地影响微塑料表面性质。例如，在红树林生态系统中，红树的数量、种类、密度、分布及种群结构都直接影响着土壤中的硫含量，而土壤的氧化状态、硫含量及硫化物的种类和分布影响着微塑料表面形貌或官能团的产生。在黄河口，碱蓬的生长能对盐碱土起到改善土壤孔隙度、提高氧气含量和脱盐等作用，从而间接地影响了土壤中微塑料的表面官能团等性状变化。在两种生物地理区域环境中，地上暴露环境中的发泡和薄膜微塑料表面羰基指数和增长速率［图 10.3（a）、（c）、（e）、（g）］高于地下暴露［图 10.3（b）、（d）、（f）、（h）］。例如，在暴露 24 个月后，北部湾红树林湿地地上暴露薄膜表面羰基指数为 0.79 ± 0.01［图 10.3（g）］，而地下暴露中的羰基指数仅为 0.10±0.03［图 10.3（h）］，两者的羰基指数相差约 8 倍。可见，光氧条件是影响环境中发泡和薄膜微塑料表面羰基基团形成的重要因素。潮滩上暴露于空气中的微塑料更容易老化，而对于迁移至地表以下，尤其是水下沉积物中的微塑料，因低氧化环境作用和光屏蔽效应，降解效率低，从而延长了其在环境中的留存时间。比较聚苯乙烯发泡和聚乙烯薄膜两种类型的微塑料，聚苯乙烯发泡微塑料羰基指数变化快于聚乙烯薄膜微塑料，表明聚苯乙烯发泡微塑料在环境中老化速度较快。聚苯乙烯分子链中含有不饱和键（苯环），受光热作用易发生氧化并破碎，这可能是海岸带地区（尤其是发泡型材料大量使用的养殖地区等）发泡型微塑料污染较高的主要原因。未来需进一步深入研究微塑料表面次生官能团（如羰基）的产生及其与微塑料的环境暴露时间的关系，为指示环境微塑料寿命、污染量化及其来源分析提供新依据。

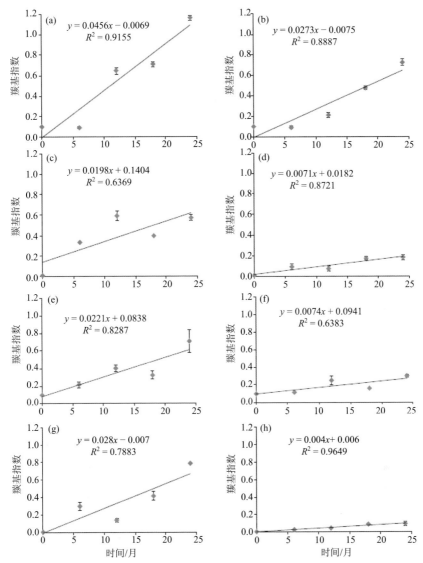

图 10.3　在黄河口盐沼湿地和北部湾红树林湿地中微塑料（发泡和薄膜）表面羧基指数随时间
的变化（引自周倩等，2021）

（a）发泡，黄河口盐沼湿地地上暴露；（b）发泡，黄河口盐沼湿地地下暴露；（c）薄膜，黄河口盐沼湿地地上暴露；（d）薄膜，黄河口盐沼湿地地下暴露；（e）发泡，北部湾红树林湿地地上暴露；（f）发泡，北部湾红树林湿地地下暴露；（g）薄膜，北部湾红树林湿地地上暴露；（h）薄膜，北部湾红树林湿地地下暴露

三、微塑料表面疏水性变化

　　暴露在环境中的微塑料表面发生老化后，还会导致其表面疏水性发生变化。图 10.4 以薄膜微塑料表面接触角的变化为例，分析了不同环境暴露条件下微塑料

疏水性的变化特征。如图 10.4 所示，各环境条件下薄膜微塑料表面接触角总体均呈下降趋势。比较两个生物地理区域，二者的薄膜微塑料表面接触角变化无显著性差异（ANOVA，$p>0.05$）。原始对照组薄膜微塑料样品表面接触角为 98.8°±2.0°，属于疏水性表面（>90°），而在黄河口地上暴露环境中暴露 6 个月后，其表面接触角为 88.6°±8.1°，变为亲水性表面（<90°），且随着暴露时间的增加，接触角变小，亲水性增强[图 10.4（a）]。地下暴露环境中的薄膜微塑料表面接触角波动较大，但总体呈减小趋势，亲水能力增强[图 10.4（b）]。北部湾红树林湿地环境中薄膜微塑料在暴露 6 个月后其表面接触角小于 90°（地下暴露 89.8°±4.5°，地上暴露82.9°±4.0°），呈亲水性，且地下暴露环境薄膜微塑料接触角略高于地上暴露，随着暴露时间增加，前者接触角下降程度低于后者[图 10.4（c）、（d）]，但二者无显著性差异（配对 t 检验，$p>0.05$）。总体上看，环境中的薄膜微塑料表面接触角随暴露时间呈减小趋势，表明疏水性降低，亲水性增强。微塑料表面由疏水性转变为亲水性的现象可能是由于环境中非极性的微塑料在生物或化学作用下，表面产生了极性基团，增大了微塑料的亲水性。环境中微塑料表面疏水性的改变，将影响其表面微生物附着和污染物复合能力。例如，微塑料表面疏水性降低会改变微塑料表面微生物群落结构，从而影响土壤或水体生态环境，未来应重点关注。

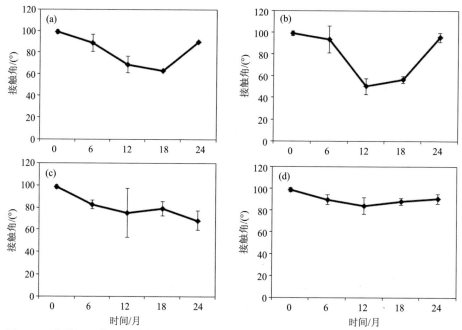

图 10.4　在黄河口盐沼湿地和北部湾红树林湿地中微塑料（薄膜）表面疏水性随时间变化
（引自周倩等，2021）

（a）黄河口盐沼湿地地上暴露；（b）黄河口盐沼湿地地下暴露；（c）北部湾红树林湿地地上暴露；（d）北部湾红树林湿地地下暴露

四、微塑料表面成分变化

　　海洋及海岸环境中微塑料的风化不仅会造成其表面形貌和性质的变化，还可能导致其表面成分的变化。选择受人类活动强烈影响的黄渤海沿岸滨海河口潮滩为研究区，通过随机多点采样采集表面约 2 cm 深的沉积物样品，并收集各点位的塑料碎块，利用连续流动-气浮分离装置分离沉积物中的微塑料，运用衰减全反射傅里叶变换红外光谱（FTIR-ATR）、裂解气相色谱-质谱（pyr-GC-MS）等多种微分析方法，研究微塑料类型、表面形貌及其成分变化（周倩等，2018）。

　　采用 pyr-GC-MS 分析来自潮滩环境的 5 类微塑料的成分及裂解产物，各种微塑料的总离子流如图 10.5 所示。从图 10.5 可见，树脂颗粒的聚合物类型为聚乙烯 [图 10.5（a）]；发泡类为聚苯乙烯 [图 10.5（b）]；塑料编织袋碎片和薄膜类的特征聚合物为聚丙烯，由于其中有含氯热裂解产物，所以塑料编织袋碎片和薄膜属于含氯聚丙烯 [图 10.5（d）和（e）]；渔线的总离子流色谱图与碎片类和薄膜类的相似，并存在典型的聚丙烯裂解产物 2,4-二甲基-1-庚烯（2,4-dimethyl-1-heptene），因而其聚合物应为聚丙烯，但渔线的裂解产物要多于碎片类和薄膜类，多出的裂解产物与图 10.5（a）中聚乙烯的相一致，即产生了聚乙烯的裂解产物。据此，可以认为渔线的成分是聚乙烯与聚丙烯的共混物，且具有含氯物质。

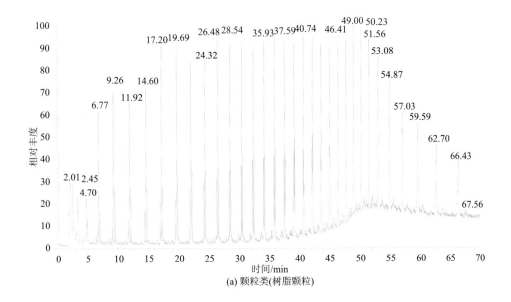

(a) 颗粒类(树脂颗粒)

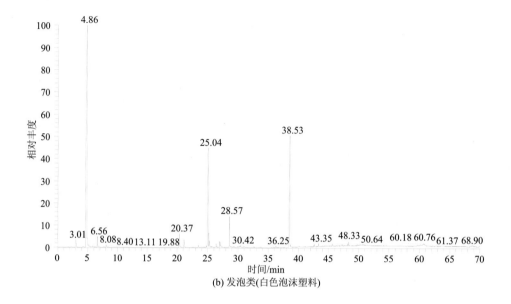

(b) 发泡类(白色泡沫塑料)

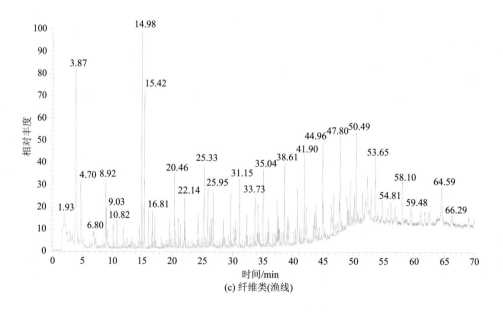

(c) 纤维类(渔线)

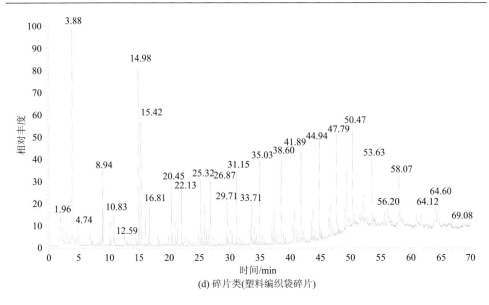

(d) 碎片类(塑料编织袋碎片)

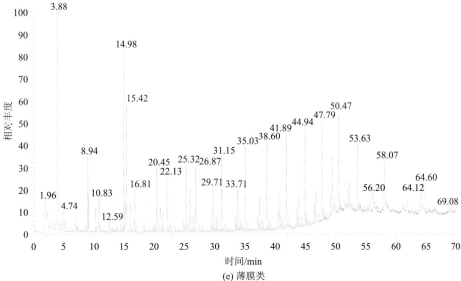

(e) 薄膜类

图 10.5　不同类型微塑料的 pyr-GC-MS 总离子流色谱图（引自周倩等，2018）

（a）颗粒类（树脂颗粒）；（b）发泡类（白色泡沫塑料）；（c）纤维类（渔线）；（d）碎片类（塑料编织袋碎片）；
（e）薄膜类

微塑料被风化后表面形貌结构发生变化，出现了一些含氧的有机化合物。前期的研究表明，潮滩中微塑料风化后表面会附着黏土矿物（周倩等，2016），发泡类微塑料风化后能增大比表面积、微孔率等表面特性（周倩，2016），即风化后的微塑料表层与内部在化学成分上可能有差异。选取海岸带养殖区常见的发泡颗粒，

表 10.5 风化表面的剥离样品和剥离风化表层后的内部样品的发泡类微塑料裂解产物（引自周倩等，2018）

包含外表面的样品裂解产物				未包含外表面的样品裂解产物			
化合物英文名称	化合物中文名称	分子式	相似度/%	化合物英文名称	化合物中文名称	分子式	相似度/%
toluene	甲苯	C_7H_8	94.3	toluene	甲苯	C_7H_8	94.3
styrene	苯乙烯	C_8H_8	92.7	styrene	苯乙烯	C_8H_8	92.7
α-methyl styrene	α-甲基苯乙烯	C_9H_{10}	91.2	α-methyl styrene	α-甲基苯乙烯	C_9H_{10}	91.2
1,1'-bis-benzene-(1-methyl-1,2-ethanediyl)	1,1'-二苯基-(1-甲基-1,2-乙二醇)	$C_{15}H_{16}$	91.8	1,1'-bis-benzene-(1-methyl-1,2-ethanediyl)	1,1'-二苯基-(1-甲基-1,2-乙二醇)	$C_{15}H_{16}$	91.8
[(3Z)-4-phenyl-3-butenyl]benzene	[(3Z)-4-苯基-3-丁烯基]苯	$C_{16}H_{16}$	85.9	[(3Z)-4-phenyl-3-butenyl]benzene	[(3Z)-4-苯基-3-丁烯基]苯	$C_{16}H_{16}$	85.9
2,5-diphenyl-1,5-hexadiene	2,5-二苯基-1,5-己二烯	$C_{18}H_{18}$	90.9	2,5-diphenyl-1,5-hexadiene	2,5-二苯基-1,5-己二烯	$C_{18}H_{18}$	90.9
3-butane-1,3-diyldibenzene	1,3-二苯基-3-丁烯	$C_{16}H_{16}$	*	3-butane-1,3-diyldibenzene	1,3-二苯基-3-丁烯	$C_{16}H_{16}$	*
1-pentene-2,4-diyldibenzen	2,4-二苯基-1-戊烯	$C_{11}H_{18}$	*	1-pentene-2,4-diyldibenzen	2,4-二苯基-1-戊烯	$C_{11}H_{18}$	*
5-hexene-1,3,5-triyltribenzene	1,3,5-三苯基-5-己烯	$C_{18}H_{25}$	*	5-hexene-1,3,5-triyltribenzene	1,3,5-三苯基-5-己烯	$C_{18}H_{25}$	*
bibenzyl	二芳基乙烷	$C_{14}H_{14}$	93.4	bibenzyl	二芳基乙烷	$C_{14}H_{14}$	93.4
1,1'-(1,3-butadienylidene) bis-benzene	1,1'-二苯基-(1,3-丁二烯)	$C_{16}H_{14}$	86.4				
1,1'-(1-heptenylidene) bis-benzene	1,1'-二苯基-(1-庚烯)	$C_{19}H_{22}$	63.1				
α-N-normethadol	α-N-去甲基美沙醇	$C_{20}H_{25}NO$	68.3				
1,1-diphenyl-spiro[2,3]hexane-5-carboxylic acid, methyl ester	1,1-二苯基-螺[2,3]己烷-5-羧酸甲酯	$C_{20}H_{20}O_2$	62.4				
hexadecanoic acid, octadecyl ester	十六酸十八酯；棕榈酸十八酯	$C_{34}H_{68}O_2$	69.5				
hexadecanoic acid, hexadecyl ester	十六酸十六酯；棕榈酸十六酯	$C_{32}H_{64}O_2$	73.3				
oleonitrile	油酰腈	$C_{18}H_{33}N$	78.1				
trans-13-docosenamide	芥酸酰胺；反式-13-二十二烯酰胺	$C_{22}H_{43}NO$	71.3				

注：*指参考 Pyrolysis-GC/MS Data Book of Synthetic Polymers: Pyrograms, Thermograms and MS of Pyrolyzates 一书得到的匹配结果（Tsuge et al., 2011）。

采用 pyr-GC-MS，分析了微塑料风化表面的剥离样品和剥离风化表层后的内部样品中的裂解产物，结果如表 10.5 所示。从表 10.5 可以看出，剥离了风化表层（约 0.5 mm）的微塑料内部样品中裂解产物主要是含苯环化合物，来自苯乙烯聚合物本身的裂解，未出现含氮或含氧化合物；而包含风化表层的微塑料样品，除了苯乙烯本身裂解的产物外，还出现了油酸类、醇类和酯类等含氧或含氮有机化合物，包括油酰腈、芥酸酰胺、α-N-去甲基美沙醇、1,1-二苯基-螺[2,3]-己烷-5-羧酸甲酯、棕榈酸十八酯和棕榈酸十六酯等。油酰腈是表面活性剂的中间体，芥酸酰胺是一种应用广泛的精细化工产品，多用作各种塑料、树脂等的润滑剂、抗黏剂、抗静电剂及着色剂等。可见，潮滩环境中发泡类微塑料风化的表面成分比其内部成分更多、更复杂，风化可以改变微塑料表面的成分。这些风化表面新出现的物质可能是在光热作用下塑料氧化新生成的和从潮滩或海洋环境中吸附产生的。此外，也可能是生物膜形成过程中胞外聚合物的物质组分，或者可能与光热作用下微塑料的一些内部物质释放至表层的聚集作用有关。这些推测有待于进一步研究证实。

微塑料聚合物的成分鉴定关键在于分析技术方法的选用或联用。pyr-GC-MS 对有机化合物检测具有高灵敏度，可以鉴定微塑料中大部分的有机化合物，并获得比 FTIR-ATR 更为丰富的化合物信息。因而，更适合用于自然环境中微塑料共混聚合物成分有效而准确的鉴定。在微塑料表面风化研究上，红外光谱可作为识别微塑料是否发生风化的辅助手段，而 pyr-GC-MS 可进一步获得并鉴定具体的风化产物，二者具有互补性。因此，在微塑料聚合物鉴定和风化及变化研究过程中，FTIR- ART 和 pyr-GC-MS 的联用能更好地解决微塑料成分及其变化的科学问题和技术难点。通过本节研究，还需要强调的是，海岸环境中塑料垃圾碎片可向微塑料转化，而微塑料自身的风化作用又可使其表面结构、官能团和物质组成发生变化，从而可增加比表面积，增强反应性，提高对共存环境中微量污染物和微生物的吸持性。未来，人们应更加关注微塑料在自然环境中的结构、组成和性状之间变化关系的研究。

结　语

中国北方渤海和黄海沿岸海滩和河口泥滩环境中微塑料表面塑料添加剂（OPEs 和 PAEs）在不同类型及聚合物组分的微塑料中组成和变化差异较大，TCEP、TCPP 和 DEHP 是海岸环境微塑料中 3 种主要的塑料添加剂。不同暴露时间和空间条件下的长期观测试验表明，滨海土壤环境中微塑料表面组成及形貌变化与湿地类型及暴露条件、微塑料种类及其暴露方式和时间等多因素有关。总体而言，不同暴露环境中微塑料表面羧基指数均随暴露时间呈上升趋势，薄膜微塑料表面亲水性呈增强趋势。潮滩环境条件下，微塑料的风化过程会伴随其表面结构、组成及性质的显著变化。未来需要进一步关注环境中微塑料表面添加剂的释放动态规律与环境微塑料表面成分性质的变化及环境风险。

参 考 文 献

周倩. 2016. 典型滨海潮滩及近海环境中微塑料污染特征与生态风险. 北京: 中国科学院大学.

周倩, 涂晨, 张晨捷, 等. 2021. 滨海湿地环境中微塑料表面性质及形貌变化. 科学通报, 66(13): 1580-1591.

周倩, 章海波, 周阳, 等. 2016. 滨海潮滩土壤中微塑料的分离及其表面微观特征. 科学通报, 61(14): 1604-1611.

周倩, 章海波, 周阳, 等. 2018. 滨海河口潮滩中微塑料的表面风化和成分变化. 科学通报, 63(2): 214-224.

Alimi O S, Claveau-Mallet D, Kurusu R S, et al. 2022. Weathering pathways and protocols for environmentally relevant microplastics and nanoplastics: What are we missing? Journal of Hazardous Materials, 423: 126955.

Bollmann U E, Möller A, Xie Z, et al. 2012. Occurrence and fate of organophosphorus flame retardants and plasticizers in coastal and marine surface waters. Water Research, 46(2): 531-538.

Chubarenko I, Bagaev A, Zobkov M, et al. 2016. On some physical and dynamical properties of microplastic particles in marine environment. Marine Pollution Bulletin, 108: 105-112.

Ge J, Wang M, Liu P, et al. 2023. A systematic review on the aging of microplastics and the effects of typical factors in various environmental media. Trends in Analytical Chemistry, 162: 117025.

Liu W X, Hu J, Chen J L, et al. 2008. Distribution of persistent toxic substances in benthic bivalves from the inshore areas of the Yellow Sea. Environmental Toxicology and Chemistry: An International Journal, 27(1): 57-66.

Net S, Sempéré R, Delmont A, et al. 2015. Occurrence, fate, behavior and ecotoxicological state of phthalates in different environmental matrices. Environmental Science & Technology, 49(7): 4019-4035.

Ouyang D, Peng Y, Li B, et al. 2023. Microplastic formation and simultaneous release of phthalic acid esters from residual mulch film in soil through mechanical abrasion. Science of the Total Environment, 893: 164821.

Rochman C M, Lewison R L, Eriksen M, et al. 2014. Polybrominated diphenyl ethers (PBDEs) in fish tissue may be an indicator of plastic contamination in marine habitats. Science of the Total Environment, 476: 622-633.

Teuten E L, Saquing J M, Knappe D R, et al. 2009. Transport and release of chemicals from plastics to the environment and to wildlife. Philosophical Transactions of the Royal Society B: Biological Sciences, 364(1526): 2027-2045.

Tsuge S, Ohtani H, Watanabe C. 2011. Pyrolysis-GC/MS Data Book of Synthetic Polymers: Pyrograms, Thermograms and MS of Pyrolyzates. Amsterdam: Elsevier.

Wang X, He Y, Lin L, et al. 2014. Application of fully automatic hollow fiber liquid phase microextraction to assess the distribution of organophosphate esters in the Pearl River Estuaries. Science of the Total Environment, 470: 263-269.

Wei G L, Li D Q, Zhuo M N, et al. 2015. Organophosphorus flame retardants and plasticizers: Sources, occurrence, toxicity and human exposure. Environmental Pollution, 196: 29-46.

Wu X, Hong H, Liu X, et al. 2013. Graphene-dispersive solid-phase extraction of phthalate acid esters from environmental water. Science of the Total Environment, 444: 224-230.

Zeng F, Cui K, Xie Z, et al. 2008. Phthalate esters (PAEs): Emerging organic contaminants in agricultural soils in peri-urban areas around Guangzhou, China. Environmental Pollution, 156(2): 425-434.

Zeng F, Lin Y, Cui K, et al. 2010. Atmospheric deposition of phthalate esters in a subtropical city. Atmospheric Environment, 44(6): 834-840.

Zhang H, Zhou Q, Xie Z, et al. 2018. Occurrences of organophosphorus esters and phthalates in the microplastics from the coastal beaches in north China. Science of the Total Environment, 616: 1505-1512.

第十一章　环境微塑料表面生物膜的形成与特征

微塑料具有疏水性、持久性、低密度及高比表面积等特点，微生物极易快速附着于其表面，并形成动态变化的生物膜。生物膜是指微生物黏附于物体表面后，经过增殖并分泌蛋白质、多糖等胞外聚合物，将菌体自身包裹其中，形成的一种结构稳定的生物被膜。微塑料及表面生物膜间存在密切的相互作用，一方面，微塑料为微生物提供了一个独特的栖息地，作为一些病原体的扩散载体在环境中迁移；另一方面，生物膜中存在降解塑料的微生物，对微塑料有潜在降解作用。此外，生物膜的形成可改变微塑料的粗糙度、密度、疏水性和吸附性等理化性质，进而影响微塑料在水环境中的归趋；生物膜群落内部或生物膜群落与周围生物群落间可能存在基因交换，产生不可预知的生态风险。本章分别介绍潮间带、海水和大气环境中微塑料表面生物膜的形成与特征、结构与功能。

第一节　海岸带微塑料表面生物膜的形成与特征

黄河三角洲的河口区是受气候变化和人类活动交互作用强烈影响的区域，也是盐度、水分、有机碳等环境因子在海岸带陆海梯度条件下显著变化的区域。研究微塑料在黄河口不同海岸环境中的长期风化特征对于揭示微塑料的环境效应与归趋具有重要意义。本节以黄渤海海岸环境中常见的低密度聚乙烯（low density polyethylene，LDPE）薄膜为目标微塑料，通过长达 18 个月的野外暴露试验，研究其在黄河口海岸带潮上带、潮间带及潮下带等不同海岸环境中的长期风化特征（张晨捷，2020），以期为阐明海岸带环境中微塑料的环境归趋与环境效应提供科学依据。

将 0.2 g 供试微塑料（LDPE 薄膜，5 mm×5 mm）放入尼龙网兜（孔径：0.15 mm，尺寸：11 cm×10 cm）中，并固定于不锈钢框内，分别暴露于黄河口的潮上带、潮间带及潮下带等不同区域。潮上带（37°45′44″N，118°58′47″E）位于中国科学院黄河三角洲滨海湿地生态试验站内，潮间带（37°47′36″N，119°9′38″E）和潮下带（37°48′21″N，119°9′47″E）位于山东黄河三角洲国家级自然保护区内。潮上带样品分为地上部空气暴露和地下部土壤掩埋两种暴露方式，潮间带和潮下带样品均掩埋于沉积物中，共设置了潮上带地上部（OSS）、潮上带地下部（ISS）、潮间带（ITZ）和潮下带（ISZ）4 个暴露位置。LDPE 薄膜微塑料的野外暴露试验开始于 2017 年 6 月，并分别在暴露 12 个月和 18 个月后进行采集，将原位采集

的微塑料样品置于冰盒中，快速送回实验室开展生物膜分析。

通过扫描电子显微镜（SEM）对不同空间和时间的薄膜微塑料样品及购买的商品塑料进行微观形貌观察。可以看出，所有野外暴露的薄膜微塑料表面均呈现一定程度的风化痕迹（图11.1）。在空间尺度上，潮上带地上部暴露的微塑料表面裂化程度高于其他暴露位置的微塑料，并在整体上呈现出从潮上带至潮下带递减的趋势。其中，潮上带地上部暴露的微塑料表面裂缝最明显，宽度可达 0.2 μm [图 11.1（e）]。从时间尺度来看，与暴露 12 个月[图 11.1（i）]相比，潮上带

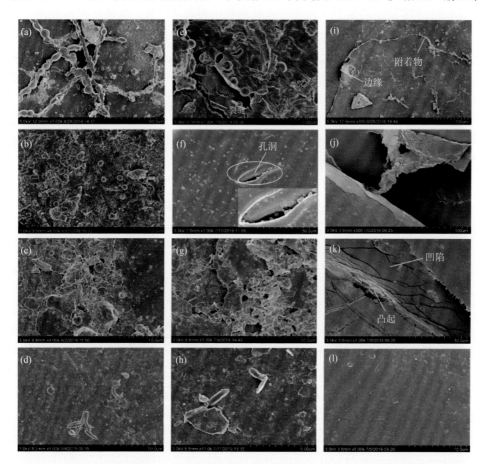

图11.1 在黄河口海岸带暴露后LDPE薄膜微塑料及其表面附着物微观形貌（引自张晨捷等，2021）

（a）、（b）、（c）、（d）分别为暴露 12 个月的潮上带地上部、潮上带地下部、潮间带及潮下带处理 LDPE 薄膜微塑料及其表面部分微生物形貌；（e）、（f）、（g）、（h）分别为暴露 18 个月的潮上带地上部、潮上带地下部、潮间带及潮下带处理 LDPE 薄膜微塑料及其表面部分微生物形貌；（i）、（j）、（k）为野外暴露的 LDPE 薄膜微塑料局部表面形貌；（l）为商品 LDPE 薄膜表面形貌

地上部微塑料在暴露 18 个月时出现了更严重的破碎现象，在其边缘产生了亚毫米级的不规则碎屑，并有从薄膜主体上剥落的趋势 [图 11.1 (j)]，而其余暴露位置微塑料的微观形貌在暴露 18 个月时未观察到显著变化。从局部形貌来看，商品塑料 [图 11.1 (1)] 表面较为光滑，野外暴露的微塑料表面则出现边缘粗糙、凹陷、凸起、孔洞、裂缝 [图 11.1 (e)、(f)、(i)、(k)] 等风化或老化特征，微塑料表面还普遍有附着物 [图 11.1 (i)]。LDPE 薄膜微塑料表面复杂的形貌特征可能是由光照、机械摩擦、化学氧化、生物降解等物理、化学或生物作用造成的（Zhou et al.，2018）。潮上带地上部微塑料表面形貌出现显著变化，可能是因为受到更多的光照和机械摩擦作用。这些表面形貌特征会增加微塑料比表面积，提高微塑料对重金属等污染物的吸附能力。

　　野外暴露的 LDPE 薄膜微塑料除了表面形貌发生变化，还有微生物在其表面附着定植 [图 11.1 (a)~(h)]。从薄膜微塑料表面主要微生物形态（表 11.1）看，球菌出现在所有野外暴露处理的薄膜微塑料表面，大多数薄膜微塑料表面还有杆菌和弧菌存在。这些物种可能是海岸带环境中稳定存在的微生物，并容易在 LDPE薄膜微塑料表面定植。薄膜微塑料表面微生物形态在暴露位置和暴露时间上还存在着一定程度的变化。总之，掩埋在海岸带不同区域的薄膜微塑料样品表面的微生物物种与掩埋点的位置密切相关，可能受到盐度和营养条件等环境因素的影响。

表 11.1　在黄河口海岸带暴露后 LDPE 薄膜微塑料表面主要微生物形态（引自张晨捷等，2021）

暴露位置	暴露 12 个月		暴露 18 个月	
	微生物形态	微生物尺寸/μm	微生物形态	微生物尺寸/μm
OSS	球菌、杆菌、链球菌、丝状菌	2~7	球菌、杆菌、藻类、短杆菌	0.5~2
ISS	球菌、杆菌、椭圆形菌、细胞分裂	1~5	球菌、杆菌、椭圆形菌、细胞分裂	1~2
ITZ	球菌、杆菌、藻类	1~8	球菌、杆菌、弧菌	1~3
ISZ	球菌、杆菌、藻类	1~6	球菌、杆菌	0.5~2

注：OSS，潮上带地上部；ISS，潮上带地下部；ITZ，潮间带；ISZ，潮下带。

　　由图 11.2 可知，在暴露 12 个月和 18 个月后，潮上带地上部处理的羰基指数最高。对于掩埋暴露的 LDPE 薄膜微塑料而言，羰基指数呈潮上带、潮间带、潮下带依次递减的规律。从暴露时间看，薄膜微塑料的羰基指数在暴露 18 个月时均较暴露 12 个月时有所增加，其中潮下带薄膜微塑料的增加最为显著。潮上带地上部薄膜微塑料的羰基指数最高，这可能是由于充足的光照和紫外线辐射作用引发薄膜微塑料的光氧化降解。Andrady（2015）发现塑料的降解主要是通过太阳紫外线辐射引起的光氧化反应发生的，且在海洋表面和海滩的光环境中降解最严重，

在水柱的光照区以下，尤其是在海底，塑料降解则非常缓慢。本节中野外回收的潮上带地上部薄膜微塑料已变硬变脆，有明显的老化迹象。在暴露18个月后，回收的潮上带地上部薄膜微塑料已开始粉碎破裂，产生粒径更小的塑料碎屑。这将导致微塑料的比表面积增大，进而提高其作为载体吸附环境中毒害污染物的能力，增加对土壤生态系统的环境风险。此外，细小的微塑料可沿着土壤孔隙进行垂直迁移，与土壤颗粒缠结形成团块，进而造成土壤板结；甚至还可与其所携带的污染物发生垂向共迁移，进而引起土壤和地下水环境的污染。

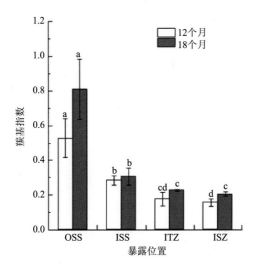

图 11.2 在黄河口海岸带长时间暴露后 LDPE 薄膜微塑料表面红外光谱的羰基指数（引自张晨捷等，2021）

OSS，潮上带地上部；ISS，潮上带地下部；ITZ，潮间带；ISZ，潮下带。同一暴露时间无相同字母表示处理间差异显著（$p < 0.05$），下同

微塑料密度变化会改变其在水体中的环境行为与归趋，对海岸环境中微塑料密度变化的研究具有重要的环境意义。与原始塑料相比，环境中的 LDPE 薄膜微塑料在暴露12个月后，各位置的微塑料密度均增大，在暴露18个月后，微塑料密度相比暴露12个月时有所下降[图 11.3（a）]。暴露12个月的微塑料密度大，可能是在其野外暴露初期，表面生物膜的形成引起微塑料的复合密度增加。但随着暴露时间增加，在生物和非生物因素的共同作用下，微塑料发生风化，出现聚合物链断裂，从而导致密度降低，这也与薄膜微塑料羰基指数在暴露18个月时出现增加的趋势一致。

对 LDPE 薄膜微塑料进行超声清洗，去除生物膜后再次测定其密度[图 11.3（b）]，发现与商品塑料（对照组）相比，潮上带地上部暴露的微塑料密度出现下

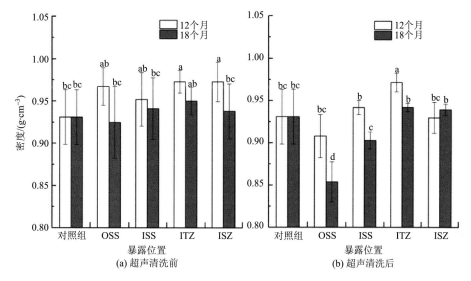

图 11.3　野外暴露后 LDPE 薄膜微塑料的密度变化（引自张晨捷等，2021）

降，并总体低于掩埋暴露的微塑料。Liu 等（2019）认为光化学降解是烃类聚合物老化的重要过程。相比于潮上带地下部、潮间带和潮下带等掩埋暴露的微塑料，潮上带地上部暴露的微塑料除了受到微生物作用，还受到光热氧化作用，这可能导致其发生更严重的风化，因此其密度低于掩埋暴露的微塑料。

　　关于微塑料密度变化所带来的环境行为，有研究认为生物膜的形成会增大微塑料复合密度，继而引起微塑料在水中沉降（Chen et al.，2019）。但本节研究未观察到潮下带处理中薄膜微塑料表面生物膜对其密度有显著影响，没有足够证据支持微塑料表面生物膜影响其在水体中垂向迁移的环境效应。Besseling 等（2017）通过生物膜建模方法研究了微塑料河川运输模型，同样认为生物膜不会对颗粒行为的总体定性趋势和模式产生影响。

　　LDPE 薄膜微塑料在海岸带环境中经过长期（18 个月）暴露出现风化迹象，风化程度从潮上带至潮下带总体呈递减趋势。潮上带地上部空气暴露的 LDPE 薄膜微塑料随暴露时间增加而呈现严重的破碎和风化迹象，光氧化等物理化学作用可能是造成 LDPE 薄膜微塑料风化的最主要因素。掩埋暴露的 LDPE 薄膜微塑料风化程度随时间变化不明显，表明掩埋暴露 LDPE 薄膜微塑料以生物降解为主，受到的风化作用极为有限。未来需要关注海岸带中微塑料在降水、风流、海流等各类环境因子作用下的长期环境归趋和潜在环境效应。

第二节　海水中微塑料表面生物膜的形成与特征

由于微塑料具有较大的比表面积，许多微生物，包括细菌、真菌和藻类等原生生物，可以很容易地以生物膜的形式在微塑料表面定植（De Tender et al.，2015）。生物膜主要由多种微生物聚生体及其分泌的胞外聚合物组成（Flemming and Wingender，2010；Rummel et al.，2017）。生物膜的形成过程一般包括微生物附着、胞外聚合物的分泌和微生物的增殖（Zettler et al.，2013）。生物膜的形成可能影响微塑料的物理、化学性质，如表面微观形态和粗糙度、表面电荷、比表面积和密度，进而影响化学污染物和病原体在微塑料上的迁移、风化和吸附-解吸。影响微塑料表面微生物定植和群落结构的驱动因素主要包括基质类型和大小、环境因素（温度、氧、光、pH、营养和盐度）及时空效应。除了水平空间效应外，温度、盐度、养分和溶解氧等的变化与水深的变化有关，从而影响海水中微塑料表面生物膜的形成和发展。然而，据我们所知，在不同深度的海水中暴露对微塑料表面生物膜形成的影响仍未得到很好的研究。此外，在不同暴露时间和深度下，生物膜形成对微塑料形态、物理和化学性质的动态影响仍不清楚。本节以聚乙烯（PE）薄膜为供试微塑料，研究海水中不同暴露时间和暴露深度影响下，微塑料表面生物膜形成的动态过程，以及生物膜的形成对 PE 微塑料的表面形态、理化性质和微生物群落分布的影响（Tu et al.，2020）。旨在为海洋和海岸环境中微塑料与生物膜的相互作用机制研究提供新的视角。

微塑料的野外暴露试验在我国黄海养马岛某扇贝养殖区进行。该区海水平均深度约 14 m，底泥为粉质（含泥 40%，含砂 60%）。潮汐流的平均流速为 0.5 m·s^{-1}。将 PE 薄膜微塑料（200 片·袋$^{-1}$）装入尼龙袋内，再将装有样品的尼龙袋放入不锈钢滤网桶内。将不锈钢滤网桶的上、下面分别与扇贝养殖笼内部的橡胶底盘固定。在扇贝养殖笼底部放置一定数量的鹅卵石以增加装置的重量，防止装置在水下剧烈晃动。试验装置如图 11.4 所示。将野外试验装置系在扇贝养殖区水面漂浮的尼龙绳上，尼龙绳表面系有大量的塑料浮球使尼龙绳漂浮在海面。调节扇贝养殖笼顶端的绳长，使暴露装置可以沉降到不同的深度（2 m、6 m 和 12 m）进行暴露试验（图 11.5）。在暴露 30 d、75 d 和 135 d 后收集和分析样品。每个暴露时间和深度都设置 3 个重复。在每个采样点同时测量和记录海水的基本参数，包括温度、溶解氧、盐度、pH、氧化还原电位和透光度等。然后观察并拍照记录不同深度装置外层的扇贝养殖笼、中间的不锈钢滤网桶及桶内的尼龙袋表面形貌与生物附着情况。打开不锈钢滤网桶，随机采集一个装有微塑料的尼龙包，置于装有冰袋的样品盒中带回实验室分析。将装有剩余样品的不锈钢滤网桶固定好，再次置于扇贝养殖笼内并浸入不同深度的海水中，继续开展现场暴露试验并等待下次采样。

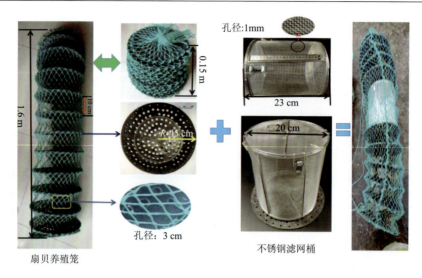

图 11.4　近海微塑料现场试验装置设计图（引自陈涛，2018）

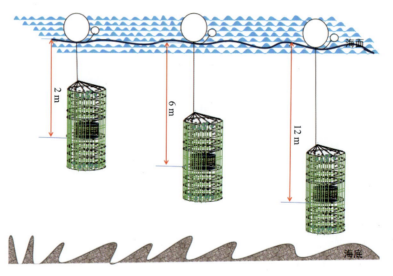

图 11.5　野外试验装置在不同深度海水中微塑料暴露试验中的示意图（引自陈涛，2018）

　　与原始 PE 薄膜相比，所有暴露在海水中的 PE 薄膜微塑料都显示出明显的颜色变化，表明不同暴露条件下，PE 表面上的微生物定植和生物膜形成的程度不同。通过草酸铵结晶紫染色进一步定量分析 PE 表面形成的生物膜生物量（图 11.6）。在前 75 天内，暴露于 2 m 和 6 m 深度的 PE 生物膜生物量都随时间增加，但无显著性差异（$p > 0.05$）。Harrison 等（2014）认为，微生物可以在几小时内在近海环境中的微塑料表面定植，并在 14 天内形成生物膜。此外，在前 75 天内，暴露于 2 m 和 6 m 深度海水中的 PE 微塑料生物膜生物量显著高于暴露在 12 m 深度处的 PE 微塑料生物膜生物量，这表明生物膜的形成与微塑料在海水中的暴露深度密切相关。暴露深度的变化会导致温度、光照强度、有机物、养分，以及其他环境因素如溶解氧、pH 等的变化，进而影响微生物的定植效率和微塑料表面生物膜的形成。本节中，微生物在浅水（2 m 和 6 m）中形成生物膜的速度明显高于在深水区（12 m）。然而，在 135 天的暴露试验结束时，位于 12 m 深度的 PE 微塑料表面生物膜生物量已增加至与暴露在 2 m 和 6 m 深度处相当的水平。这可能是由于暴露在深水区（12 m）的微塑料与海水底部（14 m）的悬浮沉积物之间发生了营养与生物群落的交换。

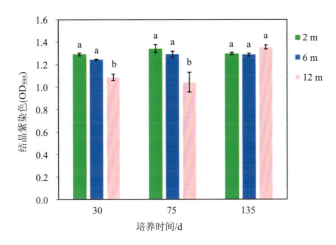

图 11.6　不同暴露时间和海水深度下微塑料生物膜生物量的变化（引自 Tu et al., 2020）

不同字母表示差异显著（$p < 0.05$）

扫描电子显微镜照片表明，在 PE 微塑料的表面观察到多种生物膜形态类型，包括球状[图 11.7（a）]、棒状[图 11.7（g）]和圆盘状[图 11.7（b）]细菌细胞，交织的菌丝[图 11.7（d）、（e）、（h）]，以及致密的胞外聚合物[图 11.7（c）、（f）、（i）]。在 135 天的暴露试验中，PE 表面生物膜的密度随着暴露时间的延长而增加，随着暴露深度的增加而降低。Zettler 等（2013）在海洋塑料垃圾表面也发现了丰富的微生物群落，包括硅藻、蓝藻、纤毛虫和细菌。然而，本节在 PE 的表面并未发现微藻和原生动物，这可能是由于扇贝养殖笼和尼龙袋的物理隔离作用。尼龙袋的网眼尺寸为 0.15 mm，可以阻隔大部分藻类和原生动物，但允许细菌和真菌自由通过并在 PE 表面定植。虽然小网眼尼龙袋造成的阻塞效应可能会降低微塑料表面生物膜中微生物的生物量和多样性，但本节内容更聚焦于微塑料表面由细菌形成的生物膜形态、结构与功能。

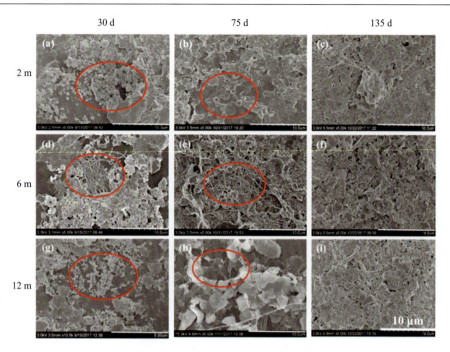

图 11.7　不同暴露时间及海水深度下 PE 薄膜微塑料表面生物膜的形貌（引自 Tu et al., 2020）
红色圆圈标示了定植于 PE 表面的典型微生物，包括球菌（a）、圆盘状菌（b）、杆菌（g）和交织的菌丝［（d）、（e）、（h）］；（c）、（f）、（i）代表致密的胞外聚合物层

　　采用激光共聚焦扫描显微镜（CLSM）研究了生物膜的结构组成，图 11.8 中不同颜色的荧光表示生物膜的不同成分。在暴露后的第 30 天［图 11.8（a）、（d）、（g）］和第 75 天［图 11.8（b）、（e）、（h）］，PE 表面的生物膜主要由活细胞（绿色荧光）及其分泌的胞外多糖（蓝色荧光）组成。而在暴露后的第 135 天，PE 表面的生物膜成分不仅包括大量活细胞和胞外多糖，还有少量死细胞（红色荧光）出现［图 11.8（c）、（f）、（i）］。此外，生物膜的厚度随暴露时间显著增加，但随暴露深度增加而衰减（图 11.9）。

　　Harrison 等（2018）和 Michels 等（2018）采用 CLSM 研究了不同微塑料表面生物膜形成的时间动态。在生物膜形成的早期（8~12 d）可观察到一定数量的细菌和微藻，而在几周后则可观察到由细菌、微藻、多糖和 DNA 形成的生物膜。本节中 PE 表面生物膜形成的时间动态与先前的研究相似。胞外聚合物成分对于促进初始阶段细菌的定植和早期生物膜形成至关重要。随着暴露时间的增加和细菌增殖的加剧，生物膜不断生长，表现为平面扩张和立体增厚。成熟的生物膜在覆盖范围、厚度和成分等方面与早期的生物膜显示出不同的特征。这与肉眼观察、结晶紫染色及扫描电镜观察的结果一致。本节还发现 PE 生物膜的生物量随暴露深度增加有明显的降低趋势，这一现象可以用深度衰减理论很好地解释。随着水

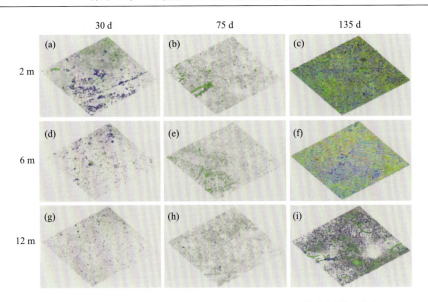

图 11.8　不同暴露时间和海水深度下微塑料表面生物膜的 CLSM 荧光图像（引自 Tu et al., 2020）

绿色：活细胞；红色：死细胞；蓝色：胞外聚合物

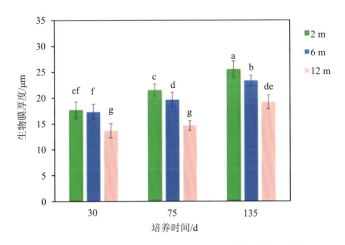

图 11.9　不同暴露时间和海水深度下微塑料生物膜的厚度变化（引自 Tu et al., 2020）

不同字母表示差异显著（$p<0.05$）

深的增加，底层水的温度降低，盐度和酸度增加，溶解氧含量降低，透光率下降。这些因素都会对底层海水中微生物的群落结构和多样性产生影响，最终影响 PE 表面生物膜的形成。

　　水接触角被广泛用作不同材料疏水性的指标。接触角越大，表明被测材料的疏水性越强。图 11.10 显示了 PE 微塑料的疏水性在每个暴露深度都随时间的增加而降低；而在某一采样时间的不同深度之间，除了在第 30 天采集的样本外，其他时间点不同深度样品之间均没有显著性差异。此外，所有暴露在海水中并有生物膜形成的 PE 表面疏水性（接触角）均显著低于原始的商品化 PE 薄膜。

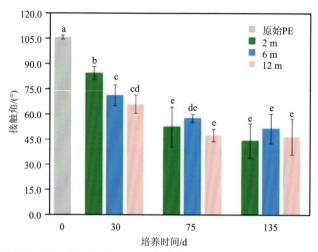

图 11.10　不同暴露时间和海水深度下 PE 薄膜表面疏水性的变化（引自 Tu et al., 2020）

不同字母表示差异显著（$n=3$，$p < 0.05$）

已有研究表明，微生物定植及生物膜形成可以改变微塑料表面的亲水性（Nauendorf et al.，2016），但有关不同暴露深度对生物膜的形成及微塑料疏水性影响的研究仍非常有限。Lobelle 和 Cunliffe（2011）将 PE 薄膜暴露在港口 2 m 深处的海水中，发现 PE 薄膜的疏水性和浮力均随着暴露时间的增加而降低。本节的研究表明，PE 表面的疏水性随着暴露时间的增加而逐渐降低，这与生物膜形成的动态特征一致（图 11.10）。其原因可能是暴露在海水中的微塑料表面很容易在几小时内从海水中吸附有机和无机营养物质，并在表面形成一层调节膜（conditioning film），进而促进微生物快速吸附于其表面并利用这些营养物质。随着暴露时间的增加，更多的微生物吸附、定植并聚集在微塑料表面，引起微塑料的微形貌变化，疏水性降低，密度增加，从而导致微塑料在不同水深之间发生垂直迁移。本节首次比较了 3 种不同暴露深度下 PE 薄膜微塑料的疏水性变化动态，结果表明，在生物膜形成的早期（第 30 天），PE 薄膜的疏水性随着水深的增加而降低，这与 PE 表面生物膜的生物量（图 11.6）和厚度（图 11.9）结果相一致。然而，在暴露的中后期（第 75 天和第 135 天），PE 薄膜的疏水性在不同深度之间没有显著差异。这与生物量和生物膜厚度的结果并不完全一致，表明生物膜的形成并不是影响海水中微塑料疏水性的唯一因素。海水的化学性质和环境因素也可能影响微塑料的疏水性。

采用 FTIR 研究生物膜形成对 PE 表面官能团的影响（图 11.11）。原始 PE 微塑料（对照组）在红外光谱上的五个峰分别对应于亚甲基（—CH_2—）的不同振动模式：2914 cm^{-1} 对应—CH$_2$—的对称收缩峰，2847 cm^{-1} 对应—CH$_2$—的反对称收缩峰，1472 cm^{-1} 对应—CH$_2$—的剪切弯曲振动峰，730 cm^{-1} 和 718 cm^{-1} 对应—CH$_2$—的摇摆振动峰。暴露 30 天后，所有 3 个深度的 PE 在红外光谱的 1000 cm^{-1} 处都出现了一个新峰，这对应于 C—O 的振动峰。在暴露的第 75 天和第 135 天，所有 3 个深度的 PE 在红外光谱的 1000 cm^{-1} 和 1700 cm^{-1} 处都出现了新峰，其中 1700 cm^{-1} 处的峰对应 C=O 的振动峰。此外，暴露 135 天样品 C=O 峰强度明显高于暴露 75 天的样品。与对照组原始 PE 相比，所有暴露组的 PE 表面在 1000 cm^{-1} 处新出现的 C—O 振动峰，表明在暴露后的 PE 表面产生了脂肪族和芳香族基团。暴露 75 天后，每个深度的 PE 在 1700 cm^{-1} 处新增的 C=O 振动峰表明 PE 表面可能发生了生物降解。与 75 天相比，暴露 135 天后的 C—O 和 C=O 振动峰强度增加，表明 PE 的生物降解随着暴露时间的增加而增强。Yang 等（2014）发现，接种了 PE 降解菌 *Bacillus* sp. YP1 和 *Enterobacter asburiae* YT1 的 PE 薄膜，其红外光谱在 1700 cm^{-1} 处显示出新的 C=O 峰。Paço 等（2017）发现，被海洋真菌 *Zalerion maritimum* 降解后的 PE 薄膜，其红外光谱在 3700~3000 cm^{-1}（—OH）、1700~1500 cm^{-1}（C=O）和 1200~950 cm^{-1}（C=C）处都有新增的吸收峰。这与本节的研究结果一致，表明 C=O 基团的出现可以作为 PE 发生生物降解的标志。

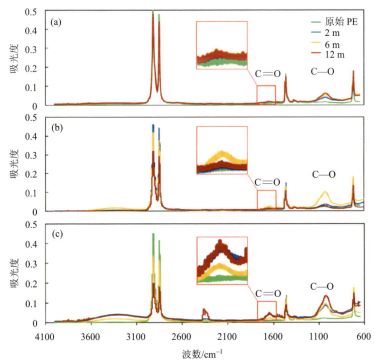

图 11.11　不同海水深度和暴露时间下 PE 表面化学基团的变化（引自 Tu et al., 2020）

（a）30 d；（b）75 d；（c）135 d

采用高通量测序分析 PE 表面生物膜的微生物群落结构。主坐标分析（PCoA）结果表明，PE 表面生物膜的微生物群落结构在不同暴露时间的处理之间表现出显著差异（$p = 0.001$）［图 11.12（a）］，但在不同暴露深度的处理之间差异不显著（$p = 0.670$）。这一结果表明，与暴露深度相比，暴露时间对 PE 表面生物膜中微

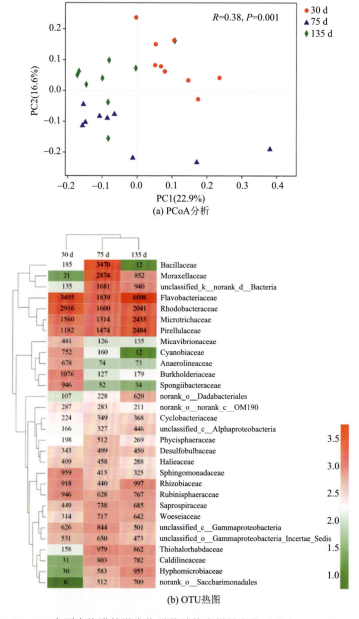

(a) PCoA分析

(b) OTU热图

图 11.12　PE 表面生物膜的微生物群落结构多样性变化（引自 Tu et al., 2020）

生物群落结构变化的影响更为重要。图 11.13 显示了在三个采样时间点的 PE 生物膜以及来自周围海水和沉积物中的细菌群落在纲水平的百分比。与来自周围水体和沉积物的生物膜相比，PE 生物膜表现出显著不同的微生物群落特征。这表明微塑料作为一种新的海洋微生物栖息地，可以为海洋微生物的定植和生物膜形成提供一个独特的生态位。

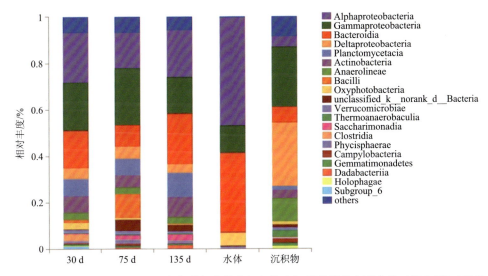

图 11.13　不同暴露时间下 PE 生物膜与水体和沉积物中细菌群落的丰度占比（纲水平）（引自 Tu et al., 2020）

PE 微塑料上定植的主要细菌分别属于 α-变形菌纲（Alphaproteobacteria）、γ-变形菌纲（Gammaproteobacteria）和拟杆菌纲（Bacteroidia），它们的总量占细菌群落的 50% 以上（图 11.13）。此外，生物膜中的优势菌群会随着暴露时间的增加而发生演替。图 11.12（b）显示了不同暴露时间下，PE 生物膜中在科水平排名前 30 的细菌群落热图。在生物膜形成的早期阶段（30 d），来自拟杆菌门黄杆菌纲的黄杆菌科（Flavobacteriaceae）、α-变形菌纲的红杆菌科（Rhodobacteraceae）和酸微菌纲的微藻科（Microtrichaceae）细菌是 PE 生物膜中的优势菌群。在生物膜形成的中期阶段（75 d），PE 生物膜中的优势菌则变为芽孢杆菌科（Bacillaceae）和莫拉氏菌科（Moraxellaceae），而生物膜早期优势菌群中的黄杆菌科和红杆菌科仍然是中期生物膜的核心物种。在生物膜形成的后期阶段（135 d），PE 生物膜中的优势菌再次演替为黄杆菌科，而微藻科（Microtrichaceae）和浮霉菌门的小梨形菌科（Pirellulaceae）菌群的丰度与生物膜形成早期和中期相比都有了显著增加。早期研究表明，变形菌门（Proteobacteria）和拟杆菌门（Bacteroidetes）的微生物是最早定植于海洋塑料表面的重要微生物类群（Zettler et al.，2013；Frère et al.，2018；Ogonowski et al.，2018）。还有研究表明，α-变形菌纲和γ-变形菌纲是微塑料表面形成生物膜的首批定植菌群，而乳杆菌（*Lactobacillus*）则是第二批微塑料生物膜的定植菌群（Oberbeckmann et al.，2015）。这些结果都表明，构成微塑料表面生物膜的核心微生物群落会随着生物膜的形成和发育阶段变化而发生动态演替，进而影响微塑料的环境过程和归趋。

第三节　大气沉降塑料碎片表面生物膜的形成与特征

相比于海洋和陆地环境中微塑料研究的广度和深度，有关大气微塑料表面生物膜的研究仍属空白。本节以我国海滨城市大连为例，揭示了大气沉降微塑料表面生物膜的形貌及其微生物群落结构与功能特征（涂晨等，2022），以期为大气微塑料的环境与健康风险评估提供科学依据。

大气沉降微塑料样品采集方法和生物膜的分析方法参见第二章。不同的是，由于大气沉降微塑料样品的总量有限，从大气沉降微塑料样品中提取的生物膜DNA质量通常不足以支持后续的高通量测序分析。但在2019年夏季的大气沉降样品中发现一块卷曲的大塑料碎片（展开尺寸约15 cm×15 cm）和较多颜色、性状与之非常相似的微塑料碎片。经体视显微镜对比分析和傅里叶变换红外光谱的成分分析，可以认定这些微塑料是来自该塑料碎片的裂解。为保证从微塑料表面提取的 DNA 总量达到高通量测序的要求，将此大塑料碎片用无菌水轻柔冲洗 3 次后，用灭菌剪刀将 4 个角落的样品剪成尺寸<5 mm 的微塑料碎片，分别命名为DL-1、DL-2、DL-3 和 DL-4。

大气微塑料样品具有复杂的表面形貌特征，且与微塑料的类型密切相关。碎片类微塑料表面粗糙，并且有不规则的孔隙及裂隙［图 11.14（a）］；纤维类微塑料风化严重，表面出现明显的裂隙和断裂［图 11.14（b）］。此外，在碎片类和纤维类微塑料表面还观察到有球菌和杆菌的存在（图 11.14 中箭头所示），这些微生物可定植在微塑料表面的凹陷和裂隙处［图 11.14（a）~（c）］。Zettler 等（2013）的研究发现，微塑料表面存在的菌正好定植于微塑料表面的凹坑内，提示这些微生物参与了微塑料的降解。

生物膜主要由微生物菌体及其分泌的胞外聚合物组成。为进一步可视化微塑料表面生物膜的分布、空间结构及组成等信息，采用不同类型荧光染料对生物膜进行染色，通过激光共聚焦扫描显微镜观察发现，大气沉降微塑料表面附着的微生物可形成在水平和垂直空间上呈片状、不连续的生物膜［图 11.14（d）］，生物膜的组分包括活菌（绿色荧光）、死菌（红色荧光）以及少量的胞外聚合物（蓝色

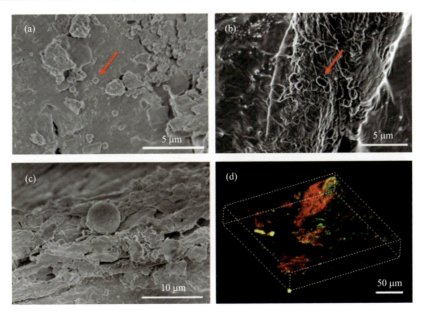

图 11.14 大气沉降微塑料表面生物膜的微观形貌（引自涂晨等，2022）

（a）碎片类微塑料；（b）、（c）纤维类微塑料；（d）微塑料表面生物膜立体结构

荧光）等。大量红色荧光的出现表明该微塑料表面的生物膜以死菌为主，提示该片微塑料表面的生物膜可能已处于成熟阶段的后期，受生长空间有限和营养条件缺乏的影响，生物膜中的部分菌体开始死亡或脱落。

微塑料因具有独有的表面特性，可为微生物提供理想的生态位，形成所谓的"塑料圈（plastisphere）"（Zettler et al.，2013）。微塑料表面生物膜的微生物群落多样性丰富，可以形成自养、异养生物及共生体等多种生物的复杂微生物群落。采用高通量测序技术进一步分析了大气沉降塑料碎片表面生物膜的物种组成。经质控过滤，4 个样品共得到 454 769 条有效序列。按照 97%相似性对非重复序列进行 OTU 聚类，共得到 396 个 OTU。所有样本的测序覆盖率均在 99.9%以上，稀释曲线逐渐平缓，表明样品测序深度合理。大气沉降塑料碎片表面生物膜的细菌群落 α 多样性香农（Shannon）指数为 3.05~3.75，辛普森（Simpson）指数为 0.05~0.11，Chao 指数为 301.78~348.81。图 11.15 显示了 4 个生物膜样品细菌多样性在门（phylum）水平和目（order）水平的丰度聚类热图。在门水平上，变形菌门（Proteobacteria）、蓝细菌门（Cyanobacteria）和放线菌门（Actinobacteria）是构成大气微塑料生物膜的优势菌群，其丰度比例分别为35.97%、25.79%和14.36%。在目水平上，鞘脂单胞菌目（Sphingomonadales）、红螺菌目（Rhodospirillales）、微球菌目（Micrococcales）、伯克霍尔德氏菌目（Burkholderiales）、立克次氏体目（Rickettsiales）、棒杆菌目（Corynebacteriales）、弗兰克氏菌目（Frankiales）、浮霉菌目（Planctomycetales）、柄杆菌目（Caulobacterales）和根瘤菌目（Rhizobiales）等为生物膜中的优势菌目。除 DL-4 号样品之外，其他 3 个生物膜样品之间的细菌群落结构组成基本相似，表明微生物在大气沉降塑料碎片表面的定植与分布具有较好的均一性。

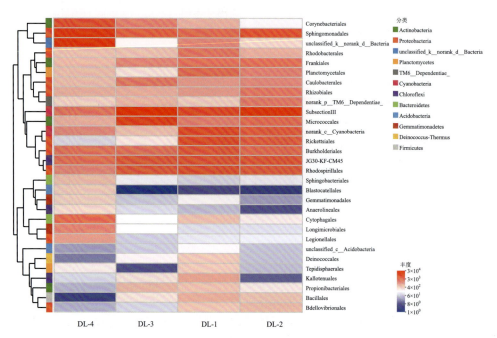

图 11.15　大气沉降微塑料表面生物膜的细菌群落结构组成（门水平和目水平）（引自涂晨等，2022）

有研究表明，海洋和潮间带环境中微塑料表面细菌的优势菌群主要为变形菌门（Proteobacteria）和拟杆菌门（Bacteroidetes）（Oberbeckmann et al.，2014；Ogonowski et al.，2018）；而淡水环境中微塑料表面细菌的优势菌群主要为变形菌门、厚壁菌门（Firmicutes）和拟杆菌门（Gong et al.，2019）。这说明变形菌门始终是大气、水体和土壤等不同环境介质中微塑料表面生物膜中丰度最高的核心菌门。此外，环境背景、塑料类型和生物膜所处的发展阶段也是影响微塑料表面生物膜群落组成与结构的重要因素。

KEGG 通路数据库（KEGG pathway database）是表示各种分子间相互作用、反应及相互关系网络的数据集合，共包括代谢、遗传信息处理、环境信息处理、细胞过程和人类疾病等 7 大类基因功能。通过 16S rRNA 基因功能预测，发现在大气沉降塑料碎片表面定植的微生物中，有相当一部分功能基因与人类疾病的发生密切相关。图 11.16 列举了丰度值排序前 6 位的预测功能基因类群，包括癌症、细菌性传染病、抗菌药物耐药性、神经退行性疾病、抗肿瘤药物耐药性和病毒性传染病等。大气中的微塑料可以作为微生物的载体，黏附在微塑料表面的微生物可绕过人体防御机制，直接到达肺部导致感染。Kirstein 等（2016）的研究发现，海洋环境中多种微塑料表面存在丰度较高的人类潜在致病菌弧菌属等病原微生物。而大气环境中的微塑料也可能作为病原微生物的载体，经呼吸作用进入人体并对人体健康产生潜在的风险。

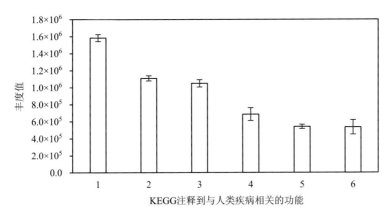

图 11.16　大气沉降微塑料表面生物膜的功能预测（引自涂晨等，2022）

1.癌症；2.细菌性传染病；3.抗菌药物耐药性；4.神经退行性疾病；5.抗肿瘤药物耐药性；6.病毒性传染病

大气沉降样品中微塑料的尺寸通常较小且丰度较低，采用从滤膜上挑选大气沉降微塑料样品并直接提取 DNA 的方法，通常难以达到高通量测序对样品 DNA 总量的最低要求。而如果采用主动式大气采样并将整个滤膜用于 DNA 提取，又不能区分所提取的 DNA 是来自微塑料还是其他大气颗粒物表面附着的微生物。因此，本节将采样瓶中沉降的一块大塑料碎片经剪角后形成微塑料并提取 DNA 用于高通量测序研究。尽管已通过体视显微镜和傅里叶变换红外光谱鉴定该大塑料碎片与采样瓶中的部分微塑料在颜色、质地和成分上都相似，即采样瓶中的微塑料很可能来自该大塑料碎片的裂解，但采用该方法制备的微塑料仍与真实大气环境中悬浮的微塑料存在一定的差异。因此，基于该方法预测的大气微塑料生物膜基因功能的准确性仍有待进一步验证。未来亟须建立优化大气微塑料样品表面生物膜 DNA 的提取方法。

结　　语

环境中的微塑料因具有很大的比表面积，易成为微生物定植的基质，形成表面动态变化的生物膜结构。本章介绍了海岸带、海水和大气环境中微塑料表面生物膜的形成与特征、结构与功能，探究了不同环境介质中微塑料表面生物膜形成的动态特征与演替规律。海岸带不同暴露点位的薄膜微塑料表面均有微生物的定植，并伴有显著的风化特征，风化程度从潮上带至潮下带总体上呈递减趋势。海水中聚乙烯微塑料表面生物膜厚度随暴露时间增加而增加，生物膜的形成降低了聚乙烯的疏水性并改变了表面官能团。大气沉降微塑料表面具有孔隙、裂隙等明显的风化特征，且有微生物的定植和生物膜的形成，基因功能预测结果表明生物膜中存在与人类疾病相关的功能基因。环境微塑料表面生物膜的形成会改变微塑料的表面特性及环境行为，进而影响微塑料在环境中的迁移与归趋。未来的研究应进一步阐明微塑料与生物膜的相互作用过程及微塑料作为病原微生物、污染物传播载体的生态风险等。

参 考 文 献

陈涛. 2018. 近海微塑料表面生物膜的形成及其对微塑料理化性质的影响. 北京: 中国科学院大学.

涂晨, 田媛, 刘颖, 等. 2022. 大连海岸带夏、秋季大气沉降（微）塑料的赋存特征及其表面生物膜特性. 环境科学, 43(4): 1821-1828.

张晨捷. 2020. 黄河口海岸环境中微塑料生物膜的特征、时空变化和表面效应. 北京: 中国科学院大学.

张晨捷, 涂晨, 周倩, 等. 2021. 低密度聚乙烯薄膜微塑料在黄河口海岸带环境中的风化特征. 土壤学报, 58(2): 456-463.

Andrady A L. 2015. Persistence of plastic litter in the oceans//Bergmann M, Gutow L, Klages M. Marine Anthropogenic Litter. Cham: Springer: 57-72.

Besseling E, Quik J T K, Sun M Z, et al. 2017. Fate of nano and microplastic in freshwater systems: A modeling study. Environmental Pollution, 220: 540-548.

Chen X C, Xiong X, Jiang X M, et al. 2019. Sinking of floating plastic debris caused by biofilm development in a freshwater lake. Chemosphere, 222: 856-864.

De Tender C A, Devriese L I, Haegeman A, et al. 2015. Bacterial community profiling of plastic litter in the Belgian part of the North Sea. Environmental Science & Technology, 49(16): 9629-9638.

Flemming H C, Wingender J. 2010. The biofilm matrix. Nature Review Microbiology, 8(9): 623-633.

Frère L, Maignien L, Chalopin M, et al. 2018. Microplastic bacterial communities in the Bay of Brest: Influence of polymer type and size. Environmental Pollution, 242: 614-625.

Gong M, Yang G, Zhuang L, et al. 2019. Microbial biofilm formation and community structure on low-density polyethylene microparticles in lake water microcosms. Environmental Pollution, 252: 94-102.

Harrison J P, Hoellein T J, Sapp M, et al. 2018. Microplastic-associated biofilms: A comparison of freshwater and marine environments//Wagner M, Lambert S. Freshwater Microplastics: Emerging Environmental Contaminants? Cham: Springer: 181-201.

Harrison J P, Schratzberger M, Sapp M, et al. 2014. Rapid bacterial colonization of low-density polyethylene microplastics in coastal sediment microcosms. BMC Microbiology, 14(1): 232.

Kirstein I V, Kirmizi S, Wichels A, et al. 2016. Dangerous hitchhikers? Evidence for potentially pathogenic *Vibrio* spp. on microplastic particles. Marine Environmental Research, 120: 1-8.

Liu P, Qian L, Wang H Y, et al. 2019. New insights into the aging behavior of microplastics accelerated by advanced oxidation processes. Environmental Science & Technology, 53(7): 3579-3588.

Lobelle D, Cunliffe M. 2011. Early microbial biofilm formation on marine plastic debris. Marine Pollution Bulletin, 62(1): 197-200.

Michels J, Stippkugel A, Lenz M, et al. 2018. Rapid aggregation of biofilm covered microplastics with marine biogenic particles. Proceedings of the Royal Society B, 285(1885): 20181203.

Nauendorf A, Krause S, Bigalke N K, et al. 2016. Microbial colonization and degradation of polyethylene and biodegradable plastic bags in temperate fine-grained organic-rich marine sediments. Marine Pollution Bulletin, 103: 168-178.

Oberbeckmann S, Löder M G, Labrenz M. 2015. Marine microplastic-associated biofilms–A review. Environmental Chemistry, 12(5): 551-562.

Oberbeckmann S, Loeder M G J, Gerdts G, et al. 2014. Spatial and seasonal variation in diversity and structure of microbial biofilms on marine plastics in Northern European waters. FEMS Microbiology Ecology, 90(2): 478-492.

Ogonowski M, Motiei A, Ininbergs K, et al. 2018. Evidence for selective bacterial community structuring on microplastics. Environmental Microbiology, 20(8): 2796-2808.

Paço A, Duarte K, da Costa J P, et al. 2017. Biodegradation of polyethylene microplastics by the marine fungus *Zalerion maritimum*. Science of the Total Environment, 586: 10-15.

Rummel C D, Jahnke A, Gorokhova E, et al. 2017. Impacts of biofilm formation on the fate and potential effects of microplastic in the aquatic environment. Environmental Science & Technology Letter, 4(7): 258-267.

Tu C, Chen T, Zhou Q, et al. 2020. Biofilm formation and its influences on the properties of microplastics as affected by exposure time and depth in the seawater. Science of the Total Environment, 734: 139237.

Yang J, Yang Y, Wu W M, et al. 2014. Evidence of polyethylene biodegradation by bacterial strains from the guts of plastic-eating waxworms. Environmental Science & Technology, 48(23): 13776-13784.

Zettler E R, Mincer T J, Amaral-Zettler L A. 2013. Life in the "plastisphere": Microbial communities on plastic marine debris. Environmental Science & Technology, 47(13): 7137-7146.

Zhou Q, Zhang H B, Fu C C, et al. 2018. The distribution and morphology of microplastics in coastal soils adjacent to the Bohai Sea and the Yellow Sea. Geoderma, 322: 201-208.

第十二章　潮滩和海水中微塑料对土霉素、铜和矿物的吸附及影响因素

环境中的微塑料在光照、机械力、生物降解等因素的共同作用下,其表面形貌和理化性质发生了显著变化,这使其更易吸附环境中的重金属、有机污染物、抗生素和抗性基因等污染物,以及黏土矿物和石油等其他物质。微塑料作为污染物的载体,携载着这些污染物在多种环境介质中发生迁移转化,进而对生态系统中的受体生物产生复合毒性效应。此外,微塑料表面还可被环境中的微生物定植形成生物膜,进而影响环境中共存污染物在微塑料表面的吸附行为,并产生复合污染效应。本章分别介绍潮滩风化发泡类微塑料对土霉素的吸附及影响因素、海水中薄膜微塑料表面生物膜对铜的吸附及影响因素,以及海岸带潮滩土壤中微塑料表面矿物的附着,旨在为揭示微塑料与污染物的复合污染毒性提供科学依据。

第一节　潮滩风化发泡类微塑料对土霉素的吸附及影响因素

在长期风化作用下,微塑料的表面特性会发生变化,具有更高的比表面积、孔隙度和无定形结构,并更容易从环境中吸附各种污染物。一项对全球持久性有机污染物的调查表明,在树脂颗粒的表面可以检出包括多氯联苯(PCBs)、双对氯苯基三氯乙烷(DDT)和六氯环己烷(HCH)在内的多种污染物(Ogata et al.,2009)。其他调查也表明,在多种不同类型的微塑料表面都发现有机污染物(多环芳烃、多氯联苯)的存在,且污染物的浓度在老化后的微塑料中更高(Endo et al.,2005;Frias et al.,2010)。有机污染物在微塑料上的吸附与污染物的性质及塑料聚合物的类型有关。一些微塑料(如聚苯乙烯颗粒)的负电荷显示出阴离子的静电斥力,从而减少了吸附。然而,微塑料的表面电荷可能在环境风化作用下发生改变,从而改变其对化合物的吸附能力。

土霉素(OTC)是四环素类中的广谱抗生素,因常用于兽药而广泛应用于畜禽生产和水产养殖。大量调查表明,近岸和海洋环境的地表水和沉积物中普遍存在兽用抗生素的污染(Liu et al.,2016;Zhang et al.,2013),其中土霉素是污染较严重的一类抗生素。据报道,海水和沉积物中土霉素的最大浓度分别高达15 163 ng·L^{-1}(Chen et al.,2015)和4695 ng·g^{-1}(Liu et al.,2016)。OTC的残留可能诱发环境中抗生素耐性基因(ARGs)的流行,甚至产生人体健康风险。

尽管过去已经开展对土霉素在黏土矿物、铁氧化物上的吸附的相关研究，但结合微塑料的风化特征开展土霉素的吸附研究还尚未见报道。本节研究了潮滩风化微塑料对土霉素的增强吸附特征与作用机制。

吸附试验采用两种聚合物类型相同的微塑料，一种是将采自海滩的风化聚苯乙烯泡沫碎片的外表面收集并研磨成颗粒，另一种是将购买的全新聚苯乙烯发泡塑料经研磨形成颗粒。将两种类型的研磨聚苯乙烯（PS）颗粒依次通过 1.00 mm 和 0.45 mm 筛，收集粒径范围为 0.45~1.00 mm 的 PS 颗粒，用正己烷和甲醇洗涤，室温干燥后用于吸附试验。

从表面颜色（图 12.1）和其他性质（表 12.1）可知，潮滩风化的微塑料与未风化的新塑料具有明显差异。电镜照片显示，未风化的微塑料样品表面较光滑，无明显的裂纹和凸起，而潮滩风化微塑料样品表面粗糙、多孔。在其他对风化微塑料颗粒的研究中也观察到类似的结果（Fotopoulou and Karapanagioti，2015）。由表 12.1 可知，相比于未风化微塑料，潮滩风化微塑料的粗糙表面具有更高的比表面积和微孔面积。然而，潮滩风化微塑料的平均孔径远小于未风化微塑料，这可能是聚合物表面在风化侵蚀下变形引起的。此外，潮滩风化微塑料样品表面的零电荷点电位（4.96）略高于未风化微塑料样品（4.68）。因此，在海洋（pH 约 8.1）或陆地（pH 6~7）水环境中，该微塑料表面通常带负电荷。

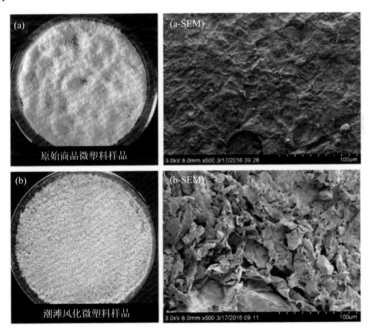

图 12.1　潮滩风化与未风化（原始商品）微塑料样品的微观形貌图（修改自 Zhang et al.，2018）

（a）未风化的 PS 微塑料；（b）潮滩风化的 PS 微塑料；（a-SEM）未风化微塑料的表面微形貌电镜照片；（b-SEM）潮滩风化微塑料的表面微形貌电镜照片

表 12.1 用于实验的未风化（商品）和风化的聚苯乙烯微塑料样品性质（修改自 Zhang et al., 2018）

性质	未风化聚苯乙烯微塑料	风化聚苯乙烯微塑料
粒径大小/mm	0.45~1	0.45~1
碳含量/%	90.6±0.8	90.4±1.2
PZC	4.7±0.2	5.0±0.2
SSA/ $(m^2 \cdot g^{-1})$	2.03±0.04	7.91±0.16
微孔（<2 nm）面积/ $(m^2 \cdot g^{-1})$	n.d.	0.50±0.02
平均孔径/nm	39.3±0.5	5.1±0.2
孔隙体积/ $(cm^3 \cdot g^{-1})$	0.02±0.005	0.01±0.005
酯羰基指数	0.55	0.73
酮羰基指数	0.30	0.33

注：PZC，零电荷点；SSA，用 BET-N$_2$ 测得的比表面积；n.d.表示未检测到。

傅里叶变换红外光谱的结果表明潮滩风化微塑料的表面发生了氧化。在红外光谱图中可以观察到一个为含氧酯基团（C—O）的宽峰，且风化微塑料的 C—O 峰强度高于未风化的微塑料。进一步计算酯羰基指数和酮羰基指数，以比较两种微塑料的氧化程度。由表 12.1 可知，风化微塑料的酯羰基指数较高，而两种微塑料的酮羰基指数基本相同。上述结果表明，与未风化的全新微塑料相比，潮滩风化的微塑料受到更强的表面氧化，并因氧化官能团的增加而具有更强的亲水性。

采用颗粒内扩散和膜扩散模型研究微塑料对土霉素（OTC）吸附速率的控制因素。Weber 和 Morris（1962）提出的颗粒内扩散模型（$q_t = K_{id} \times t^{1/2} + C_i$，颗粒内扩散模型中 q_t 是 t 时刻的吸附量，K_{id} 和 C_i 为颗粒内扩散常数）认为，吸附的机理是被吸附物扩散到吸附剂材料的孔隙中。图 12.2 显示的是原始微塑料样品和潮滩风化微塑料样品对 OTC 吸附的颗粒内扩散模型拟合图（以 q_t 值比 $t^{1/2}$ 作图），扩散参数 K_{id}、C_i 和 r^2 值见表 12.2。图 12.2（a）表明未风化微塑料对 OTC 的吸附有三个不同阶段，而图 12.2（b）表明潮滩风化微塑料对 OTC 的吸附仅分为两个阶段。两种微塑料的第①阶段 K_{id} 值均低于第②阶段（表 12.2），说明第②阶段的吸附速率高于第①阶段。两种微塑料线性段的 r^2 值都较高，表明颗粒内扩散是吸附的限速步骤。此外，第①阶段和第②阶段偏离了原点，这意味着吸附过程的限速步骤不仅限于颗粒内扩散。

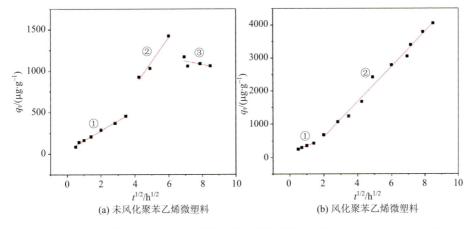

(a) 未风化聚苯乙烯微塑料   (b) 风化聚苯乙烯微塑料

图 12.2 微塑料样品吸附 OTC 的颗粒内扩散模型拟合 （引自 Zhang et al.，2018）

表 12.2 聚苯乙烯泡沫颗粒吸附土霉素的颗粒内扩散系数

微塑料阶段		颗粒内扩散系数		
		$K_{id}/(\mu g \cdot g^{-1} \cdot h^{-1/2})$	$C_i/(\mu g \cdot g^{-1})$	r^2
未风化聚苯乙烯微塑料	①	117	45.2	0.99
	②	291	−342	0.94
	③	−42.5	1420	0.014
风化聚苯乙烯微塑料	①	202	154	0.99
	②	531	−446	0.98

　　绘制微塑料对 OTC 吸附的 B_t 系数与时间（t）的关系图[即博伊德（Boyd）图，图 12.3]，有助于识别吸附过程的限速步骤是颗粒内扩散还是膜扩散。当数据

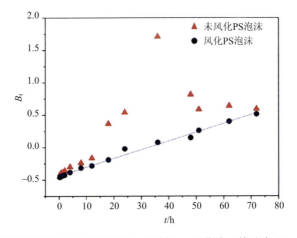

图 12.3 聚苯乙烯微塑料对 OTC 吸附的 B_t 与时间（t）曲线（修改自 Zhang et al.，2018）

点线性拟合并通过原点时，表明颗粒内扩散是吸附过程的限速步骤。否则，吸附过程以膜扩散为主。如图 12.3 所示，潮滩风化微塑料对 OTC 吸附的 Boyd 图虽然呈线性，但偏离原点，说明吸附过程中存在颗粒内扩散和膜扩散；而对于未风化的微塑料，曲线既不呈线性，也不通过原点，说明膜扩散机制主导了吸附过程。风化和未风化微塑料对 OTC 吸附机理的不同与这两种材料孔隙度的差异相一致（图 12.1 和表 12.1）。

表 12.3 中为潮滩风化微塑料样品和未风化微塑料样品对 OTC 等温吸附试验数据的拟合参数。分别采用线性模型、朗缪尔（Langmuir）模型和弗罗因德利希（Freundlich）模型进行拟合分析。根据修正后的 R^2 可以看出，Freundlich 模型对两种微塑料样品都具有很好的拟合效果。这表明 OTC 分子在聚苯乙烯发泡微塑料样品表面的吸附机制是非线性的多层吸附，其中 $1/n$ 均小于 1，表明两者表面对 OTC 的吸附量均会随着 OTC 分子的吸附而逐渐增加。K_f 反映了两者对 OTC 的结合能力，值越大表明表面对 OTC 的结合能力越强。其中潮滩风化微塑料样品的 K_f 是未风化微塑料样品的 2 倍以上，这表明潮滩风化微塑料样品对 OTC 的吸附能力强于未风化微塑料样品，OTC 更容易吸附在潮滩风化微塑料样品上。因此，微塑料表面经过风化后，有富集环境中 OTC 的可能。

表 12.3　土霉素在聚苯乙烯泡沫上的等温吸附参数（修改自 Zhang et al.，2018）

微塑料	线性模型			Langmuir 模型			Freundlich 模型		
	K_d /（mg·L^{-1}）	K_{oc} /（mg·L^{-1}）	R^2	K_L /（L·µg^{-1}）	Q_{max} /（µg·g^{-1}）	R^2	K_f /[（mg·kg^{-1}）（mg·L^{-1}）$^{1/n}$]	$1/n$	R^2
未风化聚苯乙烯泡沫	41.7±5.0	46.0±5.5	0.87	0.17±0.06	1520±120	0.86	425+46	0.32±0.03	0.94
风化聚苯乙烯泡沫	428.4±15.2	474.0±16.8	0.99	0.02±0.01	27 500±5120	0.99	894±84	0.75±0.03	0.99

注：K_{oc} 由 $K_{oc}=K_d/f_{oc}$ 计算得出，f_{oc} 表示样品有机碳分数。K_L 为相应条件下的 Langmuir 吸附平衡常数；Q_{max} 为吸附平衡时的饱和吸附量。

土霉素在微塑料颗粒上的吸附强烈依赖于环境溶液 pH。图 12.4（a）显示，土霉素有 3 个 pK_a 值（3.27、7.32 和 9.11），当 pH 小于 3.27 时，OTC 的存在以阳离子形式为主；pH 介于 3.27 和 7.32 时，以两性离子形式为主；pH 大于 7.32 时，以阴离子形式为主。图 12.4（b）为 pH 影响下土霉素在潮滩风化微塑料样品和未风化微塑料样品上的吸附量变化情况。在 pH<5 时，微塑料表面以带正电荷为主，此时土霉素分子形态也带正电荷，两者之间受静电斥力，吸附量小；但随着 pH

增加，带正电荷的土霉素比例减小，中性分子所占比例增加，其在微塑料表面的吸附增加。pH=5时，土霉素以中性分子为主，不带电荷；微塑料表面带弱负电荷，此时潮滩风化微塑料样品和未风化微塑料样品对土霉素的吸附量均达到最大。随着 pH 进一步增大，土霉素分子从中性分子转变为以带负电荷为主的离子，此时微塑料表面也以带负电荷为主，两者之间的静电斥力随着土霉素中阴离子比例的增加而增加，导致微塑料对土霉素的吸附量降低。因此，土霉素在聚苯乙烯发泡微塑料表面的吸附主要受到静电作用的影响。对于潮滩风化微塑料样品，由于其风化表面增加了羧基和酯羰基，这可能有助于其通过氢键结合作用额外吸附土霉素。而未风化微塑料表面不含可供电荷交换的有机官能团，因此，其对土霉素的吸附受环境 pH 影响较小。

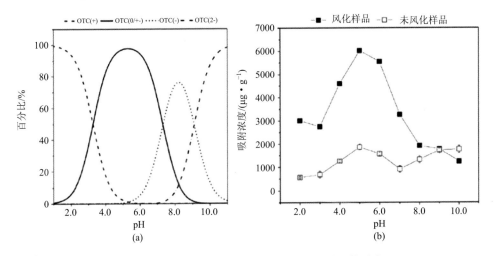

图 12.4　pH 对土霉素形态（a）和微塑料吸附土霉素（b）的影响（修改自 Zhang et al.，2018）

　　图 12.5 反映了不同类型的阴阳离子对聚苯乙烯发泡微塑料吸附土霉素的影响。可以看出，随不同离子强度增加，土霉素在潮滩风化微塑料样品和未风化微塑料样品表面的吸附量均呈现下降趋势，这表明离子间竞争作用会影响微塑料表面对土霉素的吸附作用。但不同的离子对聚苯乙烯发泡微塑料吸附土霉素的影响是有明显差别的。其中，Ca^{2+} 的影响最为显著，Ca^{2+} 的加入使土霉素在潮滩风化与未风化微塑料样品表面的吸附量均有降低，但 Ca^{2+} 对未风化微塑料样品的影响更大。这可能是由于 Ca^{2+} 可通过与土霉素络合形成桥键，增加在未风化微塑料样品表面的吸附。但土霉素在潮滩风化微塑料样品表面的吸附主要受静电作用控制，因此，桥键作用影响相对较小。阴离子方面，Cl^- 和 SO_4^{2-} 对聚苯乙烯发泡微塑料吸附土霉素的影响不大。

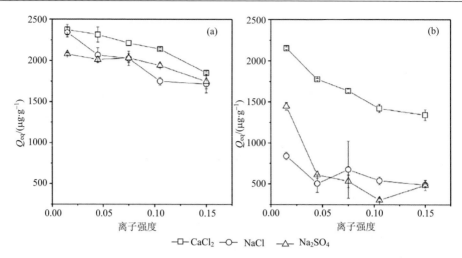

图 12.5　不同离子及其强度对风化微塑料（a）和未风化微塑料（b）吸附土霉素的影响（修改自 Zhang et al.，2018）

Q_{eq} 为平衡吸附量

表 12.4 总结了不同浓度腐殖酸影响下微塑料对土霉素吸附的 Freundlich 等温拟合参数。当胡敏酸浓度从 10 mg·L^{-1} 增加至 50 mg·L^{-1} 时，微塑料对土霉素吸附的 K_f 值从 2420（mg·kg^{-1}）（mg·L^{-1}）$^{1/n}$ 显著增加至 5340（mg·kg^{-1}）（mg·L^{-1}）$^{1/n}$；而当胡敏酸浓度继续增加至 100 mg·L^{-1} 时，K_f 值则降至 3940（mg·kg^{-1}）（mg·L^{-1}）$^{1/n}$。相较而言，富里酸浓度对 K_f 值的影响较小：当浓度从 10 mg·L^{-1} 增加至 100 mg·L^{-1} 时，仅增加了 400（mg·kg^{-1}）（mg·L^{-1}）$^{1/n}$。

表 12.4　不同浓度腐殖酸对土霉素吸附的 Freundlich 系数比较（修改自 Zhang et al.，2018）

腐殖酸	Freundlich 系数	腐殖酸浓度/（mg·L^{-1}）			
		10	30	50	100
胡敏酸	K_f/[（mg·kg^{-1}）（mg·L^{-1}）$^{1/n}$]	2420	3640	5340	3940
	$1/n$	0.29	0.24	0.10	0.23
	r^2	0.95	0.98	0.96	0.97
富里酸	K_f/[（mg·kg^{-1}）（mg·L^{-1}）$^{1/n}$]	1580	1450	1670	1980
	$1/n$	0.43	0.48	0.47	0.44
	r^2	0.97	0.97	0.96	0.97

胡敏酸可显著促进风化微塑料样品对土霉素的吸附，这可能是由于在吸附过程中胡敏酸分子在风化微塑料表面和土霉素分子之间起到了桥接的作用。已有众多研究指出，四环素类抗生素与腐殖酸类物质的结合机制，主要是四环素阳离子

或两性离子与腐殖酸上的去质子化位点通过阳离子交换作用和氢键作用的结合（Sun et al.，2010；Zhao et al.，2012）。在 Wu 等（2016）和 Seidensticker 等（2017）使用聚乙烯吸附抗生素的工作中，他们提出抗生素与腐殖酸之间的结合作用可能会降低微塑料对抗生素的吸附。这是由于聚乙烯表面的疏水性，导致腐殖酸难以吸附在其表面，从而无法发挥桥接作用。然而，聚苯乙烯微塑料在结构和表面性质上与聚乙烯微塑料有很大不同。聚苯乙烯泡沫中含有大量的苯环和凝结域，增加了其对腐殖酸的非线性吸附。有研究表明，聚苯乙烯微塑料可以通过 π-π 共轭作用与溶解性有机质的芳香结构相互作用而被捕获，从而形成高电子密度的共轭共聚体（Chen et al.，2018）。这种共轭共聚物可以增加土霉素阳离子和两性离子的静电吸引力。此外，高度风化也会导致聚苯乙烯泡沫微塑料表面酯类官能团和比表面积的增加，这有助于亲水性胡敏酸的吸附。与胡敏酸相比，富里酸分子量较低且芳香性较弱。富里酸与聚苯乙烯泡沫微塑料颗粒之间可能产生较弱的 π-π 共轭作用，因此，富里酸对聚苯乙烯泡沫塑料吸附土霉素的影响较小。

第二节　海水中薄膜微塑料表面生物膜对铜的吸附及影响因素

通过前期调查研究和资料分析可知，薄膜是海岸带环境中常见的微塑料污染类型之一，广泛用于农渔业和材料包装等，其聚合物成分多为聚乙烯。与颗粒型微塑料相比，薄膜型微塑料不仅在海岸带普遍存在，而且具有更大的比表面积和更快的风化速率，可能更易吸附污染物并在环境中迁移。波罗的海水体中溶解性铜离子浓度可变幅在 $0.5{\sim}12.0 \ nmol \cdot kg^{-1}$，高于该区域中锌等其他重金属离子浓度。相比之下，在我国部分海湾、河口等金属铜离子含量更高。例如，在渤海湾附近的河口水体中铜离子浓度达 $2755 \ \mu g \cdot L^{-1}$（潘科等，2014；Xu et al.，2013）。因此，本节以聚乙烯地膜为研究对象，运用 NanoSIMS 技术，模拟研究海水中生物膜形成对微塑料表面形貌和微塑料吸附铜的影响（周倩，2020；Zhou et al.，2022），为海岸带微塑料-生物膜-重金属复合体的环境风险评估提供科学依据。

海水培养 30 d 后的薄膜表面生物膜形貌如图 12.6 所示。薄膜表面生物膜呈现出不同的分布形态，菌体形态主要有杆菌（包括长杆菌和短杆菌）和球菌，且多为聚集性分布，如团状[图 12.6（a）]、片状[图 12.6（b）]和堆积状[图 12.6（f）]等。生物膜多为混合菌型，呈片状[图 12.6（e）]或斑块状[图 12.6（c）]等，部分生物膜伴随着环境物质（如黏土矿物），形成块状生物膜[图 12.6（d）]。微塑料表面生物膜呈斑块状发育，并与黏土矿物伴生，形成了有机而复杂的微生境。

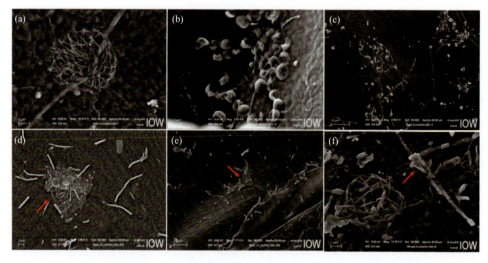

图 12.6　海水培养 30 d 的聚乙烯薄膜表面生物膜形貌（引自周倩，2020）

　　微塑料表面生物膜的形成会影响和改变微塑料的表面形貌，如图 12.7 所示。通过扫描电子显微镜，观察到薄膜表面存在大量的球菌，且球菌附近的薄膜表面出现与球菌大小一致的凹坑［图 12.7（a）、（b）］。这种现象在 Zettler 等（2013）的研究中也被观察到；研究者在北大西洋收集的海洋塑料垃圾样品中，通过扫描电子显微镜观察到在这些海洋塑料垃圾表面出现与细菌形状相符的凹坑，推测烃

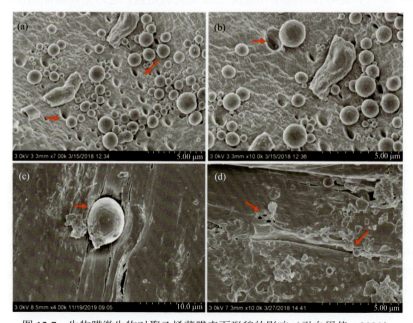

图 12.7　生物膜微生物对聚乙烯薄膜表面形貌的影响（引自周倩，2020）

类聚合物发生了主动水解，并在小亚基 rRNA 基因分析中发现了降解烃的细菌。此外，局部表面因微生物的活动或挤压而发生形变，产生凹槽、裂纹或小孔[图 12.7 (c)、(d)]，进一步促进了微塑料表面的破损和老化。微塑料表面定植的微生物，一方面通过活动或挤压作用改变微塑料表面形貌，另一方面能以微塑料作为碳源，通过代谢产生外源性酶分解聚合物。可见，生物膜微生物对微塑料表面形貌的影响是代谢与物理共同作用的结果。这些破损或老化程度较高的表面区域，更有利于微生物的积累和生物膜的生长，因此形成了微塑料老化和生物膜生长之间相互促进的关系。

图 12.8 显示了海水环境培养 30 d 的薄膜样品在不同浓度的铜离子溶液（0 μg·L^{-1}、10 μg·L^{-1}、100 μg·L^{-1} 和 1000 μg·L^{-1}）中暴露 12 h 后，其表面生物膜扫描电镜图和铜等元素分布的能谱图。首先，在所有铜离子浓度暴露条件下的薄膜微塑料样品中，薄膜基底元素仅包含 C 和少量的 O，这表明在本节的条件下薄膜本身表面对铜等元素未发生吸附行为。通过分析生物膜表面元素，在未加铜离子溶液的条件下[图 12.8 (a)]，能谱分析显示生物膜主要元素组成为 C、O 和 N，还有少量的 Si、Ca、S 等，未发现铜离子的附着。我们知道，C、O、N 和 S 等是组成生物膜的主要生命元素。在 10 μg·L^{-1} 和 100 μg·L^{-1} 铜离子浓度暴露下的薄膜表面生物膜中亦未发现铜元素，这可能与能谱分析阈值有关。然而，在 1000 μg·L^{-1} 铜离子浓度下暴露的薄膜表面生物膜中发现了铜元素的存在[图 12.8 (d)]，此时在薄膜本体基质上未发现铜元素。这为生物膜能增加微塑料吸附环境中重金属（铜）元素提供了证据。

为进一步观察和分析元素在微塑料表面的分布，将在 100 μg·L^{-1} 和 1000 μg·L^{-1} 铜离子浓度下暴露的样品置于纳米二次离子质谱仪（NanoSIMS）中进行分析，如图 12.9 和图 12.10 所示。在 100 μg·L^{-1} 铜离子浓度下暴露的薄膜样品表面生物膜中有少量的铜元素并呈斑点状分布（图 12.9），同时分布有少量的锰元素和砷元素。在 1000 μg·L^{-1} 铜离子浓度下暴露的薄膜表面生物膜中，分布着更清晰的铜元素，并呈斑块状或片状分布，而薄膜本体基质吸附的铜元素极少，甚至未观察到。铜元素在薄膜表面上的分布均在生物膜轮廓范围。如图 12.10 (b) 所示，铜元素在生物膜中的分布呈现斑块状聚集现象，而这些聚集区域的轮廓与菌体一致，表明铜元素在菌体中的聚集量高于胞外聚合物等非菌体物质，推测铜元素更易被生物膜中的菌体利用，但具体的吸附机制和代谢方式仍需进一步研究。Kurniawan 等（2012）研究认为，生物膜中的金属结合方式比离子交换型聚合物吸附的金属更松散，并推测这些金属可能被生物膜内的细胞作为营养物质。在本节研究中还观察到生物膜中存在锰和砷等金属元素，这些元素可能是前期在海水中培养薄膜样品表面生物膜时从海水环境中吸附而来，且锰和砷元素亦更易于聚集在生物膜中而非微塑料本体基质上。

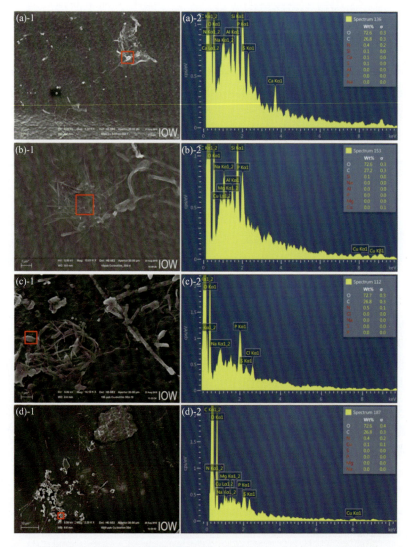

图 12.8　不同铜离子浓度下聚乙烯薄膜表面生物膜形态和元素分布（引自周倩，2020）

（a）-1、（a）-2，0 μg·L^{-1}铜离子浓度下的生物膜及其元素能谱图；（b）-1、（b）-2，10 μg·L^{-1}铜离子浓度下的生物膜及其元素能谱图；（c）-1、（c）-2，100 μg·L^{-1}铜离子浓度下的生物膜及其元素能谱图；（d）-1、（d）-2，1000 μg·L^{-1}铜离子浓度下的生物膜及其元素能谱图

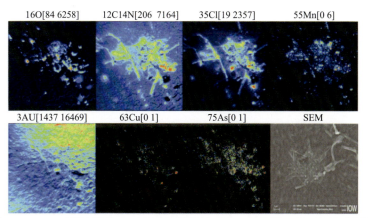

图 12.9　在 100 μg·L⁻¹ 铜离子浓度下暴露的微塑料（聚乙烯薄膜）表面生物膜铜等元素分布的 NanoSIMS 图（30 μm×30 μm）（引自周倩，2020）

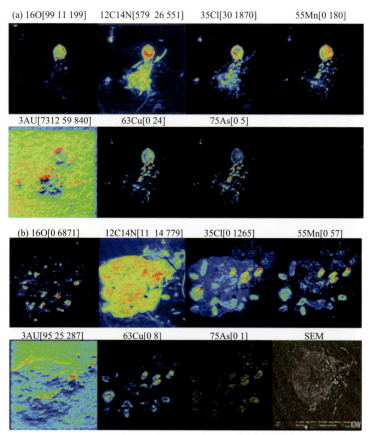

图 12.10　在 1000 μg·L⁻¹ 铜离子浓度下暴露的微塑料（聚乙烯薄膜）表面生物膜铜等元素分布的 NanoSIMS 图（30 μm×30 μm）（引自周倩，2020）

（a）簇形生物膜表面铜等元素的分布；（b）块状生物膜表面铜等元素的分布

此外，微塑料表面生物膜对某些金属元素的吸附，可能还与附着的黏土矿物有关。由前期研究可知，微塑料表面生物膜的形成通常伴随着黏土矿物或金属氧化物的附着。Johansen 等（2019）观察到反应性水溶质（如氯和溴）在生物膜上呈均质分布，而铁和钛元素在生物膜上呈不均质分布，他们认为这可能与黏土矿物附聚物有关。

通过 ICP-MS 进一步确定了暴露微塑料样品后的溶液中铜离子的浓度。如表 12.5 所示，在初始铜离子浓度为 10 μg·L^{-1} 的溶液中，在暴露未含有生物膜的微塑料样品后，溶液铜离子浓度为 7.1 μg·L^{-1}，较初始浓度有所下降，表明微塑料表面吸附了铜元素，而在暴露含有生物膜的微塑料样品后，溶液中铜离子浓度更低，仅为 5.3 μg·L^{-1}。在初始铜离子浓度为 1000 μg·L^{-1} 的溶液中，亦出现类似的现象，即在暴露未含有生物膜的微塑料样品后，溶液铜离子浓度为 964.7 μg·L^{-1}，较初始浓度下降，而在暴露含有生物膜的微塑料样品后，溶液中铜离子浓度为 951.0 μg·L^{-1}。可见，与未形成生物膜的微塑料相比，含有生物膜的微塑料对铜离子的吸附量更高。这一现象在前人的研究中亦有类似的发现。例如，Richard 等（2019）研究发现，对于自然河口水体中淹没的微塑料，低密度聚乙烯塑料颗粒表面生物膜的形成增加了微塑料对铜、铅、铝、钾、铀、钴、镁和锰等金属的吸附量，且对金属的积累量远高于其他材料（如聚乳酸颗粒、玻璃颗粒）；通过生物膜总量及单颗粒吸附的镍和铝量之间的似然比检验分析，发现二者呈正相关关系。然而，微塑料表面吸附的含水铁和锰氧化物亦可以通过吸附水中的金属来影响微塑料对金属的吸附，改变水中的金属元素浓度。因而，除了生物吸附金属元素外，金属与这些铁和锰氧化物共存被认为是导致微塑料吸附金属的另一种机制。然而，本节中采用的分析方法尚不能区分生物吸附、金属氧化吸附或是与生物群落相关的金属缔合等吸附方式，未来需进一步加强这方面的研究，以更好地阐明生物膜包被的微塑料表面对金属元素的富集与复合污染机理。

表 12.5　不同铜离子浓度下暴露薄膜样品（有生物膜/无生物膜）后的溶液中铜离子浓度（引自周倩，2020）

溶液 Cu 离子浓度（初始值）/（μg·L^{-1}）	薄膜暴露 12 h 后浓度 /（μg·L^{-1}）	薄膜+生物膜暴露 12 h 后浓度 /（μg·L^{-1}）
0	0.0	0.0
10	7.1	5.3
1000	964.7	951.0

可见，生物膜会促进微塑料与金属之间的相互作用，这可能影响水生生态系统。金属通过与微塑料结合在环境中发生迁移，可能会从沿海地区运输到金属浓

度较低的近海地区,有些金属可能成为海洋动物和生物膜内微生物物种的营养源,且生物膜的积累可能导致微塑料在海洋中的垂向迁移,并将其携带的金属暴露于底层底栖生物或生态系统中,造成潜在的生态风险。

海水培养 30 d 后聚乙烯薄膜表面形成了不同形貌类型的生物膜,菌体包括杆菌和球菌等,生物膜呈簇状、片状和斑块状分布。微塑料表面生物膜的形成能改变微塑料表面形貌,通过生物作用或物理作用产生凹坑、裂缝和小孔等。有生物膜形成的微塑料比无生物膜形成的微塑料吸附铜离子能力更强。环境中微塑料表面生物膜的形成能促进微塑料对环境中重金属(铜)的吸附,可能增强重金属在环境中的迁移性而产生潜在的生态环境风险,未来需要加强此类研究。

第三节　海岸带潮滩土壤中微塑料表面矿物的附着

微塑料的多孔表面特性,会使其表面镶嵌或黏附一些环境物质(如土壤颗粒、有机物质等)。这使微塑料表面变得更为复杂。本节通过采用不同的清洗方式,并结合 SEM-EDS 分析,证实微塑料表面确实黏附了一些外来物质(周倩等,2016)。如图 12.11(a)所示,微塑料表面的孔隙中存在许多外来杂质,通过能谱分析发现该杂质为黏土矿物[图 12.11(b)]。这些黏土矿物比较容易被清水冲洗干净,但有些黏附的物质经盐酸清洗后仍然能够被检测到。如图 12.11(c)和(d)所示,经 2 mol·L^{-1} 盐酸清洗,然后用纯净水超声清洗,微塑料表面仍可检测到含铁物质(铁氧化物)。铁氧化物在不同的环境条件下会以多种形态存在(如针铁矿、水铁矿、赤铁矿及无定形铁等),且具有不同的表面特性。因此,微塑料表面稳定存在的铁氧化物使得其表面成为一个有机-无机的复合表面,从而使化学污染物的表面结合状况变得更为复杂,值得深入研究。

一些微塑料(如发泡、颗粒和碎片类)的表面所黏附的生物体和/或原油可被检测,甚至肉眼可见[图 12.12(a)、(b)]。根据元素分析[能量色散 X 射线分析(EDX),图 12.12(c)],黏附的生物很可能是硅藻。微塑料表面硅藻壳的存在提示了生物膜的形成。生物膜可能会对微塑料的表面形态和特性产生影响。其他研究结果显示,许多类型的微生物(如硅藻、球藻、甲藻和细菌)和无脊椎动物(如苔藓虫、藤壶、等足类动物、海洋蠕虫和卤虫卵)可黏附在微塑料的表面(Reisser et al.,2014)。渤海经常发生溢油事故,溢出的石油可能会扩散到海洋中并污染周围的海滩,因此微塑料可能已被石油污染。漂浮在海面上的低密度原油具有很强的吸附在粗糙且疏水性微塑料表面的趋势。风化的微塑料也可以作为亲水性污染物(如抗生素、有机磷酸酯和邻苯二甲酸盐)的载体。

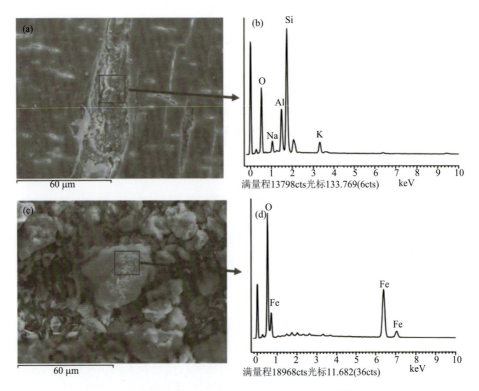

图 12.11　微塑料表面局部 SEM-EDS 图（引自周倩等，2016）

（a）、（b）未超声清洗的碎片类微塑料缝隙杂质及其能谱图；（c）、（d）2 mol·L^{-1}盐酸清洗并用纯净水超声清洗
后的碎片类微塑料表面杂质及其能谱图

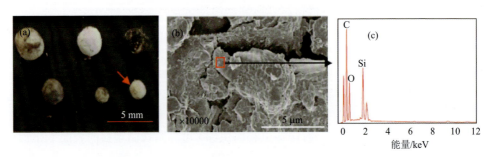

图 12.12　山东省海岸带潮滩土壤中风化的发泡类微塑料及其表面吸附物质的能谱图（引自
Zhou et al.，2018）

（a）附着原油的发泡类微塑料照片；（b）附着硅藻碎片的发泡类微塑料 SEM 图像；（c）EDX 光谱显示附着在发
泡类微塑料表面的物质中存在 C、O 和 Si 元素

结　语

　　本章介绍了潮滩风化发泡类微塑料对土霉素的吸附及影响因素、海水中薄膜微塑料表面生物膜对铜的吸附及影响因素，以及海岸带潮滩土壤中微塑料表面矿物的附着。与原始微塑料相比，潮滩风化发泡类微塑料对土霉素的吸附能力更强，这与其具有更高的比表面积、微孔面积和表面氧化程度有关。生物膜的形成增强了海水环境中微塑料表面对重金属（铜）的吸附。微塑料在外界环境作用下发生风化和老化，也进一步影响了环境中共存污染物在微塑料表面的附着和吸附行为，从而可改变环境中微塑料与共存污染物的环境行为和归趋。未来应重点关注海岸和海洋中微塑料的表面变化过程及其引发的生态环境效应。

参 考 文 献

潘科, 朱艾嘉, 徐志斌, 等. 2014. 中国近海和河口环境铜污染的状况. 生态毒理学报, 9(4): 618-631.

周倩. 2020. 海岸环境微塑料分布规律、表面变化及生物膜形成作用研究. 北京: 中国科学院大学.

周倩, 章海波, 周阳, 等. 2016. 滨海潮滩土壤中微塑料的分离及其表面微观特征. 科学通报, 61(14): 1604-1611.

Chen H, Liu S, Xu X R, et al. 2015. Antibiotics in the coastal environment of the Hailing Bay region, South China Sea: Spatial distribution, source analysis and ecological risks. Marine Pollution Bulletin, 95(1): 365-373.

Chen W, Ouyang Z Y, Qian C, et al. 2018. Induced structural changes of humic acid by exposure of polystyrene microplastics: A spectroscopic insight. Environmental Pollution, 233: 1-7.

Endo S, Takizawa R, Okuda K, et al. 2005. Concentration of polychlorinated biphenyls (PCBs) in beached resin pellets: Variability among individual particles and regional differences. Marine Pollution Bulletin, 50(10): 1103-1114.

Fotopoulou K N, Karapanagioti H K. 2015. Surface properties of beached plastics. Environmental Science and Pollution Research, 22: 11022-11032.

Frias J P G L, Sobral P, Ferreira A M. 2010. Organic pollutants in microplastics from two beaches of the Portuguese coast. Marine Pollution Bulletin, 60(11): 1988-1992.

Johansen M P, Cresswell T, Davis J, et al. 2019. Biofilm-enhanced adsorption of strong and weak cations onto different microplastic sample types: Use of spectroscopy, microscopy and radiotracer methods. Water Research, 158: 392-400.

Kurniawan A, Yamamoto T, Tsuchiya Y, et al. 2012. Analysis of the ion adsorption—Desorption characteristics of biofilm matrices. Microbes and Environments, 27(4): 399-406.

Liu X, Zhang H, Li L, et al. 2016. Levels, distributions and sources of veterinary antibiotics in the sediments of the Bohai Sea in China and surrounding estuaries. Marine Pollution Bulletin, 109(1): 597-602.

Ogata Y, Takada H, Mizukawa K, et al. 2009. International pellet watch: Global monitoring of persistent organic pollutants (POPs) in coastal waters. 1. Initial phase data on PCBs, DDTs, and HCHs. Marine Pollution Bulletin, 58(10): 1437-1446.

Reisser J, Shaw J, Hallegraeff G, et al. 2014. Millimeter-sized marine plastics: A new pelagic habitat for microorganisms and invertebrates. PLoS One, 9(6): e100289.

Richard H, Carpenter E J, Komada T, et al. 2019. Biofilm facilitates metal accumulation onto microplastics in estuarine waters. Science of the Total Environment, 683: 600-608.

Seidensticker S, Zarfl C, Cirpka O A, et al. 2017. Shift in mass transfer of wastewater contaminants from microplastics in the presence of dissolved substances. Environmental Science & Technology, 51(21): 12254-12263.

Sun H, Shi X, Mao J, et al. 2010. Tetracycline sorption to coal and soil humic acids: An examination of humic structural heterogeneity. Environmental Toxicology and Chemistry, 29(9): 1934-1942.

Weber W J, Morris J C. 1962. Advances in water pollution research: Removal of biologically resistant pollutant from waste water by adsorption. Proceedings of 1st International Conference on Water Pollution Symposium, 2: 231-266.

Wu C, Zhang K, Huang X, et al. 2016. Sorption of pharmaceuticals and personal care products to polyethylene debris. Environmental Science and Pollution Research, 23: 8819-8826.

Xu L, Wang T, Ni K, et al. 2013. Metals contamination along the watershed and estuarine areas of southern Bohai Sea, China. Marine Pollution Bulletin, 74(1): 453-463.

Zettler E R, Mincer T J, Amaral-Zettler L A. 2013. Life in the "plastisphere": Microbial communities on plastic marine debris. Environmental Science & Technology, 47(13): 7137-7146.

Zhang H, Wang J, Zhou B, et al. 2018. Enhanced adsorption of oxytetracycline to weathered microplastic polystyrene: Kinetics, isotherms and influencing factors. Environmental Pollution, 243: 1550-1557.

Zhang R, Tang J, Li J, et al. 2013. Occurrence and risks of antibiotics in the coastal aquatic environment of the Yellow Sea, North China. Science of the Total Environment, 450: 197-204.

Zhao Y, Gu X, Gao S, et al. 2012. Adsorption of tetracycline (TC) onto montmorillonite: Cations and humic acid effects. Geoderma, 183: 12-18.

Zhou Q, Tu C, Liu Y, et al. 2022. Biofilm enhances the copper (II) adsorption on microplastic surfaces in coastal seawater: Simultaneous evidence from visualization and quantification. Science of the Total Environment, 853: 158217.

Zhou Q, Zhang H, Fu C, et al. 2018. The distribution and morphology of microplastics in coastal soils adjacent to the Bohai Sea and the Yellow Sea. Geoderma, 322: 201-208.

第十三章 土壤-植物系统中微塑料的生态效应

来源广泛的微塑料能够对土壤环境及生命体产生影响。微塑料不但可以释放出重金属和邻苯二甲酸酯等有害添加剂,还可以从环境中吸附重金属、持久性有机污染物和病原微生物。同时,微塑料能在表层土壤中长期积累和随径流迁移,并可风化降解成粒径更小的微塑料甚至是纳米塑料,迁移到地下水中。长期积累在环境中的微塑料不仅会影响土壤理化性质,而且会对土壤环境中动物生长、发育和繁殖造成危害,对植物的生长产生影响,甚至会影响土壤酶活性,改变土壤中微生物群落组成和多样性。本章分别介绍微塑料对土壤理化性质、酶活性和微生物的影响,微塑料对土壤无脊椎动物生长、发育和繁殖的影响,以及微塑料对植物生长与生理的影响,旨在阐明土壤-植物系统中微塑料的生态效应。

第一节 微塑料对土壤理化性质、酶活性和微生物的影响

微塑料的存在影响土壤水力特征和土壤团聚体的变化,这种影响的程度在不同类型微塑料间的差异较大。聚酯纤维(PES)能显著降低土壤水稳性团聚体的含量,而聚乙烯(PE)碎片的影响不显著。PES 促进了土壤中大团聚体(>1 mm)的形成,且 PES 能够增强土壤持水力,使水饱和度长期保持在较高水平(de Souza Machado et al.,2018)。土壤中塑料薄膜可显著增加土壤水分蒸发速率并导致土壤开裂。随着塑料丰度增加和粒径减小,微塑料对土壤水分蒸发速率的影响越显著(Wan et al.,2019)。微塑料甚至可以影响土壤中的碳、氮、磷循环(杨杰等,2021)。低密度聚乙烯(LDPE)和生物可降解塑料会对土壤 pH、电导率(EC)及碳氮比产生较大影响,且生物可降解塑料显著影响了小麦根际挥发性有机物的释放(Qi et al.,2020)。当土壤暴露于 0.2%(质量分数)聚乙烯(PE)、聚苯乙烯(PS)、聚酰胺(PA)和聚乳酸(PLA)时,土壤 DOC 和 NO_3-N 含量降低,土壤速效磷含量显著增加(Feng et al.,2022)。土壤中加入聚丙烯(PP)微塑料 30 d 后,土壤可溶性有机物(DOM)中的可溶性有机碳、氮、磷随微塑料添加量的增加而增加(Liu et al.,2017)。

土壤有着丰富的微生物多样性,土壤微生物在碳、氮、磷循环和环境污染物的解毒等方面发挥着重要作用(Aislabie et al.,2013)。土壤酶活性反映了土壤微生物的活性。长期使用 PE 薄膜显著抑制了土壤脲酶活性,进而改变了土壤中碳氮循环相关基因的丰度(Qian et al.,2018)。粒径更小的 PS 纳米塑料对参与土

壤碳氮磷循环的酶和脱氢酶的活性有抑制作用（Awet et al.，2018）。而 PP 微塑料（7%和28%的质量分数）却提高了土壤中荧光素二乙酸酯水解酶（FDAse）活性（Liu et al.，2017）。PE 和 PVC 加入土壤后均刺激了脲酶和酸性磷酸酶的活性，抑制了荧光素二乙酸酯水解酶的活性（Fei et al.，2019）。

　　微塑料会对土壤根系微生物群落组成产生影响，破坏有益的植物-微生物相互作用体系。同时，微塑料能为微生物提供吸附位点，使微生物可以长期生存于微塑料的表面并形成生物膜，在微塑料碎片上形成明显不同于土壤的微生物群落，这可能会改变土壤的功能特性（Huang et al.，2019）。Zhang 等（2019）观察到薄膜微塑料的凹槽和分裂处易于各种微生物生长，成为微生物群落的一个独特的栖息地，微生物群落在微塑料上的结构与在周围土壤、枯枝落叶和大塑料上有着明显不同，在塑料上富集了一些可降解 PE 的微生物群落，如放线菌门、拟杆菌门和变形菌门。Zhu 等（2022a）也观察到变形菌和放线菌在塑料菌群中占主导地位。不同聚合物类型的微塑料对细菌多样性和群落结构的影响不同。在相同粒径（200 μm）和浓度（2%质量分数）下，PE 对小麦根际细菌丰富度和多样性的破坏程度大于 PS 或 PVC（Zhu et al.，2022b）。另一研究表明，与 PET 相比，PLA（2%质量分数）能够快速产生代谢产物并释放添加物，引起丛枝菌根真菌群落组成的显著变化（Liu et al.，2023）。微塑料表面的细菌积累后具有更高的生物毒性，进入机体后容易引起机体感染；且生物膜的存在可能导致微塑料吸附更多污染物（Richard et al.，2019）。微塑料形貌和表面结构的不同可造成其表面生物膜组成和微生物群落结构的差异（Parrish and Fahrenfeld，2019）。

第二节　微塑料对土壤无脊椎动物生长、发育和繁殖的影响

　　微塑料能够影响生活在土壤中的无脊椎动物和植物，改变土壤的微生物群落结构和多样性（图13.1）。前期研究报道，微塑料能够被土壤原生动物（纤毛虫、鞭毛虫和变形虫等）吞食（Rillig and Lehmann, 2020）。聚苯乙烯（PS）能显著影响秀丽隐杆线虫（*Caenorhabditis elegans*）的体长、生存率、繁殖率和氧化应激基因，且这些影响具有尺寸效应。1 μm 的微塑料与 0.1 μm、0.5 μm、2 μm、5 μm 的微塑料相比，对线虫生存、寿命和运动神经元等影响更严重（Lei et al.，2018）。微塑料还可能影响土壤无脊椎动物的生长、发育和繁殖。目前，关于微塑料对土壤无脊椎动物毒性作用的研究主要集中于蚯蚓和跳虫（Zhu et al.，2018a；Gaylor et al.，2013）。微塑料的大小和浓度是最常研究的影响因素。例如，当安德爱胜蚓（*Eisenia andrei*）暴露于 10 mg·kg^{-1} 不同大小（100 nm、1 μm、10 μm 和 100 μm）的聚苯乙烯（PS）微塑料时，微米尺寸的塑料对安德爱胜蚓腔胞细胞造成的 DNA 损伤比纳米尺寸的塑料更严重（Xu et al.，2021）。蚯蚓摄食微塑料后，引发肠道

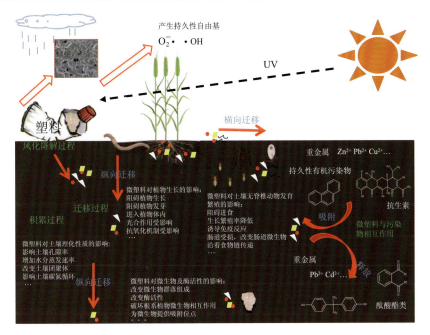

图 13.1　土壤–植物系统中微塑料的生态风险（引自杨杰等，2021）

损伤和繁殖率下降，这与土壤中微塑料含量相关。Rodriguez-Seijo 等（2017）指出，聚乙烯（PE）微塑料在土壤（干重）中浓度低于 0.1%（质量分数）时，虽然引起了蚯蚓肠道的组织病理学变化，但并未影响蚯蚓的体重及繁殖率。当浓度达到 1%（质量分数）以上时，蚯蚓生长受阻且死亡率增加（Cao et al.，2017）。当蚯蚓分别暴露于 20%（质量分数）的 PE 和 PS 微塑料中 14 d 后，蚯蚓体内的过氧化氢酶、过氧化物酶及脂质过氧化水平提高，而超氧化物歧化酶和谷胱甘肽的水平受到了抑制（Wang et al.，2019）。聚酯纤维（PES）同样能对蚯蚓生长与生理活性产生影响。经过 35 d 的培养实验，当土壤中 PES 的质量浓度达 1.0%时，蚯蚓体内应激生物标志物金属硫蛋白（mt-2）基因表达量增加了 24.3 倍，热休克蛋白（hsp70）基因表达量降低了 90%（Prendergast-Miller et al.，2019）。跳虫（*Folsomia candida*）也有相似的规律。当土壤中 PE 微塑料浓度为 0.1%（质量分数）时，跳虫繁殖受到抑制；浓度为 0.5%（质量分数）时，显著改变了跳虫肠道微生物群落，降低了细菌多样性；浓度达到 1%（质量分数）时，微塑料处理组的跳虫与对照组的跳虫相比，繁殖率下降了 70.2%（Ju et al.，2019）。其他土壤动物同样会受到微塑料影响。当暴露于高浓度纳米 PS 塑料微球（10%）时，线蚓（*Enchytraeus crypticus*）肠道微生物群落中根瘤菌科、黄杆菌科等菌科的相对丰度降低，这些群落中包含了有助于氮循环和有机物分解的关键微生物（Zhu et al.，2018b）。然而，微塑料对土壤无脊椎动物的影响不仅仅是因为微塑料被摄入体内，也可能是因为其改变了周围环境或者是对生物体的物理伤害（Selonen et al.，2020）。有关微塑料对土壤无脊椎动物损害的作用机理和阈值还有待深入研究。

第三节　微塑料对植物生长与生理的影响

微塑料在植物体内的积累影响了植物的生长和生理生化特征。前期研究（Wang et al.，2022）表明，微塑料可对植物的生理生化指标产生抑制效应，主要包括延迟种子萌发、抑制植物生长、改变根系性状、减少生物量、干扰光合作用，以及造成氧化损伤并导致遗传毒性等。但也有研究发现，微塑料对植物的生长和生理指标具有促进作用。因此，关于微塑料对植物毒性效应的研究结果并不一致，大多数研究仅在特定的条件（微塑料特性、暴露剂量和植物种类）下，探究了微塑料本身对植物生长和生理产生的毒性效应，并未考虑微塑料中释放的化学物质对植物的潜在影响。目前，有关微塑料对作物的毒性效应及其潜在机制的研究仍不足，需要深入探究植物-微塑料的相互作用。为了进一步验证微塑料的植物毒性是由微塑料自身还是其释放的化学物质引起的，本节以小麦为供试植物，以单分散聚苯乙烯微球为供试微塑料，利用透析膜装置获取微塑料透析液，比较了微塑料原液及其透析液培养下的小麦幼苗的根长、株高、生物量、种子发芽、叶片光合色素、气孔导度、蒸腾作用等指标的变化，综合分析微塑料对小麦种子萌发和幼苗生长及其光合系统的毒性效应；测定了小麦幼苗不同组织的过氧化氢酶（CAT）活性、丙二醛（MDA）含量及可溶性蛋白含量，分析了微塑料对小麦幼苗不同组织渗透调节功能的影响。

研究结果表明：不同浓度（0 mg·L^{-1}、0.5 mg·L^{-1}、5 mg·L^{-1}、50 mg·L^{-1}和 200 mg·L^{-1}）的 0.2 μm 聚苯乙烯（PS）对小麦种子的发芽势和发芽指数没有显著影响[图 13.2（a）、（b）]。与对照组相比，添加微球对小麦的发芽率和平均发芽速度均有一定的抑制作用，其中，中高浓度（50 mg·L^{-1}）的 0.2 μm PS 显著降低了小麦种子在 7 d 周期内的发芽率（$p < 0.05$）[图 13.2（c）]，而低浓度的 0.2 μm PS 仅在 5 mg·L^{-1} 暴露浓度下显著降低了小麦种子的平均发芽速度（$p < 0.05$）[图 13.2（d）]。这可能是因为微塑料容易吸附并积累到植物种子表面上，尤其容易堵塞表皮气孔（4.8 nm），减少植物种子对水分与营养物质的吸收，从而延缓种子萌发（Bosker et al.，2019）。种子萌发过程是种子利用其自身内部贮藏物质进行发芽，本节研究结果显示，在 50 mg·L^{-1} 聚苯乙烯微球暴露 7 d 后，小麦种子的抗氧化系统受到损伤[图 13.2（e）]。小麦种子中丙二醛含量增加，其中 PS 暴露浓度在 5 mg·L^{-1} 和 50 mg·L^{-1} 时毒性效应达到显著性差异（$p < 0.01$）[图 13.2（f）]。小麦种子内可溶性蛋白为种子萌发提供了能量，而高浓度聚苯乙烯微球（≥50 mg·L^{-1}）的添加导致小麦种子的生命代谢减弱，可溶性蛋白消耗减少[图 13.2（g）]。Guo

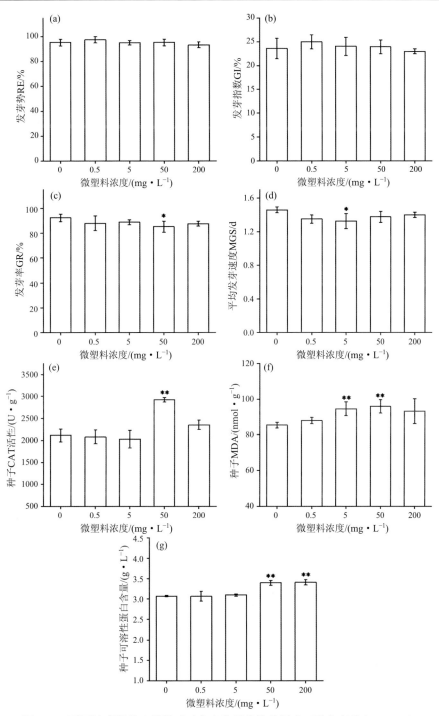

图 13.2　不同浓度聚苯乙烯微球对小麦种子萌发的影响（引自李瑞杰，2023）

*和**分别表示不同浓度微球对小麦种子萌发的不同指标具有显著性（$p<0.05$）或极显著性（$p<0.01$）差异，下同

等（2022）也发现小麦种子的可溶性蛋白含量随着 PS 浓度的增加而增加。可见，微塑料不仅能堵塞植物表皮气孔，同时也会损害萌发过程中种子抗氧化系统和膜渗透系统，进而导致植物发芽率降低。但也有研究发现，微塑料对植物种子发芽率的影响取决于微塑料的粒径、浓度和类型。

聚苯乙烯微球对小麦幼苗生长的影响如图 13.3 所示。低浓度 PS（0.5 mg·L^{-1} 和 5 mg·L^{-1}）对小麦幼苗的根长和株高没有显著影响[图 13.3（a）]；然而，中高浓度 PS（50 mg·L^{-1} 和 200 mg·L^{-1}）暴露下，小麦幼苗株高显著减少了 17.9%（50 mg·L^{-1}），根长显著减少了 6.4%（200 mg·L^{-1}）（$p < 0.05$）。这一结果与小麦幼苗暴露在中高浓度 PS（50 mg·L^{-1} 和 200 mg·L^{-1}）后所产生抗氧化损伤和膜脂质过氧化损伤相一致（图 13.6）。可以推测，中高浓度 PS 暴露能诱导小麦幼苗体内产生过量活性氧（ROS）或细胞膜损伤，从而导致根长和株高的减少。此前的研究也报道了类似的结果，中高浓度（100 mg·kg^{-1} 和 500 mg·kg^{-1}）聚乙烯微塑料对蚕豆生长起到抑制作用（叶子琪等，2021）；3 μm 聚苯乙烯微塑料在低浓度（5~30 mg·L^{-1}）时对黑藻生物量、株高无显著影响（张晨等，2021）。

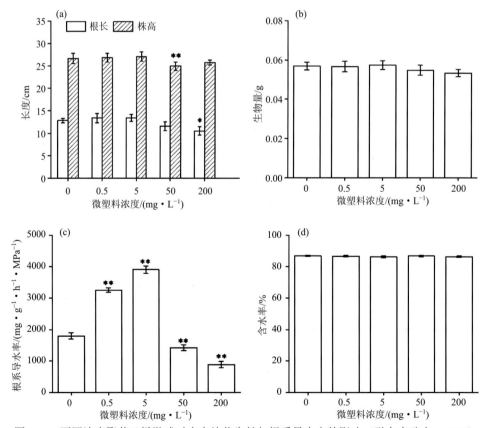

图 13.3　不同浓度聚苯乙烯微球对小麦幼苗生长与根系导水率的影响（引自李瑞杰，2023）

聚苯乙烯微球对小麦幼苗根系导水率和含水率的影响如图 13.3 所示，水培状态下 PS 的存在对小麦幼苗的生物量及含水率均无显著影响[图 13.3（b）、（d）]，而不同浓度的 PS 对小麦幼苗的根系导水率有不同的影响[图 13.3（c）]，PS 对根系导水率存在剂量依赖效应，低浓度（≤ 5 mg·L^{-1}）PS 能显著增加小麦幼苗的根系导水率，而较高浓度（≥ 50 mg·L^{-1}）对根系导水率有抑制作用。暴露于 0.5 mg·L^{-1} 和 5 mg·L^{-1} 微球时，小麦幼苗根系导水率分别显著提高了 80.6%和 117.2%；然而，暴露于 50 mg·L^{-1} 和 200 mg·L^{-1} 微球时，小麦幼苗根系导水率分别显著降低了 21.1%和 50.7%（$p < 0.05$）。这可能是由于低浓度的微塑料能诱导植物根系水通道蛋白的过表达，产生更高的根系导水率和水利用效率（Alavilli et al., 2016）。有研究表明，多壁碳纳米管等纳米塑料增加了根中水通道蛋白的表达（Martínez-Ballesta and Carvajal, 2014）。但高浓度 PS 暴露可抑制植物水通道蛋白的表达，进而抑制植物根系导水率；也可能是由于高浓度微塑料在植物根内的积累团聚阻碍了质外体途径中的水分传输，这一结果与 Asli 和 Neumann（2009）的研究结论相似，粒径大于 20 nm 的纳米颗粒的团聚堵塞是降低植物根系导水率的分子机制（Asli and Neumann, 2009）。本节的水培环境使植物根系在导水率受到抑制的条件下，仍能保持正常的水分吸收[图 13.3（d）]，进而保持植物体内水分平衡，维持植物生长。

植物在非生物胁迫下产生根系分泌物，并参与维持植物和土壤微生物之间的平衡，以减轻对植物的非生物胁迫，进而维持植物在不利环境中的正常生长。植物可以通过改变根分泌物中黏胶、酶和有机酸的比例来适应环境和营养吸收的变化，这种适应过程可能会影响植物根系分泌物的组成和含量。本节研究表明，聚苯乙烯微球的添加不会显著影响根际根系分泌物的组成。如图 13.4（a）所示，根系分泌物收集液显示出两个特征峰，分别位于约 230 nm/340 nm 和 280 nm/340 nm 的激发/发射波长处，这与由含氮基团如色氨酸产生的简单类蛋白物质有关。在根系分泌物含量上，不同浓度微球之间有明显的差异[图 13.4（b）、（c）]。与对照组相比，中低浓度（0.5 mg·L^{-1}、50 mg·L^{-1}）微球暴露下的小麦幼苗培养液中总有机碳（TOC）浓度略高，而高浓度微球暴露后的小麦幼苗培养液中 TOC 浓度显著升高了 24.53%（$p < 0.05$）。以往的研究表明，金属纳米颗粒能提高生菜和萝卜根系分泌物的总含量，且根系分泌物的增加提高了根际金属纳米粒子的溶解（Zhang et al., 2017）。有研究报道称，在环境胁迫下，根系分泌物将比正常生长状态下增加 1000 倍（Vranova et al., 2013）。当根系分泌物的电荷与微塑料上表面配体的电荷相同时，微塑料在培养液中分散良好，可导致小麦幼苗根系对微塑料的吸收增加。相反，当微塑料表面配体上的电荷与根系分泌物上的电荷不同时，微塑料与分泌物容易发生吸附和团聚而造成植物吸收和积累的纳米塑料减少（Sun et al., 2020）。微塑料和根系分泌物之间的相互作用取决于它们之间的键合作用。聚苯乙烯微塑料有饱和 C—C 键和苯环侧基，这种键合作用被认为是弱极性的，

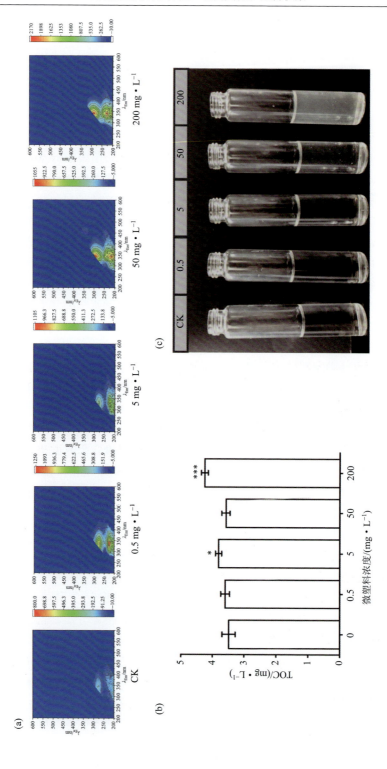

图 13.4　不同浓度微球对小麦幼苗根系分泌物的影响

小麦幼苗根系分泌物中的蛋白质能够与弱极性聚苯乙烯微塑料发生偶极均极排斥和杂极吸引作用（Dong et al., 2021），使聚苯乙烯微塑料容易分散到根系分泌物中。

　　微塑料能干扰植物的光合作用过程，而光合色素含量是植物光合能力的重要指标。如图 13.5（a）所示，对于不同浓度的 PS 暴露，小麦幼苗的光合色素含量变化趋势不同，与对照组相比，小麦叶片的 Chl a 含量均有所下降，在微球暴露浓度 ≥ 5 mg·L^{-1} 时，影响达到显著性差异水平，Chl a 含量在微球暴露浓度 5 mg·L^{-1}、50 mg·L^{-1} 和 200 mg·L^{-1} 时分别显著降低了 10.3%、10.6% 和 14.8%（$p < 0.05$）。小麦幼苗叶片中 Chl b 含量仅在中高浓度（≥ 50 mg·L^{-1}）暴露水平下呈显著下降趋势，在微球暴露浓度 50 mg·L^{-1} 和 200 mg·L^{-1} 时分别显著降低了 16.2% 和 19.9%（$p < 0.05$）。总光合色素含量与 Chl b 影响趋势相同，在微球暴露浓度 50 mg·L^{-1} 和 200 mg·L^{-1} 时分别显著降低了 13.6% 和 17.2%（$p < 0.05$）。这可能是由于中高浓度 PS 暴露下，小麦叶片叶绿体和类囊体结构发生改变，最终导致叶绿素含量降低，从而减弱光合作用强度（Yu et al., 2020）。Sun 等（2020）的研究也发现，70 nm 聚苯乙烯纳米塑料显著降低了拟南芥叶片的叶绿素含量。随后，Meng 等（2021）发现，0.5% 的低密度聚乙烯微塑料能显著降低菜豆叶片的叶绿素含量。而 Pignattelli 等（2020）却发现暴露于 0.125 mm 的聚乙烯、聚氯乙烯以及聚丙烯微塑料的水芹叶片光合色素均显著增加。造成上述实验结果不一致的原因可能在于实验所使用的微塑料粒径、浓度和材质之间的差异，大粒径微塑料在植物体内的吸收受到阻碍，降低了植物体内微塑料的积累，进而减轻了光合作用的胁迫。

　　本节同时检测了小麦幼苗的其他光合作用参数，以确定暴露微塑料后小麦幼苗叶片的光合作用活性，如净光合速率（Pn）、蒸腾速率（Tr）、气孔导度（Gs）和胞间二氧化碳浓度（Ci）。不同浓度聚苯乙烯微球暴露条件下，小麦幼苗叶片光合作用参数的改变情况如图 13.5（b）～（e）所示。与对照组相比，高浓度（200 mg·L^{-1}）的 PS 能显著降低叶片 Pn、Tr 和 Gs，分别降低了 12.5%、19.7% 和 29.7%（$p < 0.05$）。而当 PS 浓度为 50 mg·L^{-1} 时，小麦叶片 Pn 和 Gs 分别显著降低了 14.5% 和 23.5%（$p < 0.05$）。植物叶片气孔作为植物水分和二氧化碳运输的安全阀，对植物根系导水性的改变非常敏感（Fu et al., 2022），可直接影响植物的蒸腾速率，进而影响植物的净光合速率。例如，小麦叶片通过降低气孔导度来应对根系导水率的限制 [图 13.5（c）]。这与 Gao 等（2019）的研究一致，即微塑料降低了生菜叶片的光合速率、气孔导度、瞬时蒸腾速率等参数。目前微塑料引起小麦幼苗叶片光合作用减弱的机理并不明确，因此，迫切需要深入研究来阐明微塑料对植物光合作用过程的影响机制。

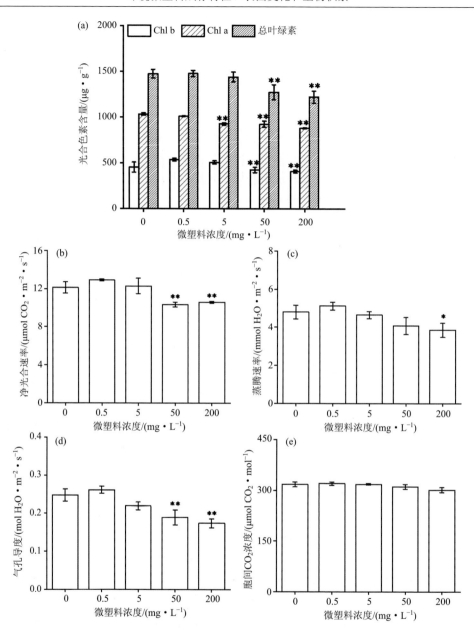

图 13.5 不同浓度微球对小麦幼苗叶片光合作用的影响

　　植物体内抗氧化酶的主要作用是保护植物生物大分子免受活性氧（ROS）损伤。植物抗氧化酶活性的变化能反映微塑料等污染物的毒性作用。小麦根部和地上部的过氧化氢酶（CAT）活性如图 13.6（a）所示，与对照组相比，不同浓度 PS 对小麦幼苗根和地上部的 CAT 活性影响趋势不一致。5 mg · L^{-1}、

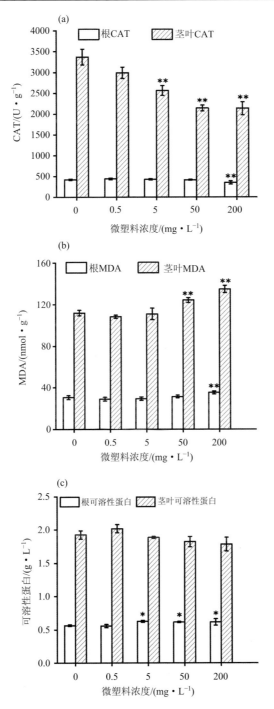

图 13.6 不同浓度微球对小麦幼苗 CAT、MDA 和可溶性蛋白的影响

50 mg·L^{-1} 和 200 mg·L^{-1} PS 暴露处理的小麦幼苗茎叶的 CAT 活性分别显著降低了 23.9%、36.6% 和 36.8%（$p < 0.05$）。然而，在 PS 暴露浓度为 5 mg·L^{-1} 和 50 mg·L^{-1} 时，根系中的 CAT 活性无显著变化，仅在高浓度（200 mg·L^{-1}）PS 暴露下，根系中的 CAT 活性显著降低了 17.6%。高浓度的 PS 暴露可以显著降低 CAT 的活性，可能是由于 CAT 作为 ROS 清除剂而被显著消耗，或者是由于酶失活和 δ-氨基乙酰丙酸的合成被抑制。CAT 活性的降低表明氧化应激已经超过了植物自身的清除能力，从而导致了膜通透性的降低。本节研究结果与水稻叶片对 PS 纳米塑料的抗氧化反应相似（Wu et al., 2020）。Jiang 等（2019）发现，较低浓度的 PS 暴露可引发蚕豆根系细胞的抗氧化防御机制；但在较高浓度的 PS 暴露下，产生的过量 ROS 不能迅速消除，导致蚕豆中脂质过氧化反应的增加。

　　MDA 是细胞膜中不饱和脂肪酸发生过氧化反应产生的，MDA 含量反映了细胞膜损伤的状态和程度，可以作为细胞衰老和抗逆性反应的指标之一。小麦根部和地上部的 MDA 含量如图 13.6（b）所示，与对照组相比，中高浓度（≥ 50 mg·L^{-1}）PS 暴露处理对小麦幼苗茎叶中 MDA 含量的影响显著，分别增加了 11.1%（50 mg·L^{-1}）和 20.5%（200 mg·L^{-1}）。在 200 mg·L^{-1} PS 暴露处理下，小麦幼苗根系 MDA 含量显著增加了 15.4%（$p < 0.05$）。因此，微塑料的暴露对植物细胞膜产生了脂质过氧化损伤。

　　植物体内多数酶以可溶性蛋白的形式存在，可溶性蛋白在保护细胞膜渗透调节系统和维持细胞内酶系统稳定中发挥了重要作用。不同浓度微球暴露后，小麦幼苗根和茎叶的可溶性蛋白含量变化如图 13.6（c）所示。随着 PS 浓度的增加，小麦幼苗根和茎叶的可溶性蛋白含量表现出不一致的规律。在 5~200 mg·L^{-1} 浓度范围内，小麦茎叶可溶性蛋白含量呈下降趋势，但差异无统计学意义（$p > 0.05$）。与对照相比，PS 暴露处理（≥ 5 mg·L^{-1}）对根可溶性蛋白含量影响显著（$p < 0.05$），分别显著增加了 11.0%（5 mg·L^{-1}）、9.1%（50 mg·L^{-1}）和 9.1%（200 mg·L^{-1}）。可溶性蛋白可以间接代表植物的总代谢强度。微塑料在培养基中通过直接与小麦根系相互作用提高根系代谢，从而提高可溶性蛋白的含量。而微塑料对植物叶片中可溶性蛋白产生的抑制作用与植物的代谢活动有关，可以追溯到其对光合作用系统的影响（Liao et al., 2019）。此外，微塑料可能影响植物在不同生长阶段蛋白质合成相关基因的表达，这也是植物应对非生物胁迫而产生的应激反应（Yu et al., 2020）。

结　语

微塑料污染使全球陆地生态系统受到影响,微塑料与土壤-植物间的相互作用越来越受到关注。本章系统性综述了土壤-植物系统中微塑料的生态效应,微塑料在土壤中难以降解,当累积到一定水平后会对土壤容重、土壤团聚体、土壤pH、孔径分布和水力传导性等理化性质产生影响,进而影响土壤中碳、氮、磷等元素的循环;微塑料还会对动植物的生长发育产生负面影响;长期存在于土壤中的微塑料还会改变土壤微生物群落结构和多样性。因类型、粒径、形状、浓度以及环境因素不同所产生的影响也不同。目前微塑料对土壤生态效应的研究主要在短期和高浓度暴露条件下进行,未来需要更多地关注微/纳塑料在接近环境浓度和条件下的长期暴露对陆地土壤生态系统的影响与反馈效应。

参 考 文 献

李瑞杰. 2023. 农作物对微塑料的吸收过程与传输机制及其量化方法研究. 北京: 中国科学院大学.

杨杰, 李连祯, 周倩, 等. 2021. 土壤环境中微塑料污染: 来源、过程及风险. 土壤学报, 58(2): 281-298.

叶子琪, 蒋小峰, 汤其阳, 等. 2021. 聚乙烯微塑料对蚕豆幼苗的毒性效应. 南京大学学报(自然科学), 57(3): 385-392.

张晨, 简敏菲, 陈宇蒙, 等. 2021. 聚苯乙烯微塑料对黑藻生长及生理生化特征的影响. 应用生态学报, 32(1): 317-325.

Aislabie J, Deslippe J R, Dymond J. 2013. Soil Microbes and Their Contribution to Soil Services, Ecosystem Services in New Zealand: Conditions and Trends. Lincoln, New Zealand: Manaaki Whenua Press.

Alavilli H, Awasthi J P, Rout G R, et al. 2016. Overexpression of a barley aquaporin gene, *HvPIP2;5* confers salt and osmotic stress tolerance in yeast and plants. Frontiers in Plant Science, 7: 1566.

Asli S, Neumann P M. 2009. Colloidal suspensions of clay or titanium dioxide nanoparticles can inhibit leaf growth and transpiration via physical effects on root water transport. Plant Cell and Environment, 32: 577-584.

Awet T, Kohl Y, Meier F, et al. 2018. Effects of polystyrene nanoparticles on the microbiota and functional diversity of enzymes in soil. Environmental Sciences Europe, 30(1): 1-10.

Bosker T, Bouwman L J, Brun N R, et al. 2019. Microplastics accumulate on pores in seed capsule and delay germination and root growth of the terrestrial vascular plant *Lepidium sativum*. Chemosphere, 226: 774-781.

Cao D D, Wang X, Luo X X, et al. 2017. Effects of polystyrene microplastics on the fitness of earthworms in an agricultural soil. IOP Conference Series: Earth and Environmental Science, 61:

012148.

de Souza Machado A A, Lau C W, Till J, et al. 2018. Impacts of microplastics on the soil biophysical environment. Environmental Science & Technology, 52(17): 9656-9665.

Dong Y, Gao M, Qiu W, et al. 2021. Uptake of microplastics by carrots in presence of As (III): Combined toxic effects. Journal of Hazardous Materials, 411: 125055.

Fei Y F, Huang S Y, Zhang H B, et al. 2019. Response of soil enzyme activities and bacterial communities to the accumulation of microplastics in an acid cropped soil. Science of the Total Environment, 7: 135634.

Feng X, Wang Q, Sun Y, et al. 2022. Microplastics change soil properties, heavy metal availability and bacterial community in a Pb-Zn-contaminated soil. Journal of Hazardous Materials, 424: 127364.

Fu Q, Lai J, Ji X, et al. 2022. Alterations of the rhizosphere soil microbial community composition and metabolite profiles of *Zea mays* by polyethylene-particles of different molecular weights. Journal of Hazardous Materials, 423: 127062.

Gao M L, Liu Y, Song Z G. 2019. Effects of polyethylene microplastic on the phytotoxicity of di-n-butyl phthalate in lettuce (*Lactuca sativa* L. var. *ramosa* Hort). Chemosphere, 237: 124482.

Gaylor M O, Harvey E, Hale R C. 2013. Polybrominated diphenyl ether (PBDE) accumulation by earthworms (*Eisenia fetida*) exposed to biosolids-, polyurethane foam microparticle-, and penta-BDE-amended soils. Environmental Science & Technology, 47(23): 13831-13839.

Guo M, Zhao F, Tian L, et al. 2022. Effects of polystyrene microplastics on the seed germination of herbaceous ornamental plants. Science of the Total Environment, 809: 151100.

Huang Y, Zhao Y R, Wang J, et al. 2019. LDPE microplastic films alter microbial community composition and enzymatic activities in soil. Environmental Pollution, 254(Pt A): 112983.

Jiang X F, Chen H, Liao Y C, et al. 2019. Ecotoxicity and genotoxicity of polystyrene microplastics on higher plant *Vicia faba*. Environmental Pollution, 250: 831-838.

Ju H, Zhu D, Qiao M. 2019. Effects of polyethylene microplastics on the gut microbial community, reproduction and avoidance behaviors of the soil springtail, *Folsomia candida*. Environmental Pollution, 247: 890-897.

Lei L L, Liu M T, Song Y, et al. 2018. Polystyrene (nano)microplastics cause size-dependent neurotoxicity, oxidative damage and other adverse effects in *Caenorhabditis elegans*. Environmental Science: Nano, 8: 2009-2020.

Liao Y C, Nazygul J, Li M, et al. 2019. Effects of microplastics on the growth, physiological and biochemical characteristics of wheat (*Triticum aestivum* L.). Journal of Agro-Environment Science, 38: 737-745.

Liu H F, Yang X M, Liu G B, et al. 2017. Response of soil dissolved organic matter to microplastic addition in Chinese loess soil. Chemosphere, 185: 907-917.

Liu Y, Cui W, Li W, et al. 2023. Effects of microplastics on cadmium accumulation by rice and arbuscular mycorrhizal fungal communities in cadmium-contaminated soil. Journal of

Hazardous Materials, 442: 130102.

Martínez-Ballesta M C, Carvajal M. 2014. New challenges in plant aquaporin biotechnology. Plant Science, 217-218: 71-77.

Meng F R, Yang X M, Riksen M, et al. 2021. Response of common bean (*Phaseolus vulgaris* L.) growth to soil contaminated with microplastics. Science of the Total Environment, 755: 142516.

Parrish K, Fahrenfeld N. 2019. Microplastic biofilm in freshand wastewater as a function of microparticle type and size class. Environmental Science: Water Research & Technology, 5(3): 495-505.

Pignattelli S, Broccoli A, Renzi M. 2020. Physiological responses of garden cress (*L. sativum*) to different types of microplastics. Science of the Total Environment, 727: 138609.

Prendergast-Miller M T, Katsiamides A, Abbass M, et al. 2019. Polyester-derived microfibre impacts on the soil-dwelling earthworm *Lumbricus terrestris*. Environmental Pollution, 251: 453-459.

Qi Y L, Ossowicki A, Yang X M, et al. 2020. Effects of plastic mulch film residues on wheat rhizosphere and soil properties. Journal of Hazardous Materials, 387: 121711.

Qian H, Zhang M, Liu G, et al. 2018. Effects of soil residual plastic film on soil microbial community structure and fertility. Water, Air, and Soil Pollution, 229: 261.

Richard H, Carpenter E J, Komada T, et al. 2019. Biofilm facilitates metal accumulation onto microplastics in estuarine waters. Science of the Total Environment, 683: 600-608.

Rillig M C, Lehmann A. 2020. Microplastic in terrestrial ecosystems research shifts from ecotoxicology to ecosystem effects and earth system feedbacks. Science, 368: 1430-1431.

Rodriguez-Seijo A, Lourenço J, Rocha-Santos T A P, et al. 2017. Histopathological and molecular effects of microplastics in *Eisenia andrei* Bouché. Environmental Pollution, 220: 495-503.

Selonen S, Dolar A, Jemec Kokalj A, et al. 2020. Exploring the impacts of plastics in soil—The effects of polyester textile fibers on soil invertebrates. Science of the Total Environment, 700: 134451.

Sun X D, Yuan X Z, Jia Y, et al. 2020. Differentially charged nanoplastics demonstrate distinct accumulation in *Arabidopsis thaliana*. Nature Nanotechnology, 15: 755-760.

Vranova V, Rejsek K, Skene K R, et al. 2013. Methods of collection of plant root exudates in relation to plant metabolism and purpose: A review. Journal of Plant Nutrition and Soil Science, 176: 175-199.

Wan Y, Wu C X, Xue Q, et al. 2019. Effects of plastic contamination on water evaporation and desiccation cracking in soil. Science of the Total Environment, 654: 576-582.

Wang F Y, Feng X Y, Liu Y Y, et al. 2022. Micro(nano)plastics and terrestrial plants: Up-to-date knowledge on uptake, translocation, and phytotoxicity. Resources, Conservation and Recycling, 185: 106503.

Wang J, Coffin S, Sun C L, et al. 2019. Negligible effects of microplastics on animal fitness and HOC bioaccumulation in earthworm *Eisenia fetida* in soil. Environmental Pollution, 249: 776-784.

Wu X, Liu Y, Yin S S, et al. 2020. Metabolomics revealing the response of rice (*Oryza sativa* L.)

exposed to polystyrene microplastics. Environmental Pollution, 266: 115159.

Xu G, Liu Y, Song X, et al. 2021. Size effects of microplastics on accumulation and elimination of phenanthrene in earthworms. Journal of Hazardous Materials, 403: 123966.

Yu H, Zhang X, Hu J, et al. 2020. Ecotoxicity of polystyrene microplastics to submerged carnivorous *Utricularia vulgaris* plants in freshwater ecosystems. Environmental Pollution, 265: 114830.

Zhang C, Chen X H, Wang J T, et al. 2017. Toxic effects of microplastic on marine microalgae skeletonema costatum: interactions between microplastic and algae. Environmental Pollution, 220: 1282-1288.

Zhang M J, Zhao Y R, Qin X. 2019. Microplastics from mulching film is a distinct habitat for bacteria in farmland soil. Science of the Total Environment, 668: 470-478.

Zhu B K, Fang Y M, Zhu D, et al. 2018b. Exposure to nanoplastics disturbs the gut microbiome in the soil oligochaete *Enchytraeus crypticus*. Environmental Pollution, 239: 408-415.

Zhu D, Chen Q L, An X L, et al. 2018a. Exposure of soil collembolans to microplastics perturbs their gut microbiota and alters their isotopic composition. Soil Biology & Biochemistry, 116: 302-310.

Zhu D, Ma J, Li G, et al. 2022a. Soil plastispheres as hotpots of antibiotic resistance genes and potential pathogens. The ISME Journal, 16(2): 521-532.

Zhu J, Liu S, Wang H, et al. 2022b. Microplastic particles alter wheat rhizosphere soil microbial community composition and function. Journal of Hazardous Materials, 436: 129176.

第十四章　农作物对微/纳塑料吸收传输的示踪与定量

微塑料通过直接排放或经大塑料降解而释放到陆地环境中，并在土壤中大量积累。长期积累的微塑料势必会影响农作物的生长，对陆地生态系统构成潜在威胁。农作物作为农业生态系统中重要的一环，是人类基础食物来源之一，养育了全球将近八十亿的人口，粮食安全问题始终是全球关注的热点问题。农作物能否吸收和传递微塑料是微塑料能否通过植物进入食物链的关键。我们前期研究发现，在营养液培养条件下，纳米（200 nm）聚苯乙烯（PS）微球可被生菜根部大量吸收和富集，并从根部向地上部迁移，积累和分布在可被直接食用的茎叶之中。本章分别通过营养液水培和模拟废水灌溉的砂培、土培试验，研究了纳米级和微米级塑料颗粒进入农作物小麦（*Triticum aestivum* L.）和生菜（*Lactuca sativa* L.）根系的过程和通道，并揭示了农作物对纳米级和微米级塑料颗粒的吸收、传输及分布机制，旨在为研究微塑料的农作物吸收和积累机制、食物链传递和人体健康风险提供科学依据。

第一节　农作物吸收微/纳塑料的通道与机制

有研究表明，纳米颗粒能够通过共质体途径和质外体途径进入植物根系并传输到根部维管组织（González-Morales et al.，2020）。尽管有大量关于植物质外体吸收人工纳米材料的文献报道（Schwab et al.，2016），但普遍认为微塑料因尺寸过大而无法穿过植物组织的物理屏障并被内化到植物组织中。根内皮层的凯氏带被认为是营养物质和水进入根导管的质外体传输的屏障。然而，在根部存在凯氏带不连续的区域，这些区域的质外体运输不会受到上述物理屏障的阻碍。这些区域主要位于内皮层细胞尚未发育成熟的根尖和新生侧根的生出部位（Karas and McCully，1973；Robardsa and Jackson，1976）。此前的研究表明，这些区域是植物病原体或细菌进入植物体的途径之一（Huang，1986；Vega-Hernández et al.，2001）。由于植物病原体或细菌的尺寸达到了微米级，微/纳塑料颗粒也可能通过裂隙被植物吸收。本节以农作物小麦和生菜为研究对象，目的是明确在水培和砂质土壤中生长的农作物能否吸收纳米级甚至微米级的塑料微球，并将这些颗粒从根部转移到地上部。在此基础上进一步探明农作物吸收微塑料的主要部位和途径。

一、荧光染料标记方法在农作物体内追踪微塑料的可行性

　　陆生植物组织自发荧光的干扰会导致植物体内微塑料示踪研究的不准确。对小麦和生菜幼苗不同部位的组织进行自发荧光检测发现,小麦和生菜幼苗根部组织分别在 405 nm(蓝色)、488 nm(绿色)、559 nm(橙色)激发光波长下均有一定强度的自身背景荧光,在 633 nm 激发光波长下没有明显的自身背景荧光。因此,激发/发射波长分别为 620 nm/680 nm 的红色荧光染料(尼罗兰,NB)标记的塑料微球可有效避免小麦和生菜根部的自身背景荧光干扰。在本节中,将使用该染料标记的 PS 微球来示踪微塑料在小麦和生菜幼苗根部的累积。在相同条件下,小麦和生菜幼苗地上部组织在激发/发射波长分别为 488 nm/518 nm 时自身背景荧光最弱。因此,激发/发射波长分别为 488 nm/518 nm 的绿色荧光染料(4-氯-7-硝基-1,2,3-苯并噁二唑,NBD-Cl)标记的微塑料可有效避免小麦和生菜幼苗茎和叶组织自身背景荧光的干扰。在本节中将使用该染料标记的 PS 微球来示踪微塑料向小麦和生菜地上部的迁移(图 14.1)。

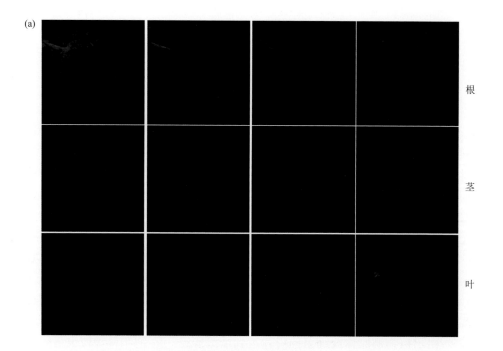

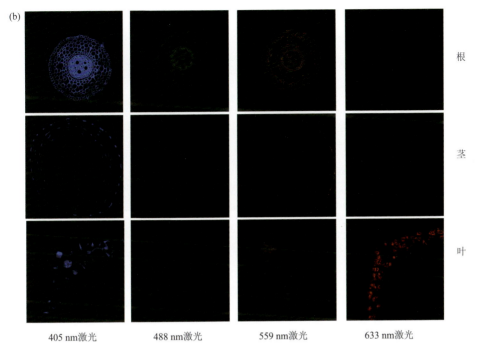

图 14.1 不同激光波长下小麦（a）和生菜（b）根、茎和叶组织的激光共聚焦扫描显微成像图
（部分图片引自李瑞杰等，2020）

二、农作物根部对不同粒径微塑料的吸收

塑料颗粒的大小是限制微塑料通过根部吸收进入农作物体内的重要因素。本节设置了不同粒径（200 nm、2.0 μm、5.0 μm、7.0 μm、10.0 μm）的荧光 PS 微球（50 mg·L^{-1}）处理组。小麦幼苗暴露在不同粒径微球处理组的培养液中 10 d 后，通过激光共聚焦扫描显微镜检测发现：在 200 nm PS 微球处理下，小麦幼苗的根、茎、叶中均有较强的荧光信号［图 14.2（a）］。暴露于 2.0 μm PS 微球中的小麦幼苗，侧根和根基部同样出现了不同程度的荧光积累［图 14.2（b）］。暴露于 5.0 μm PS 微球中的小麦幼苗，仅在根部表皮或维管柱中有少量荧光信号；而暴露于 7.0 μm 和 10.0 μm PS 微球中的小麦幼苗，几乎未观察到荧光信号［图 14.2（c）］。因此，本节下文主要研究小麦幼苗对纳米级（200 nm）和微米级（2.0 μm）PS 微球的吸收过程，并阐明 PS 微球通过新生侧根裂隙传输到农作物根部维管柱的潜在机制。

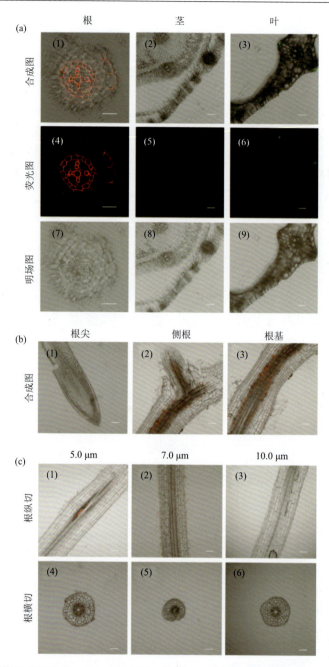

图 14.2　不同粒径微球暴露下的小麦幼苗组织的激光共聚焦扫描显微成像图（引自 Li et al.，
2020）

（a）200 nm PS 微球暴露；（b）2.0 μm PS 微球暴露；（c）5.0 μm、7.0 μm、10.0 μm PS 微球暴露；暴露条件：
50 mg · L^{-1}，10 d；标尺：100 μm

三、农作物吸收微塑料的新生侧根裂隙通道与机制

通过激光粒度仪、红外光谱仪、激光共聚焦扫描显微镜、扫描电子显微镜、酶标仪等技术手段，对 200 nm 和 2.0 μm PS 微球的粒径、微观形貌、荧光信号以及染料稳定性进行检测。通过激光粒度仪动态光散射分析其水合粒径分别为（240 ± 60）nm、（1.95 ± 0.12）μm，表面带负电电荷。红外光谱仪表征结果有明显的苯乙烯的特征峰。在 620 nm / 680 nm 的激发/发射波长下，红色荧光标记的 PS 塑料微球可观察到高亮度荧光信号，绿色荧光标记的 PS 塑料微球在 488 nm / 518 nm 的激发/发射波长下可观察到高亮度荧光信号，两者均具有良好的荧光稳定性。通过酶标仪检测发现：在暴露液中红色荧光微球未检测到荧光染料泄漏，绿色荧光微球仅检出微量荧光染料，平均泄漏率小于 3%（李连祯等，2019）。扫描电子显微镜观察其微观形貌，外观呈规则球体（图 14.3）。

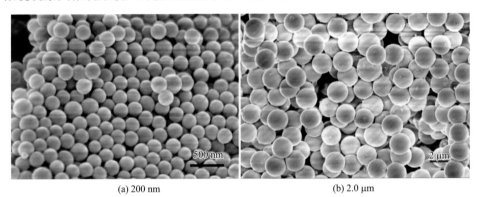

(a) 200 nm   (b) 2.0 μm

图 14.3　两种不同粒径（200 nm 和 2.0 μm）PS 微球扫描电镜图

根尖是植物根系最顶端的组织，是植物在不同环境中生长和吸收营养物质的重要部位。植物幼嫩根尖在向土壤深处不断生长的过程中，遇到矿物颗粒后容易损伤，根冠在分生区的外围，会产生保护分生区细胞的行为。根冠细胞内含有较多具有很强分泌功能的高尔基体，根冠细胞排列较为松散，根冠最外层细胞因与环境中砂砾的摩擦而不断脱落，根冠外围解体和脱落的细胞以及根冠细胞内高尔基体分泌的物质在根冠外形成一层黏液状的物质，这些黏液状物质的存在减少了根尖与生长介质的摩擦，同时也使植物更容易捕获微塑料，使其聚集在根冠细胞的黏液中。

以小麦为例，200 nm 荧光 PS 微球吸附到小麦的根表细胞后，根冠黏液更容易捕获微球，使其聚集在根冠细胞的黏液中（图 14.4）。黏液对 PS 微球的强黏附促进了它们向组织内渗透，进而通过顶端分生组织向维管柱内扩散。在顶端分生组织的最前端存在一个静止中心区域，此处的细胞分裂活跃性较低，PS 微塑料在

此区域积累较少[图 14.5（a），黄色箭头]。分生区静止中心靠上部分是由原分生组织细胞衍生出的初生分生组织，后期分化成表皮和皮层。小麦根横切面的共聚焦图像显示，暴露 2 h 后在木质部导管和表皮中检测到 200 nm PS 微球[图 14.5（b）]，12 h 后，PS 微球出现在小麦皮层组织中[图 14.5（b）]，荧光信号主要沿细胞壁和细胞间隙分布，表明 200 nm PS 微球可以进一步从外皮层转移到内皮层，但无法穿透内皮层上的凯氏带连续区域而聚集在凯氏带外侧。本节结果表明，200 nm PS 微球可通过完整的根尖、根冠以及初生分生组织的表皮层进入顶端分生组织，此时的根尖分生组织凯氏带还未发育完全，位于分生区的微球容易跨越凯氏带屏障向上传输扩散至维管柱中[图 14.5（b）]。顶端分生组织由于活跃的细胞分裂而呈高度多孔的状态。然而，细胞壁孔（3.5~5.0 nm）和胞间连丝（50~60 nm）的直径均小于 PS 微球的直径（200 nm）。因此，200 nm PS 微球只能通过根尖区域内凯氏带尚未完全发育的皮层细胞间隙，即质外体间隙，扩散至根部木质部导管，进而促进微球在小麦根内的快速运输。不同的农作物根尖受细胞间隙大小等因素的影响，对微塑料的吸收有差异。本节研究发现，在生菜根中的 PS 微球仅存在于维管组织中（图 14.6），相关机制有待进一步探究。

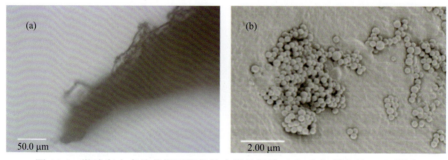

图 14.4　微球在小麦幼苗根冠聚集的光学显微镜（a）和扫描电镜（b）照片

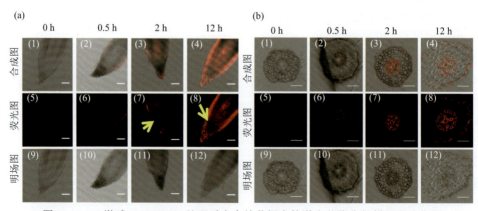

图 14.5　PS 微球（200 nm）处理后小麦幼苗根尖的激光共聚焦扫描显微成像图

暴露条件：50 mg · L^{-1}；标尺：100 μm

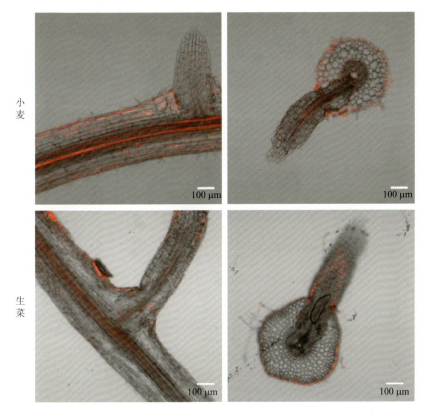

图 14.6　PS 微球（200 nm）处理后小麦和生菜新生侧根的激光共聚焦扫描显微成像图

上：小麦幼苗根荧光信号图；下：生菜幼苗根系荧光信号图

　　另外，在小麦和生菜新生侧根与主根皮层的裂隙中检测到 PS 微球的强荧光信号（图 14.6）。小麦和生菜侧根发生于中柱鞘，其在生出过程中会撑破凯氏带以及皮层组织，从而在侧根出现部位的主根皮层和侧根之间形成较大裂隙（Peret et al.，2009）。环境扫描电镜观察小麦和生菜新生侧根的不同生长阶段（图 14.7）发现，小麦和生菜主根的新生侧根位置上下均有不同大小的裂隙（约 100 μm）。通过使用高分辨率 X 射线计算机显微断层扫描系统（μ-CT）扫描根部样本，构建了小麦根部的三维图像（图 14.8），结果清楚地显示了新生侧根产生的裂隙。通过扫描电镜观察发现，PS 微球在裂隙处聚集（图 14.9）。这说明新生侧根间隙是 200 nm PS 微球进入小麦和生菜根木质部的一个重要部位。从扫描电镜图像可知，200 nm PS 微球主要聚集在小麦和生菜根的木质部和皮层组织的细胞壁间隙中，微球彼此黏附成葡萄串状和串状团聚体，这表明 PS 微球通过质外体途径穿过细胞间隙到达维管柱（图 14.10）。

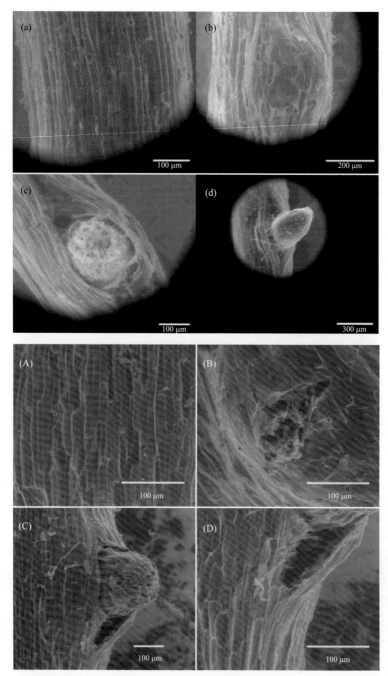

图 14.7　小麦和生菜新生侧根裂隙形成过程的环境扫描电子显微镜图（引自 Li et al.，2020）

（a）～（d）为小麦幼苗根系；（A）～（D）为生菜幼苗根系

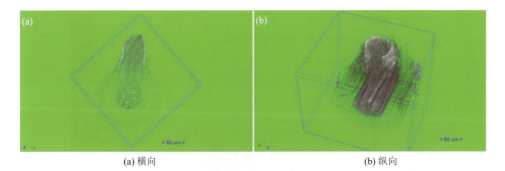

(a) 横向   (b) 纵向

图 14.8 小麦幼苗新生侧根裂隙高分辨率 X 射线计算机显微断层扫描图（引自 Li et al.，2020）

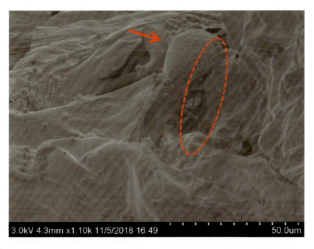

图 14.9 小麦新生侧根裂隙内积累微球的扫描电子显微镜图

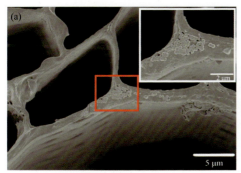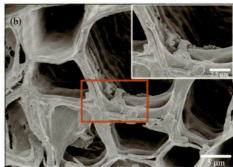

图 14.10 PS 微球（200 nm）处理后小麦和生菜根内积累微球的扫描电子显微镜图（引自 Li et al.，2020）

（a）小麦幼苗根系；（b）生菜幼苗根系

　　扫描电镜结果显示，与 200 nm PS 微球相比，只有当新生侧根刚刚穿透主根表皮时，微米级（2.0 μm）的 PS 微球才能够穿透凯氏带传输至维管柱，主要分布于小麦主根和侧根的表皮细胞间隙中，并进一步穿过中柱鞘进入木质部（图 14.11）。观察三日龄小麦幼苗（未长侧根）暴露于 2.0 μm PS 微球后的根内荧光信号分布（图 14.12）发现，没有新生侧根生出的完整小麦根系中未发现微米级 PS 微球，此结果证实了 2.0 μm PS 微球能够通过农作物的新生侧根裂隙进入农作物体内。

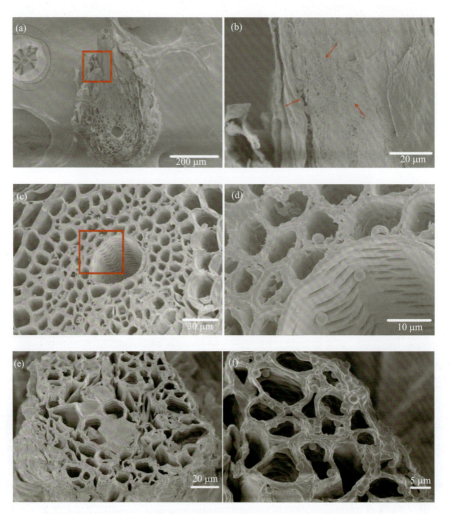

图 14.11　2.0 μm PS 微球处理后小麦和生菜根内积累微球的扫描电子显微镜图（引自 Li et al.，2020）

（a）～（d）小麦幼苗根系；（e）、（f）生菜幼苗根系

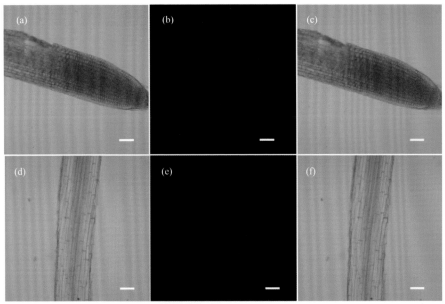

图 14.12　2.0 μm PS 微球处理后三日龄小麦幼苗（未长侧根）根的激光共聚焦扫描显微成像图

标尺：100 μm

　　为了进一步模拟农作物真实的生长环境，在营养液培养的基础上，进一步通过在含不同浓度 PS 微球的河砂以及砂质土壤中培养农作物，证实了新生侧根裂隙是农作物吸收微塑料的通道。水培环境与农作物正常生长的固-液相环境差异较大，难以反映农作物生长与吸收的真实状态。因此，在更接近农作物真实生长环境的条件下探讨微塑料的农作物吸收通道和机制更具有实际意义。实验期间所有小麦幼苗生长状况良好，微球处理组与对照组小麦长势无显著性差异，添加微球未对小麦生长产生影响。小麦根部暴露在含有 PS 塑料微球的砂砾中后，通过激光共聚焦扫描显微镜发现纳米级（200 nm）和微米级（2.0 μm）PS 微球可以通过小麦和生菜新生侧根裂隙进入维管柱木质部（图 14.13~图 14.14），荧光主要分布在根表皮、外皮层和维管柱木质部中，少量存在于根的内皮层中。实验所用的河砂培养基质与真实土壤环境仍存在一定差异，生长在河砂培养基质与土壤中农作物所经历的机械阻力和水分胁迫虽是相似的，但河砂培养基质中含有的天然有机质、无机离子以及矿物胶体等物质，很可能会影响塑料微球的表面性质和存在状态，进而影响农作物根系对微球的吸收。在含有 200 nm PS 微球的砂质土壤（微球含量 500 mg·kg^{-1}）中生长 20 d 后，小麦根中观察到 PS 微球荧光信号的积累，且主要分布在新生侧根裂隙、表皮和维管柱中（图 14.15）。在固体培养暴露后，200 nm PS 微球不能通过根尖进入维管柱，这一结果与水培暴露结果不同，这是因为与固体培养相比，水培培养抑制了根质外体屏障的形成，从而

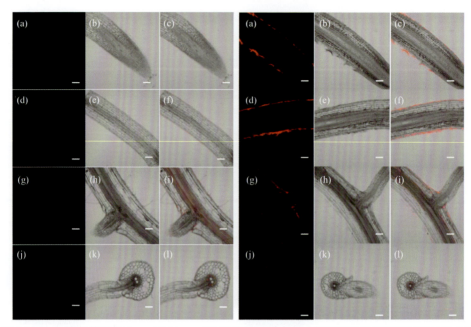

图 14.13　砂培条件下 200 nm 和 2.0 μm PS 微球处理后小麦幼苗根的激光共聚焦扫描显微成像
图（图片来源于 Li et al.，2020）

左：200 nm PS 微球处理；右：2.0 μm PS 微球处理；标尺：100 μm

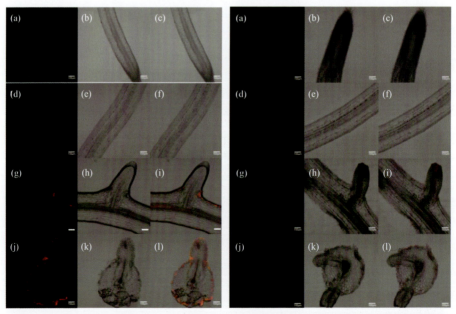

图 14.14　砂培条件下 200 nm 和 2.0 μm PS 微球处理后生菜幼苗根的激光共聚焦扫描显微成像
图（图片来源于 Li et al.，2020）

左：200 nm PS 微球处理；右：2.0 μm PS 微球处理；标尺：100 μm

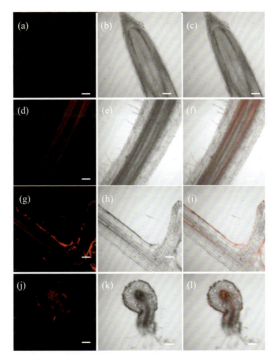

图 14.15　土培条件下 200 nm PS 微球处理后小麦幼苗根尖和侧根的激光共聚焦扫描显微成像图（图片来源于 Li et al.，2020）

标尺：100 μm

增加了通过皮层细胞向维管柱的氧气输送，进而促使塑料微球通过根尖的质外体屏障。此外，水培条件下农作物具有更高的生长速率和蒸腾速率，从而为微球的质外体传输提供了更强的驱动力。

第二节　聚苯乙烯微/纳塑料在农作物体内的传输机制

一、蒸腾作用是农作物吸收和传输塑料微球的主要驱动力之一

为了进一步探究被农作物根部吸收的微塑料能否传输到地上组织中，本节设计了 200 nm 和 2.0 μm 聚苯乙烯（PS）微球的小麦和生菜的水培暴露实验（50 mg·L^{-1}），并提取了两种农作物的木质部伤流液。结果发现，在小麦和生菜的木质部伤流液中存在 PS 微球（图 14.16），这说明小麦根部吸收的 PS 塑料微球可通过木质部导管，随蒸腾流向地上部移动，甚至到达叶片脉管系统。茎与根相互联系共同组成植物体的体轴，而茎与根通过过渡区维管组织不同水平部位上细胞的分化而连接起来，形成一个物质地下与地上的通道（马炜梁等，2009），PS 微球也可从此通

道由地下部向地上部传输。扫描电子显微镜照片（图 14.17）显示，PS 微球在小麦和生菜叶脉管组织中的分布位置与共聚焦的荧光信号部位重合，再次验证了小麦和生菜根部暴露于塑料微球后，塑料微球能够传输到地上部的茎叶中。

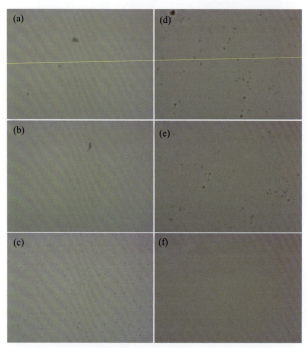

图 14.16　200 nm 和 2.0 μm PS 微球处理组中生菜［（a）、（d）］、小麦［（b）、（e）］茎部伤流液和 PS 微球原液［（c）、（f）］显微镜放大图

（a）、（b）、（c）为 2.0 μm 微球处理；（d）、（e）、（f）为 200 nm 微球处理

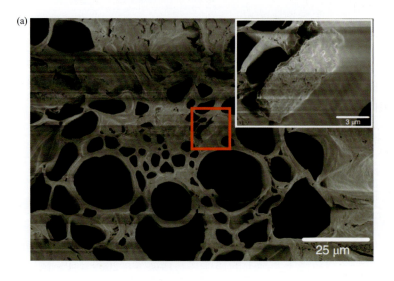

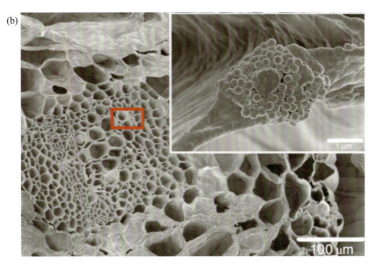

图 14.17　200 nm PS 微球处理后小麦和生菜叶脉内积累 PS 微球的扫描电子显微镜图（图片来源于 Li et al.，2021）

（a）小麦幼苗根系；（b）生菜幼苗根系

　　农作物根部吸收的微塑料可通过农作物的蒸腾流和根压进一步传输到地上部。基于此，对比不同蒸腾作用条件下农作物对微球的积累量，验证了生长环境对农作物吸收微塑料影响的重要性。在高蒸腾条件（温度：30℃、湿度：55%，高温低湿）下，200 nm 和 2.0 μm PS 微球小麦主根和次生根连接处的荧光强度强于低蒸腾条件（温度：10℃、湿度：85%，低温高湿）下的荧光强度（图 14.18~图 14.19），表明蒸腾速率的提高增加了农作物对 PS 微球的吸收。这一发现表明，农作物的蒸腾作用在塑料微球的吸收和转运中起着重要作用。

二、塑料微球在农作物体内的传输特征

　　植物吸收和转移颗粒物质必须穿过一系列控制尺寸排阻极限（SEL）的化学和生理屏障。这些屏障的厚度和结构因植物种类、生长阶段和环境条件而异。尽管植物根的 SEL 非常小（< 20 nm），但普遍认为植物可以吸收较大的纳米颗粒（> 100 nm）。一项研究表明，玉米幼苗根系能够吸收蛋白冠纳米颗粒（~135 nm）（Ristroph et al.，2017）。我们的研究结果也表明 200 nm PS 微球能够在农作物根中积累。此外，我们前期的研究发现 200 nm 二氧化硅微球易黏附在农作物根表面，但不能被根部吸收（Li et al.，2020）。农作物对金属基颗粒和聚合物颗粒之间的吸收差异可能归因于聚合物颗粒的自身特征（密度、疏水表面、黏合性能和交联度），这些特征可能使聚合物在由纤维素构成的细胞壁上进行不可逆吸附（Zhang and Akbulut，2011）。根冠可以分泌大量黏液（含高度水合的多糖）来保

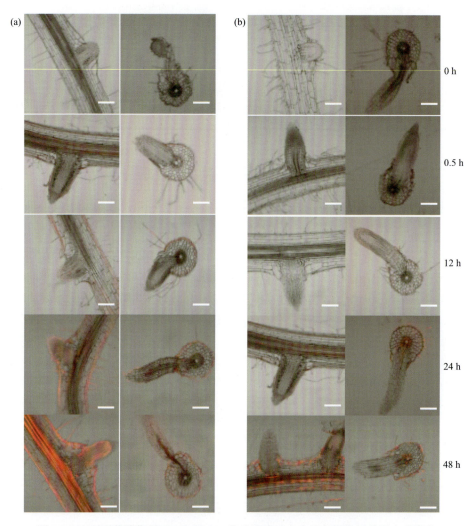

图 14.18　不同蒸腾作用下 200 nm PS 微球处理后小麦幼苗根横切的激光共聚焦
扫描显微成像图

（a）高蒸腾条件；（b）低蒸腾条件；标尺：100 μm

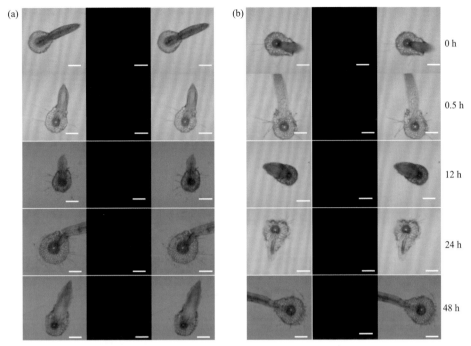

图 14.19 不同蒸腾作用下 2.0 μm PS 微球处理后小麦幼苗根横切的激光共聚焦
扫描显微成像图

（a）高蒸腾条件；（b）低蒸腾条件；标尺：100 μm

护植物免受病原体的侵袭（Wen et al.，2007）。PS 微球容易被捕获在小麦根冠黏液中。除了黏液的作用外，PS 微球和植物细胞壁的高度疏水性也是 PS 微球能够在根表面黏附的原因之一（Nel et al.，2009）。在根系吸收过程中，观察到 PS 微球在小麦根的细胞间隙中发生变形（图 14.20）。PS 微球的机械强度（杨氏模量）（2.1 GPa）低于通常报道的植物细胞壁的机械强度（Wang et al.，2004），因此，PS 微球在吸附和细胞间隙传输时会压缩和变形。微塑料这种内在特性对于微球在植物组织内的迁移至关重要，这能够使它们从植物根际向内传输至根维管柱，并进一步传输到植物地上部（李瑞杰，2023）。

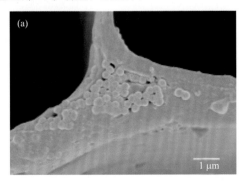

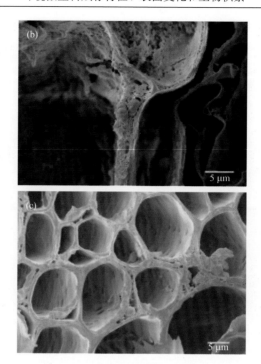

图 14.20　200 nm（a）和 2.0 μm［（b）、（c）］PS 微球在小麦根维管组织的细胞间隙变形的扫描电子显微镜图

第三节　稀土铕配合物掺杂标记的纳塑料在农作物体内的定性追踪

含铕配合物［Eu(TTA)₃］标记的聚苯乙烯微球（Eu-PS）合成方法如下：将 2 mmol·L⁻¹ 的 EuCl₃ 加入含有噻吩三氟甲酰丙酮的乙醇中，在磁力搅拌下加热至 60℃，立即观察到沉淀，然后在 60℃ 下继续搅拌 1 h，过滤获得铕配合物 Eu(TTA)₃，用去离子水洗涤并在 70℃ 的烘箱中干燥过夜。进一步通过组合溶胀-扩散技术制备微球：首先，将 Eu(TTA)₃ 溶解在甲醇中作为溶液 1，将溶液 2（含有 200 nm 原始 PS 微球 100 mL）添加到丙酮中作为溶胀剂，并使用 NaOH（2 mol·L⁻¹）将溶液调整到 pH 7.0。将溶液 1 在磁力搅拌下加热至 90℃，然后加入溶液 2。搅拌 40 min 后，将溶液缓慢冷却至室温，然后使用玻璃纤维过滤器过滤溶液，制备出含有荧光标记的 Eu-PS 微球。使用分子量截值为 3000 Da[①]的超滤离心管（spectrum labs）对微球进行透析，以去除未与聚合物微球结合的任何游离铕。

通过扫描电子显微镜和动态光散射技术对 Eu-PS 的形貌特征和尺寸等进行表

---

① 1 Da=1.660 54×10⁻²⁷kg。

征。如图 14.21 所示，合成的 Eu-PS 的水动力直径为（244±12）nm，Eu-PS 的 Zeta 电位值为–14.9 mV，Eu-PS 微球尺寸分布均匀，水溶液中能够稳定分散[图 14.21（a）]。Eu-PS 在紫外线（UV）照射下表现出强烈的红色发光团[图 14.21（b）的插图]。Eu-PS 的激发波长为 360 nm，在 615 nm 波长处有一个主发射峰[图 14.21（c）]，具有典型的 Eu 配合物激发与发射模式。Eu-PS 中 Eu^{3+}的荧光寿命估算为 841 μs，其衰减曲线为单一指数曲线。通过扫描透射电子显微镜（STEM）结合能谱技术分析 Eu-PS 内的元素分布，C、O、S、F、Eu 的元素线扫描图（图 14.22）显示，$Eu(TTA)_3$ 均匀分布在整个微球中。

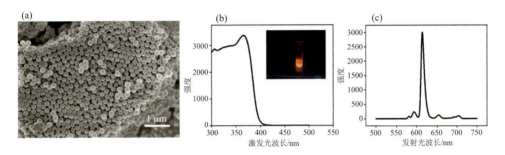

图 14.21　聚苯乙烯微球基本性质表征（图片来源于李瑞杰，2023）

（a）Eu-PS 的扫描电子显微镜图；（b）、（c）Eu-PS 的激发和发射光谱；（b）中插图显示了 Eu-PS 在紫外线下的图片

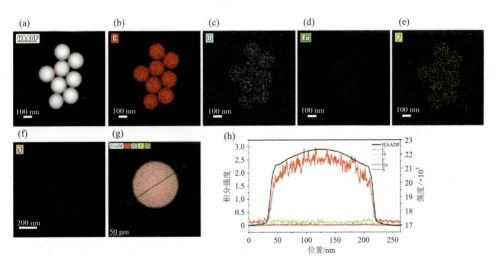

图 14.22　高角度环形暗场（HAADF）模式下 200 nm Eu-PS 的扫描透射电子显微成像图和元素 Mapping 图及线扫描轮廓（图片来源于 Luo et al.，2022）

对不同浓度梯度的 Eu-PS 原液微球消解检测发现，Eu 含量随 Eu-PS 含量的增加呈线性增加趋势[图 14.23（a）]，通过计算得出 Eu 含量与 Eu-PS 浓度之间的

线性方程［微球的量（mg）=Eu 的量（μg）×0.05+0.06，R^2=0.99］以及 Eu-PS 中的
Eu 百分比（约为 1.6%）。因此，质量占比检测表明，通过电感耦合等离子体-质
谱仪（ICP-MS）直接检测分析农作物吸收的 Eu 离子的含量，可以换算出农作物
吸收的 Eu-PS 含量。

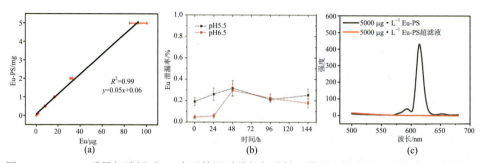

图 14.23　Eu-PS 质量与消解后 Eu 离子检测质量的相关性及其稳定性表征（图片来源于自李瑞
杰，2023）

（a）Eu-PS 质量与消解后 Eu 离子检测质量之间的相关性；（b）不同 pH 模拟液中 Eu-PS 的泄漏率；（c）Eu-PS 及
其超滤液的荧光发射光谱

　　通过检测 Eu-PS 在植物细胞环境模拟液中的 Eu 配合物泄漏情况，进一步评
估该方法的准确性和科学性。模拟液主要包含了阳离子和根系分泌物中的一些化
合物，由 2.5 mmol·L^{-1} Ca(NO$_3$)$_2$、1 mmol·L^{-1} MgSO$_4$、2.5 mmol·L^{-1} KNO$_3$、
0.1 mmol·L^{-1} K$_2$HPO$_4$、5 mmol·L^{-1} NaCl、50 μmol·L^{-1} 葡萄糖、25 μmol·L^{-1}
草酸、12.5 μmol·L^{-1} 丝氨酸和 5.0 μmol·L^{-1} 叶绿酸铁钠盐组成。结果发现，暴露前
两天 Eu(TTA)$_3$ 的释放量略有增加，但 Eu(TTA)$_3$ 溶解量不超过 0.3 μg·L^{-1}。在 6 d 的暴
露时间内，两种不同 pH 的模拟液（pH 5.5 和 pH 6.5）中，Eu-PS（5000 μg·L^{-1}）的
泄漏率均小于 0.3%［图 14.23（b）］。这表明在暴露实验期间 Eu(TTA)$_3$ 经溶胀法
包裹在 Eu-PS 中能保持稳定。此外，Eu-PS 悬浮液与 Eu-PS 超滤液发射光谱如
图 14.23（c）所示，Eu-PS 悬浮液在 615 nm 波长处出现 Eu(TTA)$_3$ 典型发射光谱
峰，而 Eu-PS 超滤液未出现特征峰。值得注意的是，由于 Eu 配合物斯托克斯
（Stokes）位移大，荧光寿命较长，能显著区别于植物组织的强自发荧光（宁明哲
和童明庆，2004），稀土配合物特异性荧光避免了植物自发荧光以及荧光染料的光
漂白干扰。同时 Eu(TTA)$_3$ 具有低溶解性，溶胀合成的 Eu-PS 具有较高的发光量子
产率以及在溶液中的高稳定性（Latva et al.，1997）。

　　此外，理论计算也可以合理估计金属配合物的相对结合强度和稳定性。密
度泛函理论计算采用了 PBE0 泛函，使用了 Stuttgart/Dresden 伪势和金属基组合
6-31G*基组对其余原子进行计算，使用了 Gaussian 16。对于配合物自由能（ΔG_{aq}）
的计算，采用了热力学循环方法。然后，使用这些值根据式（14.1）计算水中的

相对稳定常数（$\lg \beta$），其中 a_M、a_L 和 a_{ML} 分别是金属离子、配体和金属配合物的活性，R 是气体常数，T 是热力学温度。

$$\lg \beta = \lg \frac{[ML]}{[M][L]} \approx \lg \frac{a_{ML}}{a_M a_L} = \frac{-\Delta G_{aq}}{2.303RT} \quad (14.1)$$

Eu(TTA)$_3$ 配合物的自由能（ΔG_{aq}）和相对稳定常数（$\lg \beta$）见表 14.1。已经观察到，计算得到的能量差可以通过线性相关性正确预测相对稳定常数（Vukovic et al.，2015）。从简化的密度泛函理论计算（Adamo and Barone，1999）可以定性地预测 TTA 对 Eu^{3+} 的螯合强度要比对氢离子、碱金属和碱土金属阳离子（存在于植物或暴露介质中）的螯合强度强得多，并且 Eu^{3+} 与多个 TTA 发生螯合在能量上是有利的，这与以前报道的趋势一致（Martell and Smith，1982）。这进一步表明，包埋在 Eu-PS 微球中的 Eu 配合物在暴露环境中相对稳定。本节提出了一种新的基于镧系金属的标记技术，用于定量和可视化小麦及生菜中纳米尺寸塑料的摄取。这可能有助于未来在纳塑料与农作物相互作用方面的定量研究。

表 14.1　Eu(TTA)$_3$ 配合物和其他元素的自由能和相对稳定常数

金属	Eu^{3+}	H$^+$	K$^+$	Na$^+$	Ca^{2+}	Mg^{2+}
$\Delta G_{aq}/$（kcal·mol^{-1}）	−156.0	−13.9	35.9	42.1	39.1	72.7
相对 $\lg \beta$	114.4	10.2	−26.4	−30.9	−28.7	−53.3

注：数据来源于 Luo 等（2022）。

不同浓度（0~50 000 μg·L^{-1}）Eu-PS 水培暴露液处理 6 d 后，在 365 nm 紫外线激发光下小麦和生菜幼苗组织中的荧光强度变化如图 14.24 所示。与对照组相比，随着 Eu-PS 暴露浓度的增加，农作物根系中展现出明显的剂量依赖性（图中红色荧光），再次验证稀土元素 Eu 标记微塑料的方法科学可靠。暴露浓度<50 000 μg·L^{-1}，小麦和生菜叶片中未观察到红色荧光[图 14.24（a）、（c）]。而暴露浓度为 50 000 μg·L^{-1}，Eu-PS 微球主要位于生菜叶片边缘和小麦叶柄[图 14.24（b）、（d）]，这为小麦和生菜幼苗吸收并传输 Eu-PS 微球提供了直接证据。

植物自身荧光组织的半衰期为 1~10 ns，而镧系元素的半衰期较长，介于 10~1000 μs 之间。通过时间分辨荧光技术，在植物组织样品中短寿命的背景荧光完全衰变后再检测稀土元素的荧光，即可将稀土元素特异性荧光与植物组织非特异性荧光进行区分，且大大提高了成像的信噪比和对比度（Song et al.，2015）。在普通紫外线激发光下，小麦和生菜幼苗根组织发出强烈的蓝色自身荧光，如图 14.25（c）、（f）、（i）和图 14.25（C）、（F）、（I）所示，与稀土元素荧光探针的红色发光重叠，故很难识别 Eu-PS 的荧光位置。然而，通过采用时间分辨荧光延时检测，如图 14.25（b）、（e）、（h）和图 14.25（B）、（E）、（H）所示，小麦和生菜

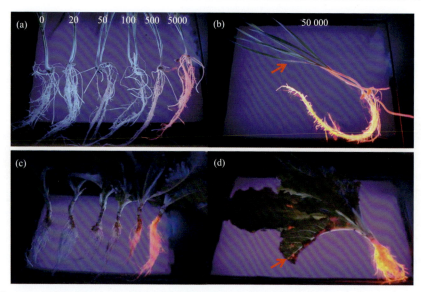

图 14.24 不同浓度 Eu-PS 暴露下植物的紫外线光照图（图片来源于 Luo et al.，2022）

（a）、（c）从左至右暴露浓度为 0 μg·L^{-1}、20 μg·L^{-1}、50 μg·L^{-1}、100 μg·L^{-1}、500 μg·L^{-1}
和 5000 μg·L^{-1} Eu-PS；（b）、（d）暴露浓度为 50 000 μg·L^{-1} Eu-PS

幼苗组织的背景自发荧光被显著抑制，仅表现出高特异性的 Eu-PS 红色荧光。而在小麦、生菜幼苗茎和叶中未观察到强烈的红色荧光[图 14.25（e）、（h）、（E）、（H）]。通过对 50 000 μg·L^{-1} Eu-PS 释放当量的 Eu(TTA)$_3$ 溶液暴露下小麦和生菜组织荧光检测发现，Eu(TTA)$_3$ 溶液暴露的小麦和生菜幼苗组织中未观察到 Eu-PS 的红色荧光信号[图 14.26（b）、（e）、（h）、（B）、（E）、（H）]，这表明 Eu-PS（50 000 μg·L^{-1}）释放的 Eu(TTA)$_3$ 未对 Eu-PS 在小麦和生菜组织中的定性追踪产生干扰。

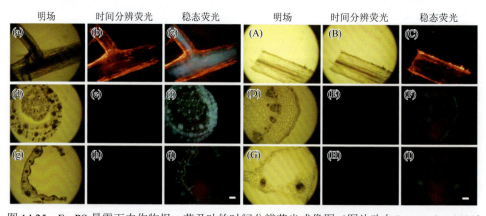

图 14.25 Eu-PS 暴露下农作物根、茎及叶的时间分辨荧光成像图（图片改自 Luo et al.，2022）

Eu-PS 暴露浓度为 50 000 μg·L^{-1}；标尺：100 μm；小写字母为小麦根[(a)~(c)]、茎[(d)~(f)]、叶[(g)~(i)]；大写字母为生菜根[(A)~(C)]、茎[(D)~(F)]、叶[(G)~(I)]

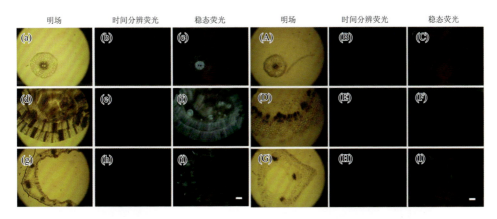

图14.26　Eu(TTA)₃暴露下农作物根、茎及叶的时间分辨荧光成像图(图片改自Luo et al.，2022)

暴露浓度为 50 000 μg·L⁻¹ Eu-PS 释放当量；标尺：100 μm；小写字母为小麦根[(a)~(c)]、茎[(d)~(f)]、叶[(g)~(i)]；大写字母为生菜根[(A)~(C)]、茎[(D)~(F)]、叶[(G)~(I)]

　　观测小麦幼苗组织中的 Eu-PS 红色荧光信号分布发现，小麦和生菜根表皮、外皮层、新生侧根裂隙及维管柱均具有强烈的红色荧光信号[图 14.25(b)、(B)]。这与前期尼罗蓝荧光染料标记微球在农作物体内的分布规律一致。这表明 Eu-PS 能从水培溶液中传输至根部维管柱。进一步通过扫描电子显微镜对小麦和生菜幼苗组织中 Eu-PS 积累分布进行检测，证实了小麦和生菜幼苗根部对 Eu-PS 的吸收与积累（图 14.27）。200 nm Eu-PS 主要聚集在根部木质部导管和细胞壁间隙，这与时间分辨荧光显微镜的结果一致。同时，使用激光共聚焦扫描显微镜观察到 Eu-PS 在小麦叶片中聚集[图 14.27（g）~（i）]。这些结果表明，一旦 Eu-PS 进入根部维管柱，很容易随水和营养流沿着维管柱移动，并进一步传输至茎和叶之中。随着暴露时间的增加，水培暴露液中剩余的 Eu-PS 在根系分泌物的作用下团聚成尺寸更大的聚集体[图 14.28（c）]，如 5000 μg·L⁻¹ 的 Eu-PS 暴露液中聚集体的尺寸是初始状态的 2.7 倍（表 14.2）。这说明随着微球聚集尺寸的增加，分泌物可能会阻碍植物对微塑料的吸收（Zhu et al.，2022），但 Eu 元素的分布并未受到影响[图 14.28（d）]，可见 Eu 标记聚苯乙烯微球可应用于探究水培环境中植物对微塑料的吸收过程与机制。

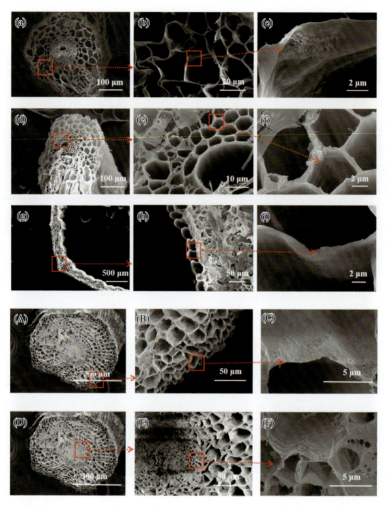

图 14.27　Eu-PS 暴露下农作物根、茎和叶扫描电子显微镜成像图[图片来源自李瑞杰（2023）
和冯裕栋（2023）]

小写字母为小麦根[（a）～（c）]、茎[（d）～（f）]、叶[（g）～（i）]；大写字母为生菜根[（A）～（F）]

表 14.2　农作物暴露期间 Eu-PS 的尺寸变化分析

样品	检测时间	动态光散射（DLS）	
培养液中 Eu-PS		平均粒径/nm	多分散性指数（PDI）
Eu-PS	初始	233±4	0.36
	结束	640±36	0.65

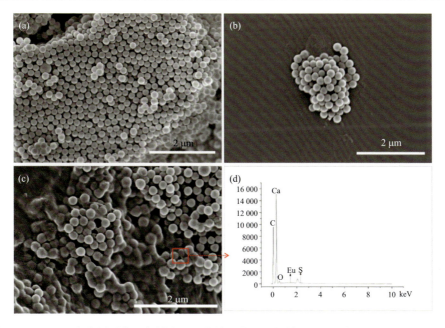

图 14.28　Eu-PS 水培暴露前后扫描电子显微镜成像图及能谱图（图片来源于李瑞杰，2023）

第四节　稀土铕配合物掺杂标记的纳塑料在农作物体内的量化分析

ICP-MS 的高响应灵敏度为研究环境浓度下农作物体内微塑料的传输提供了一种有效的量化技术方法，可量化水培和土培两种生长介质中小麦和生菜幼苗对 Eu-PS 塑料微球的吸收与传输。结果发现，Eu 含量与 Eu-PS 的含量呈线性相关 [Eu-PS 含量（mg）=Eu 含量（μg）×0.055+0.063，R^2=0.99]，通过 ICP-MS 检测小麦和生菜幼苗组织中的 Eu 含量可以换算出 Eu-PS 在小麦和生菜根部及地上部的积累量。水培结果显示，相对于对照组，暴露于 Eu(TTA)$_3$ 或 Eu^{3+} 溶液的小麦和生菜幼苗根部及地上部并未发现有显著的 Eu 积累 [$P > 0.05$，图 14.29（b）、（d）、（B）、（D）]。不同浓度（5~5000 μg·L^{-1}）的 Eu-PS 暴露后，小麦和生菜幼苗根部和地上部的 Eu 含量差别较大，Eu-PS 在小麦和生菜根部的积累量为 1.14~1233.03 mg·kg^{-1} 和 4.1~2220 mg·kg^{-1}，而与根部相对应的地上部 Eu-PS 积累量为 0.15~61.78 mg·kg^{-1} 和 0.53~11.5 mg·kg^{-1}，不同浓度 Eu-PS 暴露后，小麦、生菜的根部和地上部积累量均达到了显著性差异（$P < 0.05$）[图 14.29（a）、（c）、（A）、（C）]。Eu-PS 水培暴露浓度为 100 μg·L^{-1} 时，小麦根部 Eu-PS 积累量达到 33.31 mg·kg^{-1}，而与根部相对应的地上部 Eu-PS 积累量达到 1.96 mg·kg^{-1}。而水

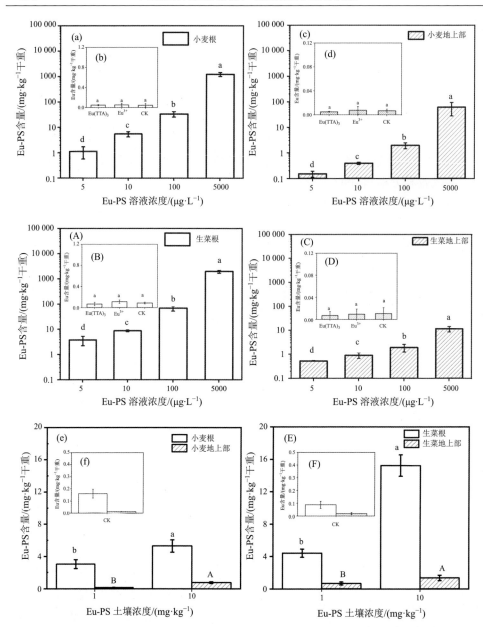

图 14.29　水培和土培条件下 Eu-PS 在农作物根和地上部的生物积累

（a）、（c）水培暴露环境中，Eu-PS 在小麦根和地上部的积累；（b）、（d）Eu(TTA)₃ 或 Eu³⁺溶液暴露下，Eu 离子在小麦根和地上部的积累；（e）土培暴露环境中，Eu-PS 在小麦根和地上部的积累；（f）Eu(TTA)₃ 土培暴露下，Eu 在小麦根和地上部的积累；（A）、（C）水培暴露环境中，Eu-PS 在生菜根和地上部的积累；（B）、（D）Eu(TTA)₃ 或 Eu³⁺溶液暴露下，Eu 离子在生菜根和地上部的积累；（E）土培暴露环境中，Eu-PS 在生菜根和地上部的积累；（F）Eu(TTA)₃ 土培暴露下，Eu 在生菜根和地上部的积累

培暴露浓度达到 5000 μg·L^{-1} 时，小麦根部和地上部 Eu-PS 含量分别达到了 1233.03 mg·kg^{-1} 和 61.78 mg·kg^{-1}，小麦幼苗地上部 Eu-PS 含量仅占根部的 5% 左右。生菜幼苗根内有限数量的 Eu-PS 微球可以转移到茎（<3%）。可见，农作物根部吸收的微球多积累于根内，传输到地上部的数量较少。即使在 5 μg·L^{-1} 的暴露浓度下，同样能利用 ICP-MS 检测到农作物幼苗根中积累及传输至地上部的 Eu-PS 含量。低水培暴露浓度（5 μg·L^{-1}）为常用的实验室模拟实验浓度（10 mg·L^{-1}）的 1/2000，极大程度地模拟了真实环境微塑料浓度下，农作物对微塑料的吸收和分布（Lenz et al.，2016；Lian et al.，2020）。通过对农作物幼苗根内吸收、地上部传输、根表吸附、培养容器壁吸附以及暴露介质中 Eu-PS 含量的检测（表 14.3）也发现，只有有限的 Eu-PS 可以转移到地上部中，且暴露试验结束后，89%~98%的 Eu-PS 被检测出，可见水培暴露期间 Eu-PS 虽有一定的损失，但并不影响农作物体内 Eu-PS 的量化。

表 14.3　在 5000 μg·L^{-1} Eu-PS 暴露 6 d 的吸收实验中的质量平衡计算　　（单位：μg）

Eu-PS 质量平衡	Eu 质量（小麦）	Eu 质量（生菜）
加入量	5.6±0.8	5.9±0.5
培养液残留量	1.8±0.08（32%）	2.3±0.1（38%）
培养容器吸附量	0.02±0.008（0.4%）	0.08±0.04（1%）
根表吸附量	2.2±0.08（39%）	1.4±0.7（24%）
根内吸收量	0.90±0.1（16%）	1.9±0.3（32%）
地上部传输量	0.09±0.02（1.6%）	0.20±0.10（3%）
回收量	5.0（89%）	5.8（98%）

注：数据来源于 Luo 等（2022）。

对真实土壤中小麦和生菜幼苗吸收的 Eu-PS 塑料微球进行量化分析[图 14.29（e）、（E）]，结果显示，在土壤渗滤液或土壤溶液中均未发现 Eu 的泄漏，表明土壤中 Eu-PS 在暴露期间是稳定的。在砂土中，1 mg·kg^{-1} 和 10 mg·kg^{-1} Eu-PS 暴露 14 d 后，小麦和生菜根内 Eu-PS 的积累量为 2.02~4.00 mg·kg^{-1} 和 4.3~15.2 mg·kg^{-1}，而与根部相对应的地上部 Eu-PS 积累量为 0.11~0.62 mg·kg^{-1} 和 0.22~0.83 mg·kg^{-1}[图 14.29（e）、（E）]。不同 Eu-PS 暴露浓度之间的小麦和生菜根内和地上部积累量均达到了显著性差异（$p < 0.05$）。虽然土壤培养中 Eu-PS 的根内浓度远低于水培培养，但向小麦和生菜地上部传输量更多，转移系数达到了 0.16 和 0.14（暴露浓度为 10 mg·kg^{-1}）。

结　　语

　　通过特异荧光染料标记的聚苯乙烯（PS）微球具有良好稳定性，且能有效规避农作物组织自发荧光干扰，为其在农作物体内的检测分析提供了可靠的技术手段。本章利用此技术方法，揭示了农作物吸收和传输纳米级和微米级微塑料的通道与机制，发现 PS 微球能够通过农作物新生侧根裂隙通道穿过内皮层凯氏带，传输至根部维管柱，而蒸腾拉力作用是农作物吸收与传输塑料微球的主要驱动力之一。稀土配合物掺杂标记方法克服了传统荧光标记方法存在的背景荧光干扰和难以同时精确定量等缺点，为微塑料在复杂生物介质中积累、传输和分布提供了一种简便和通用的方法。本章进一步开发了一种稀土标记技术，并将其应用于定量测量小麦和生菜的微/纳塑料的摄取。利用稀土 Eu 配合物的时间分辨荧光特性实现了对小麦和生菜幼苗体内稀土 Eu 配合物标记的聚苯乙烯（Eu-PS）塑料微球的可视化追踪，并进一步通过构建的农作物体内微塑料定量方法学，间接量化分析了小麦和生菜幼苗对 Eu-PS 的吸收和传输量；首次估算了在水培和土培条件下从根部转移到地上部分的转移系数为<7%。研究结果有助于评估真实环境中微塑料和农作物的相互作用，为量化农作物体内微塑料的含量提供方法学和科学依据，并为未来评估微塑料的食物链风险提供基础数据。

参 考 文 献

冯裕栋. 2023. 土壤-蔬菜食物链中微/纳塑料量化方法、传递过程及健康风险研究. 北京: 中国科学院大学.

李连祯, 周倩, 尹娜, 等. 2019. 食用蔬菜能吸收和积累微塑料. 科学通报, 64(9): 928-934.

李瑞杰. 2023. 农作物对微塑料的吸收过程与传输机制及其量化方法研究. 北京: 中国科学院大学.

李瑞杰, 李连祯, 张云超, 等. 2020. 禾本科作物小麦能吸收和积累聚苯乙烯塑料微球. 科学通报, 65(20): 2120-2127.

马炜梁, 王幼芳, 李宏庆. 2009. 植物学. 2 版. 北京: 高等教育出版社: 75-76.

宁明哲, 童明庆. 2004. 稀土元素铕标记技术的应用研究. 临床检验杂志, 22(4): 313-315.

Adamo C, Barone V. 1999. Toward reliable density functional methods without adjustable parameters: The PBE0 model. The Journal of Chemical Physics, 110: 6158-6169.

González-Morales S, Parera C A, Juárez-Maldonado A, et al. 2020. The ecology of nanomaterials in agroecosystems//Husen A, Jawaid M. Nanomaterials for Agriculture and Forestry Applications. New York: Elsevier: 313-355.

Huang J. 1986. Ultrastructure of bacterial penetration in plants. Annual Review Phytopathology, 24: 141-157.

Karas I, McCully M E. 1973. Further studies of the histology of lateral root development in *Zea mays*.

Protoplasma, 77: 243-269.

Latva M, Takalo H, Mukkala V M, et al. 1997. Correlation between the lowest triplet state energy level of the ligand and lanthanide(III) luminescence quantum yield. Journal of Luminescence, 75: 149-169.

Lenz R, Enders K, Nielsen T G. 2016. Microplastic exposure studies should be environmentally realistic. Proceedings of the National Academy of Sciences of the United States of America, 113(29): E4121-E4122.

Li L, Luo Y, Li R, et al. 2020. Effective uptake of submicrometre plastics by crop plants via a crack-entry mode. Nature Sustainability, 3: 929-937.

Lian J, Wu J, Xiong H, et al. 2020. Impact of polystyrene nanoplastics (PSNPs) on seed germination and seedling growth of wheat (*Triticum aestivum* L.). Journal of Hazardous Materials, 385: 121620.

Luo Y, Li L, Feng Y, et al. 2022. Quantitative tracing of uptake and transport of submicrometre plastics in crop plants using lanthanide chelates as a dual-functional tracer. Nature Nanotechnology, 17: 424-431.

Martell A E, Smith R M. 1982. Critical Stability Constants. New York: Springer.

Song B, Ye Z, Yang Y, et al. 2015. Background-free in-vivo imaging of vitamin C using time-gateable responsive probe. Scientific Reports, 5: 14194.

Nel A E, Mädler L, Velegol D, et al. 2009. Understanding biophysicochemical interactions at the nano-bio interface. Nature Materials, 8: 543-557.

Peret B, Larrieu A, Bennett M J. 2009. Lateral root emergence: A difficult birth. Journal of Experimental Botany, 60: 3637-3643.

Ristroph K D, Astete C E, Bodoki E, et al. 2017. Zein nanoparticles uptake by hydroponically grown soybean plants. Environmental Science & Technology, 51: 14065-14071.

Robards A W, Jackson S M. 1976. Root structure and function— An integrated approach//Sunderland N. Perspectives in Experimental Biology, Vol. 2. Botany. Oxford: Pergamon Press: 413-422..

Schwab F, Zhai G, Kern M, et al. 2016. Barriers, pathways and processes for uptake, translocation and accumulation of nanomaterials in plants–Critical review. Nanotoxicology, 10(3): 257-278.

Vega-Hernández M C, Pérez-Galdona R, Dazzo F B, et al. 2001. Novel infection process in the indeterminate root nodule symbiosis between *Chamaecytisus proliferus* (tagasaste) and *Bradyrhizobium* sp. New Phytologist, 150(3): 707-721.

Vicentini D S, Nogueira D J, Melegari S P, et al. 2019. Toxicological evaluation and quantification of ingested metal-core nanoplastic by daphnia magna through fluorescence and inductively coupled plasma-mass spectrometric methods. Environmental Toxicology and Chemistry, 38: 2101-2110.

Vukovic S, Hay B P, Bryantsev V S. 2015. Predicting stability constants for uranyl complexes using density functional theory. Inorganic Chemistry, 54: 3995-4001.

Wang C X, Wang L, Thomas C R. 2004. Modelling the mechanical properties of single suspension-cultured tomato cells. Annals of Botany, 93: 443-453.

Wen F, VanEtten H D, Tsaprailis G, et al. 2007. Extracellular proteins in pea root tip and border cell exudates. Plant Physiology, 143: 773-783.

Zhang M, Akbulut M. 2011. Adsorption, desorption, and removal of polymeric nanomedicine on and from cellulose surfaces: Effect of size. Langmuir, 27: 12550-12559.

Zhu J, Wang J, Chen R, et al. 2022. Cellular process of polystyrene nanoparticles entry into wheat roots. Environmental Science & Technology, 56: 6436-6444.

第十五章 微/纳塑料的生物积累与食物链传递风险

微塑料污染已成为亟待解决的全球性环境问题。微塑料进入土壤后会长期累积在土壤中，逐渐风化降解成粒径更小的微塑料甚至是纳塑料，这部分微/纳塑料会进入陆生食物链。生菜、小麦和黄瓜等陆生植物能够通过根系从土壤中吸收微/纳塑料并将其转移到地上部分。此外，蚯蚓、蜗牛和鸡等陆生动物会将微/纳塑料当作食物误摄入体内。近年来，微/纳塑料在食物链中传递和对人体健康风险问题越来越受到关注。因此，本章系统性综述了土壤中微/纳塑料的食物链传递风险及其对人体器官系统的健康风险，并基于拉曼光谱揭示人体血栓中存在微塑料颗粒。研究结果可为理解微/纳塑料在动植物体内的吸收和累积，以及食物链传递提供新的视角，也可为评估微/纳塑料的生态环境风险和人体健康风险提供基础数据和科学依据。

第一节 食用海藻中微塑料的人体暴露与健康风险

本书第八章第三节介绍了常见食用海藻中微塑料的积累特征，根据市售食用海藻中的微塑料含量，以及东亚和欧洲居民的海藻平均消费量（表15.1和表15.2），估算了不同地区成年男性和女性每天从食用海藻中摄入的微塑料量（表15.3）。东亚居民从食用海藻中摄入的微塑料明显高于欧洲居民，其中韩国居民的摄入量最高，其次是朝鲜、中国和日本。其中，成年女性摄入微塑料的风险高于成年男性（图15.1）。人类从海藻中摄入的微塑料受多种因素影响，包括饮食习惯、微塑料负载水平以及每日摄入量。先前的一项研究根据食物的消费数据，评估了人类摄入微塑料的风险，包括贝类（2602~16 288 个·人$^{-1}$·a^{-1}）、鱼类（339~3005 个·人$^{-1}$·a^{-1}）、盐类（41~1088 个·人$^{-1}$·a^{-1}）、蜂蜜（57~107 个·人$^{-1}$·a^{-1}）、啤酒（177~869 个·人$^{-1}$·a^{-1}）、自来水（16 265~68 331 个·人$^{-1}$·a^{-1}）、瓶装水（346~29 251 个·人$^{-1}$·a^{-1}）和饮用水（9029~174 959 个·人$^{-1}$·a^{-1}）（Senathirajah et al.，2021）。根据我们的研究结果，每人每年可通过食用海藻摄入微塑料 17 034 个，通过海藻膳食摄入的微塑料占膳食暴露总量的 45.5%，因此，海藻是中国膳食中微塑料的最大来源。

表15.1　食物的每日摄入量和食物中微塑料年摄入量占中国人均微塑料年摄入量的百分比（引自 Cox et al., 2019）

食物类型	微塑料浓度 /（MPs per g·L⁻¹·m⁻³）	每日摄入量 /（g·L⁻¹·m⁻³）	人均年摄入量 /MPs	年总摄入量 /MPs	比例/%
海鲜	1.48	29.6（Chen et al., 2015）	15 990		12.30
蜂蜜	0.1	22.3	814		0.63
糖	0.44	18.5	2971		2.29
盐	0.11	13.8	554	129 999	0.43
水	49.31	1.85	33 297		25.61
空气	9.8	15.7	56 159		43.20
啤酒	32.27	0.27	3180		2.45
海藻			17 034		13.10

注：MPs 指每克或每升或每立方米。

表15.2　东亚和欧洲地区食用海藻摄入率

地区	类型	摄入率/（g·d⁻¹）	参考文献
中国	海带	7.4	刘永涛，2016
	紫菜	3.4	刘永涛，2016
欧洲	海带	2.4	Authority et al.，2023
	紫菜	4.6	Authority et al.，2023
日本	食用海藻	14.3	Nova et al.，2020
朝鲜	食用海藻	10	Khandaker et al.，2021

表15.3　用于计算食用海藻中微塑料估计日摄入量（EDI）的参数

参数	单位	中国		韩国		朝鲜		日本		欧洲	
		男	女	男	女	男	女	男	女	男	女
BW[a]	kg	73.5	62.2	74.7	61	73.1	61.9	69.5	54.8	85	70.2
AT[b]	a	74.7	80.5	80.3	86.1	69.3	75.7	81.5	86.9	76.3	82.2
ED[c]	a	69	74	69	74	69	74	69	74	69	74
EF	d	365		365		365		365		365	

a：平均体重（https://www.worlddata.info/average-bodyheight.php）。

b：平均预期寿命来自世界卫生组织网站（WHO, 2020）。

c：平均接触时间，可在健康饮食（FAO/WHO. 2018. CIFOCOss-Chronic individual food consumption database-Summary statistics. https://apps.who.int/foscollab/Dashboard/FoodConso, Accessed February 16 2023）中获得。

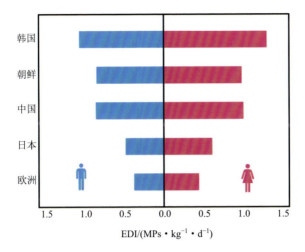

图 15.1　估计的东亚和欧洲地区的男性和女性通过食用海藻的微塑料日摄入量（EDI）（引自 Xiao et al.，2024）

在解释这项评估结果时，应考虑几个不确定性因素。首先，没有考虑海藻烹饪过程中微塑料浓度的变化，这可能会低估从海藻中摄入微塑料的水平。经过高温处理（如煮、炒或烤）后，海藻中的微塑料含量可能会增加。因此，发生数据的主要不确定性受到加工和处理阶段的影响。其次，消费数据的主要不确定性与其代表性有关，由于消费者调查数量有限，而且目前调查中对食用海藻的分类没有进一步细化，在替代方案中，除了与数据代表性和分类相关的不确定性外，主要的不确定性在于其过于保守的估计，从而导致低估。最后，我们使用东亚海藻中微塑料浓度的平均值来模拟欧洲居民摄入藻类的暴露情况，这可能会导致结果被高估或低估，因为该地区目前没有关于食用海藻的微塑料发生数据。

鉴于海藻作为食物来源越来越受欢迎，解决人类通过食用海藻接触微塑料的问题至关重要。为了降低这些风险，可以提出几项建议。首先，有必要对海藻产品中的微塑料进行全面监测和评估，以确保人类食用的安全性。这包括评估海藻中的聚合物成分、危害等级和潜在污染。其次，应通过改进废弃物管理方法和开发一次性塑料的可持续替代品，努力减少微塑料在环境中的释放。这将有助于最大限度地减少微塑料在海洋生态系统中的积累，从而降低对环境和人类健康的潜在风险。最后，还应开展公众教育活动，让消费者了解海藻产品中微塑料的潜在风险，这不仅可以增强个人做出知情选择的能力，还可以鼓励对可持续来源和无塑料海藻产品的需求。

总之，要解决海藻中微塑料对环境和人类健康的影响，需要采取多方面的努力，包括研究、监管和公众参与。通过采取积极主动的措施，我们可以将微塑料带来的风险降至最低，并确保长期海藻消费的可持续性和安全性。

第二节　土壤中微/纳塑料的食物链传递与风险

陆地植物和动物能否吸收和摄食微/纳塑料一直是土壤微塑料领域的研究重点,也是研究微/纳塑料在食物链中传递的基础。我们前期研究最早发现水培生菜(*Lactuca sativa*)和小麦(*Triticum aestivum*)可通过新生侧根间隙吸收 0.2 μm 和 2 μm 的聚苯乙烯(PS)颗粒,且在砂质土壤生长的植物根系也能吸收 PS 颗粒(Li et al.,2020a;Luo et al.,2022)。这项工作为研究陆地高等植物吸收微/纳塑料奠定了基础。随后,Liu 等(2022)观察到水培水稻幼苗(Xiuzhan-15)可以吸收粒径为 80 nm 和 1 μm 的 PS 微球,而 Austen 等(2022)发现土培桦树的根系可以吸收 5~10 μm 的微塑料颗粒。植物根系对微/纳塑料的吸收不仅与塑料粒径有关,还与塑料表面电荷有关。拟南芥(*Arabidopsis thaliana*)根系更易吸收带负电荷的纳塑料(Sun et al.,2020)。一旦微/纳塑料被植物根系吸收,便会从根部转移到其他植物器官中。目前的研究表明,植物体内的微/纳塑料主要集中在根部,只有少量微/纳塑料会转移到植物地上部分。虽然目前采用的微/纳塑料暴露浓度高于实际环境,且形状为规则球形,但是从侧面证实在自然环境中植物能够吸收土壤微/纳塑料,更有可能通过土壤-植物-动物食物链传递(图 15.2)。目前,有关微/纳塑料在土壤动物体内吸收和累积的研究还较少,已有研究证实土壤无脊椎动物

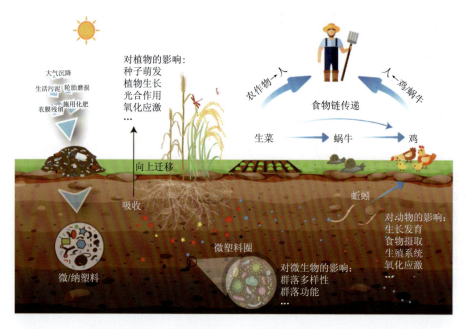

图 15.2　土壤中微/纳塑料的生物健康效应和食物链传递风险(引自冯裕栋,2023)

会摄食微/纳塑料。蚯蚓是一种常见的毒性实验模式生物。已有较多研究表明，蚯蚓会摄食不同粒径和类型的微/纳塑料，如 25 μm 的高密度聚乙烯（HDPE）颗粒和 13 μm 的 PP 颗粒。其他土壤无脊椎动物也会摄食微/纳塑料，如等足类动物（*Porcellio scaber*）会摄食 50~2653 μm 的 PE 纤维，蜗牛（*Achatina fulica*）则会啃食大块 EPS 泡沫。但是无脊椎动物对微/纳塑料吸收和累积的量化信息目前尚不清楚。

微/纳塑料能在海洋食物链中传递，从浮游植物到浮游动物，甚至到更高级的哺乳动物，并会在高等捕食者体内富集。目前，关于微/纳塑料在陆地食物链中传递的研究还相当有限。Panebianco 等（2019）首次从自然和养殖的可食用蜗牛（*Helix aspersa* 和 *Helix pomatia*）中发现微塑料的存在，每只蜗牛大约含有（0.92±1.21）个塑料颗粒，说明蜗牛中的微塑料很有可能是通过土壤-植物-蜗牛这条食物链进入蜗牛体内。Huerta Lwanga 等（2017）通过调查家庭院落中土壤和动物体内的微塑料丰度发现，微塑料可以在陆生食物链中传递，即通过土壤-蚯蚓、土壤-鸡和土壤-蚯蚓-鸡食物链传递，且从土壤到蚯蚓粪、鸡粪和砂囊的富集系数分别为12.7、105 和 5.1。鸡的砂囊是人类的食物之一，这使微塑料可能通过从鸡到人的食物链进入人体，最终在人体内累积。微/纳塑料可能已经广泛存在于陆地食物网中，有必要对食物链中不同营养级的动物进行体内微/纳塑料污染程度的调查，特别是探究微/纳塑料在食物链中的富集效应，以评估微/纳塑料对陆地生命体的健康风险。

微/纳塑料作为一种新型污染物，其对土壤生态系统的风险评估尚处于初步探索阶段。由于水环境中微/纳塑料研究起步早，且水环境相对土壤环境更为简单，已有风险评估模型可用于评估微/纳塑料对水环境的生态风险，如物种敏感性分布（SSD）。SSD 主要用于生态风险评估，一般是从有限的实验室生态毒性数据中计算得出环境中污染物的最大可接受浓度。但是目前不同实验室得出的微/纳塑料毒性数据缺乏可比性，因为不同实验室采用的微/纳塑料的粒径、形状和浓度不一致，采用的风险受体也不一样，采用 SSD 得到的微/纳塑料阈值效应浓度相差很大。Zhang 等（2022）认为微/纳塑料与人类活动密切相关，因而需要综合考虑人类活动和自然因素，再基于层次分析法评估微/纳塑料的生态风险。此模型主要的流程可分为三大部分：第一部分是确定需要评估的区域；第二部分是建立风险评估指标库，主要分为压力、状态和响应三类指标，然后通过专家打分法确定每个指标的权重，最后通过查阅文献来评估指标状态；第三部分是使用加权平均模型和最大隶属度原则综合判断风险等级。但是不同研究所得到的微/纳塑料丰度可比性差，而且各个指标权重的确定人为主观性较大，因而无法准确地评估微/纳塑料的生态风险。总体而言，目前尚缺乏土壤环境中微/纳塑料的生态风险评估框架和模型。土壤环境中的微/纳塑料是复杂的，其本身既会释放塑料添加剂，又会负载有害物质，因此在评估微/纳塑料的生态风险时还需要对这些成分进行评估。此外，由于现阶段土壤微/纳塑料丰度调查数据可比性差，微/纳塑料对土壤生物的毒性影响研究较少，并且许多相关实验设计存在缺陷，因而当前尚难以科学评估微/纳塑料对土壤生态系统的风险。

第三节　微/纳塑料对人体器官系统的影响

人类不可避免地持续暴露于微/纳塑料中，引发了公众对微塑料对人体健康潜在风险的担忧。然而，由于人体组织采样的限制、流行病学调查和原位检测方法的缺乏，目前尚不清楚微/纳塑料是否直接影响人类健康。目前的研究表明，微/纳塑料不仅对生物体表现出颗粒毒性，还会引发化学毒性。人体主要由九个器官系统组成，即消化、呼吸、循环、生殖、神经、免疫、内分泌、泌尿和运动系统，这些系统的功能平衡对于人体的健康至关重要。我们通过基于体内和体外毒理学研究所获得的知识，总结了微/纳塑料对这九个器官系统的影响（图 15.3）。

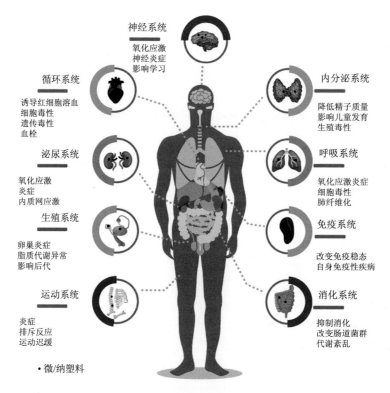

图 15.3　微/纳塑料对人体九个器官系统的潜在健康风险（引自 Feng et al.，2023）

一、消化系统

消化系统在分解食物、吸收营养和排泄废物方面起着至关重要的作用。然而，微/纳塑料可能对肠道产生不良影响。微/纳塑料可能会对人体肠道中的营养吸收产生潜在影响，破坏肠道稳态，最终导致肠道疾病的发生。初步实验显示，微/纳塑料抑制了脂肪消化并降低了维生素 D3 的吸收（Li et al.，2021），从而引起营养不平衡。主要原因是微/纳塑料可以聚集营养物质并降低其生物利用率，或影响相应酶的活性。此外，具有蜂窝状孔洞的纤维状微塑料还可以竞争性地吸附营养物质（Li et al.，2020b）。微/纳塑料改变了人体肠道微生态，导致肠道微生态失衡。微/纳塑料对人体肠道细胞产生负面影响。在人体结肠上皮细胞 CCD841CoN 和小肠上皮细胞 HIEC-6 中，0.1 μm 的 PS 微球引发细胞氧化应激，而 5 μm 的 PS 暴露导致线粒体去极化水平增加（Sun et al.，2021）。因此，肠道中的微/纳塑料暴露可能会导致肠道屏障功能紊乱、代谢紊乱、免疫反应、炎症，最终可能发展成相关疾病。

二、呼吸系统

微/纳塑料已在人类的上呼吸道（痰液、鼻腔）和下呼吸道（肺泡、肺组织）中检出（Jiang et al.，2022），这引起了人们对其造成的呼吸系统潜在健康影响的关注。尽管微/纳塑料与人类呼吸道疾病之间尚无直接联系，但近期的研究表明，微/纳塑料可能会改变人体肺部内源性表面活性剂、损害肺细胞，并增加其对肺部疾病如肺纤维化、肺毛玻璃样结节和哮喘的易感性（Shi et al.，2022）。肺表面活性剂在降低肺泡表面张力和防止外源性颗粒入侵方面起着重要作用。微/纳塑料可能会导致肺部疾病。在小鼠中，5 μm 的 PS 微塑料颗粒在肺部持续存在，引发氧化应激和慢性损害上皮组织，诱发炎症，最终激活 Wnt/β-catenin 信号通路，导致肺纤维化。此外，纤维状微塑料可能与肺部毛玻璃样结节的形成有关。迄今为止，微/纳塑料对呼吸系统的毒性尚不清楚，需要进一步研究。

三、循环系统

循环系统为身体的各个组织提供氧气和营养物质，并清除废物。最近的一项研究在 22 名健康个体的血液中发现了 PET、PS、PE 和聚甲基丙烯酸甲酯（PMMA）等微塑料颗粒（>700 nm），平均浓度为 1.6 μg·mL^{-1}（Leslie et al.，2022）。目前的证据表明，微塑料颗粒可能对红细胞造成伤害，还可能影响血管生成和血小板功能，甚至可能导致人体中的血栓形成（Kim et al.，2022）。一旦进入循环系统，微塑料颗粒会与血液中的不同成分相互作用，如血浆蛋白、红细胞、血小板和外周血淋巴细胞。一方面，微塑料颗粒吸附血浆蛋白，形成外部的多层"生态冕"，从而导致颗粒的聚集效应。另一方面，微塑料颗粒吸附到血液红细胞表面，某些纳米颗粒（氨基修饰）会引起红细胞溶血。目前有关微塑料颗粒对人类循环系统影响的研究仍然有限，还有一些研究缺陷需要解决。首先，大多数研究是体外进行的，缺乏可以提供更有力证据的体内研究。此外，大多数研究关注微塑料颗粒的急性影响，而需要进行慢性暴露研究以了解微塑料颗粒对循环系统的长期影响。另一个研究不足之处是缺乏此类研究的标准化方案。需要制定标准方法来表征和定量测量血液样本中的微塑料颗粒，以便比较不同研究之间的结果。另外，还需要制定评估微塑料颗粒对血液成分的影响的标准方案，包括红细胞、血小板和外周血淋巴细胞。

四、生殖系统

随着研究发现人类胎盘中存在微塑料颗粒，研究人员近年来越来越关注微塑料颗粒对人类生殖系统的潜在影响（Ragusa et al.，2021）。微塑料颗粒对生殖健康的影响可能对未来几代产生威胁。体内动物研究已经表明，微塑料颗粒可能引起生殖毒性，并可能对小鼠和大鼠的后代产生健康影响（Deng et al.，2022）。高水平（30 mg · kg^{-1} 体重）的聚苯乙烯颗粒暴露会引发雌性小鼠卵巢炎症，降低卵子质量。聚苯乙烯颗粒同样会引发雄性小鼠睾丸炎症，降低精子质量，破坏血-睾丸屏障。为了进一步研究微塑料颗粒对小鼠后代的影响，Deng 等（2022）发现将雄性小鼠长期暴露于微塑料颗粒会降低后代的体重和肝脏质量，同时引起脂质代谢紊乱。此外，雌性小鼠长期暴露于微塑料颗粒会导致后代的能量代谢受损。正如前面所述，微塑料颗粒在动物模型中已被证明对生殖健康具有代际效应。未来的研究可以探究这些效应是否在人类中也存在，以及是否通过多代传递下去。

五、神经系统

神经系统是一个复杂的神经元网络，调节着人体的生理活动。然而，关于微塑料颗粒对人类神经系统影响的研究目前还很缺乏。目前，在体内动物实验中已经证明，2 μm 聚苯乙烯颗粒可以穿越血脑屏障并在小鼠的大脑中聚集（Qi et al.，2022）。此外，人体脑脊液中也发现了外源性的细小颗粒（如锶钙矿和金红石型 TiO_2），但在人脑中尚未发现微米级别的颗粒。这表明纳米颗粒很可能已经渗透到人脑中。Lee 等（2022）进一步发现，连续喂养小鼠 2 μm 聚苯乙烯颗粒（0.016 mg · g^{-1}）8 周后，颗粒影响了小鼠大脑的学习和记忆。这可能主要是因为进入大脑的聚苯乙烯颗粒会导致海马区的神经炎症，从而改变了对突触可塑性有贡献的基因和蛋白质（Lee et al.，2022）。另外，研究发现，聚苯乙烯颗粒（5 μm）在小鼠中诱导了氧化应激，降低了乙酰胆碱水平，导致学习和记忆受损。颗粒的神经毒性还取决于剂量、尺寸、成分和形状（Wang et al.，2022）。基于目前的研究进展，未来需要进行动物暴露实验和流行病学研究，探究长期暴露微塑料颗粒对人类神经系统的潜在影响，包括对认知功能和行为的影响。此外，还需要通过检测暴露于微塑料颗粒后神经递质水平、基因表达和突触可塑性的变化，研究微塑料颗粒对人脑中神经网络和特定神经元的影响，以及研究微塑料颗粒对特定人群（如儿童、老年人和患有先天神经系统疾病的人）的影响。这将有助于识别敏感人群，并制定有针对性的干预措施来保护这些人群。

六、免疫系统

免疫系统是一组淋巴器官、组织、细胞、体液物质和细胞因子的网络，它们共同协作来保卫机体。免疫系统的一个重要功能是排除入侵的细菌、异种细胞、大分子化合物（抗原）和外来颗粒。当微塑料颗粒进入生物体内时，会引起局部或全身性的免疫反应，部分微塑料颗粒在其表面形成蛋白冠，从而能够逃避免疫系统的监测（Gopinath et al.，2019）。动物或细胞实验表明，微塑料颗粒可能导致过量分泌炎症细胞因子，破坏免疫平衡，最终导致免疫系统紊乱，如自身免疫性疾病（Han et al.，2020）。炎症细胞因子的分泌对于维持免疫系统的平衡非常重要。在体外的人类外周血单个核细胞实验中发现，丙烯腈-丁二烯-苯乙烯共聚物（ABS）和聚氯乙烯（PVC）颗粒均诱导白细胞介素-6（IL-6）和肿瘤坏死因子-α（TNF-α）的释放，并且塑料颗粒的尺寸和浓度会影响 IL-6 和 TNF-α 的释放。

自身免疫性疾病是一组由免疫反应对自身抗原引发的损害或组织器官功能障碍的疾病。除了遗传因素外，环境因素也可能触发自身免疫性疾病（Davidson et al.，2001）。许多研究已经证明，空气污染可能加剧自身免疫性疾病。尤其是环境细颗粒物可能会增加全身性红斑狼疮、1 型糖尿病和类风湿性关节炎的发病率。同样，环境微塑料颗粒也极易引发自身免疫性疾病。未来的研究应当探究微/纳塑料对不同器官中免疫系统功能的影响，甚至是其对整体免疫系统的健康影响。此外，还需要研究微/纳塑料对不同免疫细胞群体的影响，包括 T 细胞、B 细胞、巨噬细胞和树突状细胞。这些研究将有助于更全面地了解微/纳塑料对免疫系统的影响，为保护免疫功能提供有价值的信息。

七、内分泌系统

内分泌系统通过激素来调节机体的正常生理活动。尽管微塑料颗粒对内分泌系统的毒性有限，但它们可以携带和解吸一些内分泌干扰物质（EDCs），如双酚A、邻苯二甲酸酯或类固醇激素。实验动物研究和流行病学研究表明，EDCs 可能干扰内分泌系统的发育，并影响对激素信号做出反应的器官的功能，导致一系列健康问题，如精子质量降低、性激素浓度降低、影响儿童发育、2 型糖尿病、肥胖等（Rochester，2013）。此外，Deng 等（2021）表明，微塑料颗粒的存在显著增加了肠道对 EDCs 的吸收，并增加了其生殖毒性。因此，有必要关注微塑料颗粒与 EDCs 在生物体内的相互作用，并进一步研究它们对生物体的联合毒性。此外，环境中还存在其他内分泌干扰物质，如多氯联苯（PCBs）和二噁英，它们可以通过吸附在微塑料颗粒表面进入体内，它们在体内的释放以及与微塑料颗粒的联合毒性也需要更多关注。

八、泌尿系统

泌尿系统是人体的主要代谢途径，也是维持机体稳定的关键。毫无疑问，磁性纳米颗粒（MNP）同样可以渗透进入泌尿系统，对肾脏和膀胱造成损害。在细胞水平上，人类胚胎肾细胞（HEK 293）暴露于 PS 颗粒后，细胞增殖显著降低并引起细胞的氧化应激反应。此外，PS 颗粒引发肾脏细胞线粒体功能障碍、内质网应激、炎症和自噬。在器官水平上，PS 颗粒（50~400 μm）可以在肾脏中积累，600 nm 的 PS 颗粒会聚集，而 4 μm 的 PS 颗粒则呈现单个颗粒状态。微/纳塑料还会导致肾脏质量显著下降、组织病理损伤、肾脏炎症和内质网应激。此外，PS 颗粒会引发膀胱上皮细胞坏死和炎症，其中 1~10 μm 颗粒引发的坏死最严重，而 50~100 μm 颗粒引发的炎症损害最严重。基于上述研究，未来需要重点关注和改进用于检测人类尿液中微/纳塑料浓度和颗粒大小范围的方法，以准确评估肾小球滤过率。另外，未来的研究还应该探究微/纳塑料暴露对尿液蛋白质过滤和重吸收的潜在影响。

九、运动系统

已有研究表明，微/纳塑料能够抑制鱼类、土壤动物和鸟类的活动，但它们对人类运动系统的影响微不足道。然而，使用假肢的个体需要注意，磨损可能会产生微/纳塑料，可能引发炎症和排斥反应，从而影响运动能力。微/纳塑料还可能通过影响中枢神经系统来影响运动。例如，一项研究发现，喂食含有微塑料颗粒的食物会导致小鼠步行距离缩短、运动减缓（da Costa Araújo and Malafaia, 2021）。

第四节　基于拉曼光谱检测人体血栓中的微塑料

随着工业生产的扩大和合成材料在日常生活中的广泛应用，自然降解产生的垃圾碎片和微颗粒正在迅速增加，这些微颗粒成为一种新型的全球性污染物。人们普遍面临着来自人工材料微颗粒的日益增多的暴露风险，因此，目前迫切需要对微颗粒污染及其潜在健康影响进行及时调查，以保障可持续的发展。近年来，借助显微拉曼光谱仪等超精确的测量技术，研究人员能够检测到直径大于 1 μm 的微颗粒。在这种情况下，本节研究可以通过严格的检测和鉴定，探索非水溶性环境微颗粒在血栓中的积累情况。测量和鉴定血栓中微颗粒的数量和类型有助于研究环境微颗粒在人体内的积累情况，可为在不断变化的环境中促进人类可持续发展提供数据支撑。

一、消解方法评估

　　7 种不同消解方案对不同生物组织的消解效率不同。方案 C、D 和 G 对猪的肠道、肝脏和肌肉的消解效率都明显高于其他处理（$p<0.05$）（图 15.4），对肠道和肌肉的消解效率都超过 99%，对肝脏的消解效率大于 95%。这几种方案都使用 KOH 作为消解溶液，说明 KOH 对生物组织的消解能力比 H_2O_2 和胰蛋白酶更好。本节研究发现，提高 KOH 溶液的质量分数可以增加对组织的消解效率，30%的 KOH 溶液比 10%的 KOH 溶液消解肝脏时平均消解效率高 4%，消解肌肉则高 2%。此外，KOH 和 H_2O_2 消解液对颗粒的质量和粒径的影响很小，变化大都小于 0.1%。综合考虑消解效率和消解时间，本节采用方案 C 消解人体血栓组织。

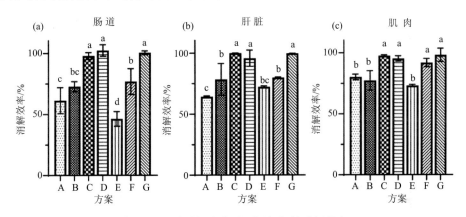

图 15.4　7 种消解方案对不同组织的消解效率

A: H_2O_2, 40℃；B: H_2O_2, 60℃；C: 30% KOH, 60℃；D: 10% KOH, 60℃；E: 胰蛋白酶；F: 胰蛋白酶+H_2O_2；G: 胰蛋白酶+KOH；使用 ANOVA 中的 SNK 法进行显著性检验，相同标记字母为差异不显著，不同标记字母为差异显著

二、血栓中微颗粒的特征

　　在本节中，应用了严格的质量控制和质量保证体系，以排除环境微小颗粒的污染。为了增加颗粒身份的可信度，在比较了检测颗粒的光谱和化学光谱库之后，只有 HQI 大于 70 的颗粒才能够进一步进行个体分析，以提高其可靠性。在 26 个血栓样本中，经过筛选，其中 16 个血栓内总共含有 87 个已鉴别的微颗粒（图15.5）。其中一个血栓样本中的微颗粒数量最多，为 15 个。最小的颗粒直径为 2.1 μm，60 个颗粒的直径小于 10.0 μm，只有 6 个颗粒的直径大于 20.0 μm，最大直径可达

到 26.0 μm。研究发现的大部分微颗粒大小与红细胞相当，这使其能够在血液系统中循环，然后被困在血栓中（Hayashi et al.，2018）。理论上，大颗粒无法穿过上皮细胞层，因此检测到的大颗粒可能是由微小颗粒凝结而成（Yuge et al.，2009）。所有的颗粒形状都为不规则的块状。然而，在水体和鱼类中发现的纤维状微塑料占比很高（Huang et al.，2020）。可以假设纤维的细长形状可能导致非常不同的物理特性，从而阻碍其进入血液系统。

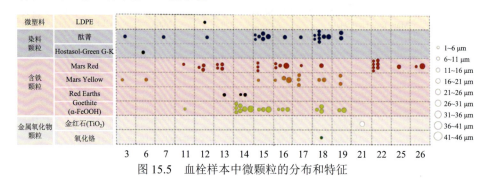

图 15.5　血栓样本中微颗粒的分布和特征

　　将血栓中的每个颗粒的拉曼光谱仔细地与标准拉曼光谱进行比较，鉴定出 21 个酞菁颗粒和 1 个微塑料颗粒（LDPE）（图 15.5），还有一个染料颗粒 Hostasol-Green G-K。染料是一种有机或无机的微颗粒物质，通过添加到聚合物基质中赋予塑料特定的颜色，在血栓中的染料颗粒可能来自日常的塑料暴露，通常归类为微塑料。根据环境微颗粒检测的分类方法（Imhof et al.，2016），本节研究中的有色微颗粒根据其光谱严格分为微塑料和染料颗粒，从而提高了微颗粒鉴定的准确性和严谨性。本节研究首次在血栓中检测到酞菁颗粒。酞菁，主要是铜酞菁，是一种稳定性很强的合成大环，具有稳定的性质（Zhou et al.，2021），广泛用于化学染料、塑料和墨水工业。酞菁可能主要通过直接摄入或吸入进入体内，鱼类食品中也发现了含有酞菁染料的微塑料。血栓中发现酞菁表明亟须重新评估其人体健康效应。

　　血栓样本中的铁化合物占比较高（图 15.6），其中包括 Mars Red（27 个颗粒）、Red Earths（3 个颗粒）、Mars Yellow（13 个颗粒）和 Goethite（19 个颗粒）。其余颗粒是不含铁的金属氧化物，包括二氧化钛（TiO_2，1 个颗粒）和铬氧化物（1 个颗粒）。最大的颗粒是 Goethite（α-FeOOH），而最小的颗粒是 Mars Red。虽然铁氧或氢氧化物颗粒可能来自铁离子的直接氧化（Kashyap et al.，2014），但本节研究中发现的铁化合物颗粒数量众多且尺寸较大，排除了它们在体内自然形成的可能性。由于本节研究未招募服用通过纳米材料传输的任何诊断或治疗剂的患者，并且分析了血栓成像中的造影剂成分以排除可能的颗粒污染，所以铁化合物颗粒可能来自非医源性途径。

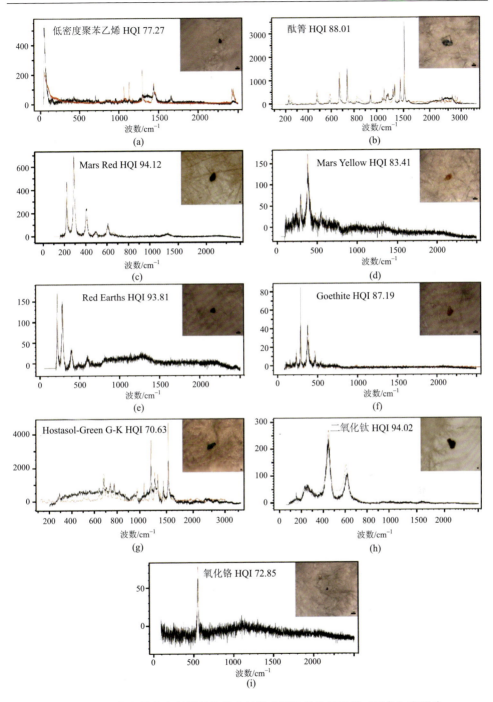

图 15.6　人体血栓中九种材料的代表性微小颗粒的拉曼光谱（黑色）和照片

血栓样本可能只含有一种类型的颗粒（例如，在一个血栓样本中找到了 7 个 Mars Red 颗粒），或者混合了多种类型的颗粒。一个血栓样本中甚至可能含有五种不同类型的颗粒。本节研究发现，染料与微塑料颗粒占全部微颗粒的比例较高，引起了人们对人群日常消费这些产品的关注。然而，目前还无法获取有关染料和塑料生产和使用的详细信息。Karbalaei 等（2019）的研究结果表明，在商业海洋鱼类中检测到 150 µm 以上的颗粒，并发现 76.8% 的颗粒是塑料聚合物，5.4% 是染料。本节中检测到的大多数染料微颗粒小于 20 µm。根据 Imhof 等（2016）对湖泊生态系统中微小颗粒的研究，当颗粒尺寸小于 50 µm 时，染料颗粒的数量大于微塑料，随着颗粒尺寸的减小，染料颗粒与微塑料的比例继续增加。这一发现支持了本节中染料微颗粒与微塑料的高比例。

由于在生物体内，特别是人体内微塑料分析检测技术方法的局限性，尽管只有一颗颗粒被鉴定为 LDPE，本节研究仍是首次在血栓中检测到微塑料（Wu et al.，2023）。LDPE 在患者所在地区的水体和沉积物中有检出（李征等，2020）。然而，其他患者所在地的土壤和水体中也检测到了微塑料（Yuan et al.，2022）。与其他患者相比，血栓 LDPE 患者在手术前后没有接受任何特殊治疗。因此，很难确定该患者的潜在 LDPE 暴露途径。此外，本节还对患者的人口统计信息、药物治疗史、职业细节、生活方式（文身、饮水偏好、吸烟和饮酒频率）进行了统计分析（表 15.4），但未观察到显著的相关性。同时，携带 LDPE 颗粒的患者没有诊断出严重的胃肠和呼吸道疾病，也没有特殊的职业和生活方式接触塑料。因此，无法推断出该微塑料的来源。微颗粒（如微塑料）的暴露引起了社会的关注，越来越多的研究开始关注日常食物和饮水中的环境微颗粒，在盐、啤酒、蜂蜜和日常饮用水中都发现了微颗粒的存在。因此，患者的颗粒暴露来源可能是多样的，职业性微颗粒暴露也值得关注。未来通过扩大样本规模并进一步在人体体液中检测微颗粒可能会取得突破进展。

表 15.4　血栓中存在和不存在微颗粒的患者的人口统计学信息和临床指标

类别		颗粒数=0（N=10）	颗粒数>0（N=16）
年龄/岁		56.50 ± 14.71	56.31 ± 11.96
性别	男	2（20.0%）	5（31.3%）
	女	8（80.0%）	11（68.7%）
吸烟	是	5（50.0%）	5（31.3%）
	否	5（50.0%）	11（68.7%）
日常饮水习惯	凉开水	7（70%）	6（37.4%）
	茶	2（20%）	5（31.3%）

续表

类别		颗粒数=0（N=10）	颗粒数>0（N=16）
日常饮水习惯	混合饮料	0	3（18.8%）
	未知	1（10%）	2（12.5%）
文身	是	1（10.0%）	1（6.3%）
	否	8（80.0%）	13（81.2%）
	未知	1（10.0%）	2（12.5%）
高血压	是	9（90.0%）	11（68.8%）
	否	1（10.0%）	5（31.2%）
高血压阶段	I	3（30.0%）	2（12.5%）
	II	3（30.0%）	5（31.3%）
	III	3（30.0%）	4（25.0%）
	未诊断	1（10.0%）	5（31.2%）
血栓位置	主动脉夹层	10（100.0%）	14（87.5%）
	下肢	0	2（12.5%）

三、血栓与微颗粒的关系

为了进一步探讨微颗粒与血栓形成的关系，对患者的病情和生化指标进行分析。根据高血压的诊断标准（欧洲高血压学会），有 5 名患者被诊断为一期高血压，8 名为二期高血压，7 名为三期高血压。患者的血浆凝血酶原时间范围为 1.9~17.6 s，中位数为 11.6 s。患者的活化部分凝血活酶时间范围为 21.8~40.4 s，中位数为 28.1 s。患者的血浆凝血酶时间范围为 14.6 ~ 55.4 s，中位数为 18.3 s。患者的血小板水平范围为（75~312）×10^9 L^{-1}，中位数为 158×10^9 L^{-1}。患者的 D-二聚体水平范围为 0.30~50.00 μg·mL^{-1}，中位数为 6.26 μg·mL^{-1}。

本节研究重点关注微颗粒在血栓中的内部暴露，特别是在人体中的内部暴露，无法提供有关微颗粒来源的更多信息。然而，本节研究结果揭示了一种关于血栓形成的新机制，其中包括外源因素的参与。与不存在颗粒的群体相比，存在颗粒的患者在调整了潜在混杂因素后，倾向于具有较高的血小板水平（调整后 β = 41.13，95% CI：9.62~72.64，$p < 0.05$）（表 15.5）。类似地，颗粒数量与血小板水平之间存在正相关关系（调整后 β = 4.78，95% CI：2.31~7.25，$p < 0.01$）（表 15.6）。未发现其他临床指标与颗粒状态（存在或不存在）和颗粒数量显著相关。

表 15.5　血栓中微粒与临床指标之间的关系

临床指标	未调整		调整	
	β（95% CI）	p	β（95%CI）	p
左上肢收缩压	−4.80　（−21.95, 12.35）	0.588	−9.25　（−48.80, 30.30）	0.663
左上肢舒张压	−2.23　（−12.63, 8.18）	0.679	−9.25　（−48.80, 30.30）	0.663

续表

临床指标	未调整		p	调整		p
	β（95% CI）			β（95%CI）		
左下肢收缩压	7.26	（−14.29, 28.81）	0.519	−7.82	（−25.26, 9.62）	0.420
左下肢舒张压	11.36	（0.49, 22.21）	0.057	8.54	（−4.37, 21.46）	0.251
右上肢收缩压	16.23	（−8.34, 40.79）	0.215	4.55	（−31.31, 40.41）	0.816
右上肢舒张压	7.60	（−8.75, 23.95）	0.377	5.97	（−1.95, 13.89）	0.214
右下肢收缩压	−3.09	（−33.37, 27.19）	0.844	−17.48	（−62.65, 27.69）	0.482
右下肢舒张压	8.19	（−9.05, 25.44）	0.366	1.41	（−21.02, 23.85）	0.906
血小板	27.01	（−28.10, 82.13）	0.346	41.13	（9.62, 72.64）	0.043
D-二聚体	−5.42	（−16.99, 6.15）	0.368	−1.57	（−22.61, 19.47）	0.888
凝血酶原时间	0.11	（−2.10, 2.32）	0.921	−0.23	（−5.15, 4.69）	0.929
活化部分凝血活酶时间	0.90	（−2.69, 4.50）	0.627	−0.89	（−4.26, 2.49）	0.625
血浆凝血酶时间	0.58	（−5.93, 7.09）	0.862	−3.20	（−6.26, −0.14）	0.087

表 15.6　血栓中的颗粒数与心血管临床指标之间的关系

临床指标	未调整		p	调整		p
	β（95%CI）			β（95%CI）		
左上肢收缩压	0.34	（−1.60, 2.27）	0.737	0.04	（−3.99, 4.06）	0.987
左上肢舒张压	−0.08	（−1.25, 1.10）	0.899	0.04	（−3.99, 4.06）	0.987
左下肢收缩压	0.39	（−1.88, 2.66）	0.741	0.21	（−1.67, 2.09）	0.833
左下肢舒张压	0.88	（−0.32, 2.07）	0.168	0.60	（−0.81, 2.01）	0.439
右上肢收缩压	1.53	（−1.68, 4.73）	0.365	1.56	（−2.01, 5.13）	0.440
右上肢舒张压	−0.06	（−2.19, 2.08）	0.959	0.61	（−0.27, 1.48）	0.247
右下肢收缩压	−1.49	（−4.56, 1.58）	0.355	−0.95	（−5.69, 3.79）	0.711
右下肢舒张压	−0.76	（−2.57, 1.04）	0.419	−0.15	（−2.41, 2.12）	0.904
血小板	2.32	（−3.92, 8.55）	0.474	4.78	（2.31, 7.25）	0.009
D-二聚体	−1.15	（−2.36, 0.06）	0.075	−1.29	（−3.13, 0.54）	0.217
凝血酶原时间	−0.02	（−0.27, 0.23）	0.880	−0.01	（−0.50, 0.49）	0.991
活化部分凝血活酶时间	−0.01	（−0.41, 0.40）	0.967	−0.16	（−0.48, 0.17）	0.377
血浆凝血酶时间	−0.11	（−0.82, 0.61）	0.775	−0.20	（−0.56, 0.17）	0.333

　　本节研究收集了两种类型的血栓，分别是主动脉夹层和下肢急性动脉栓塞。在患者生命受到威胁并需要立即手术时，收集了这些血栓。主动脉夹层是指内膜逐渐脱落并扩展，形成动脉中的两个腔体。虚假腔中的血液不能迅速流动，导致纤溶和凝血反应发生在夹层区域，形成血栓。结合细胞易于生长在人工材料上以

及环境微小颗粒可能附着在内源性组织上，如血红蛋白或血清蛋白，合理地假设血栓可能以环境微小颗粒为核心形成，并且初始血栓可能不断吸引血液中的颗粒，从而扩大血栓。此外，血液系统中颗粒增多可能会增加初始血栓、血小板和颗粒之间的碰撞机会，从而加速血栓形成。虽然本节研究中发现的血小板水平与血栓中微小颗粒数量之间的正向关系支持了这一假设，但血栓与颗粒之间的具体关联需要进一步通过更大样本量的研究来验证。

由于手术的紧急性，本节研究无法实时记录血栓在腔体或静脉中的具体位置和形状，因此无法获取颗粒在血栓中的具体位置。颗粒的鉴定仅基于其光谱，本节研究并没有关注其电荷性质和附着的物质（如重金属和有机污染物）。目前的实验室技术限制了对血液循环中颗粒与血小板相互作用的密切观察。尽管我们的研究结果不能提供血栓形成的准确原因，但它首次证实了环境微颗粒在血栓中的存在，从环境微颗粒暴露的角度探索了血栓的精确性质。从本节研究结果中推测出的假设和理论可以在未来通过增加样本量和技术的进步来进行精确测试。

结　　语

微/纳塑料广泛存在于不同生产和生态功能的土壤中，可以被植物吸收和动物摄食，通过食物链传递进入人体，从而造成健康风险。然而，相关的研究目前仍处于初步阶段。未来需要加强土壤中微/纳塑料在陆地食物链传递风险和对人体健康影响的研究，为土壤中微/纳塑料的监测、管控和治理提供科学指导和技术方法参考，为研究微/纳塑料与人体疾病的联系提供新的方法和理论依据。

参 考 文 献

冯裕栋. 2023. 土壤-蔬菜食物链中微/纳塑料量化方法、传递过程及健康风险研究. 北京: 中国科学院大学.

李征, 高春梅, 杨金龙, 等. 2020. 连云港海州湾海域表层水体和沉积物中微塑料的分布特征. 环境科学, 41(7): 3212-3221.

刘永涛. 2016. 海带和紫菜中金属元素水平及风险评估研究. 武汉: 华中农业大学.

Austen K, Maclean J, Balanzategui D, et al. 2022. Microplastic inclusion in birch tree roots. Science of the Total Environment, 808:152085.

Authority E F S, Dujardin B, Ferreira de Sousa R, et al. 2023. Dietary exposure to heavy metals and iodine intake via consumption of seaweeds and halophytes in the European population. EFSA Journal, 21(1): e07798. https://doi.org/10.2903/j.efsa.2023.7798.

Chen Y, Cao S, Nie J, et al. 2015. Food Intake//Duan X L, Zhao X G, Wang B B, et al. Highlights of the Chinese Exposure Factors Handbook. New York: Academic Press: 27-30.

Cox K D, Covernton G A, Davies H L, et al. 2019. Human consumption of microplastics.

Environmental Science & Technology, 53(12): 7068-7074.

da Costa Araújo A P, Malafaia G. 2021. Microplastic ingestion induces behavioral disorders in mice: A preliminary study on the trophic transfer effects via tadpoles and fish. Journal of Hazardous Materials, 401: 123263.

Davidson A, Diamond B. 2001. Autoimmune diseases. New England Journal Medicine, 345: 340-350.

Deng Y, Chen H, Huang Y, et al. 2022. Polystyrene microplastics affect the reproductive performance of male mice and lipid homeostasis in their offspring. Environmental Science & Technology Letters, 9(9): 752-757.

Deng Y, Yan Z, Shen R, et al. 2021. Enhanced reproductive toxicities induced by phthalates contaminated microplastics in male mice (*Mus musculus*). Journal of Hazardous Materials, 406: 124644.

Feng Y, Tu C, Li R, et al. 2023. A systematic review of the impacts of exposure to micro- and nano-plastics on human tissue accumulation and health. Eco-Environment & Health, 2(4): 195-207.

Gopinath P M, Saranya V, Vijayakumar S, et al. 2019. Assessment on interactive prospectives of nanoplastics with plasma proteins and the toxicological impacts of virgin, coronated and environmentally released-nanoplastics. Scientific Reports, 9(1): 8860.

Han S, Bang J, Choi D, et al. 2020. Surface pattern analysis of microplastics and their impact on human-derived cells. ACS Applied Polymer Materials, 2(11): 4541-4550.

Hayashi K, Yamada S, Hayashi H, et al. 2018. Red blood cell-like particles with the ability to avoid lung and spleen accumulation for the treatment of liver fibrosis. Biomaterials, 156: 45-55.

Huang J S, Koongolla J B, Li H X, et al. 2020. Microplastic accumulation in fish from Zhanjiang mangrove wetland, South China. Science of the Total Environment, 708: 134839.

Huerta Lwanga E, Mendoza Vega J, Ku Quej V, et al. 2017. Field evidence for transfer of plastic debris along a terrestrial food chain. Scientific Reports, 7(1): 14071.

Imhof H K, Laforsch C, Wiesheu A C, et al. 2016. Pigments and plastic in limnetic ecosystems: A qualitative and quantitative study on microparticles of different size classes. Water Research, 98: 64-74.

Jiang Y, Han J, Na J, et al. 2022. Exposure to microplastics in the upper respiratory tract of indoor and outdoor workers. Chemosphere, 307: 136067.

Karbalaei S, Golieskardi A, Hamzah H B, et al. 2019. Abundance and characteristics of microplastics in commercial marine fish from Malaysia. Marine Pollution Bulletin, 148: 5-15.

Kashyap S, Woehl T J, Liu X, et al. 2014. Nucleation of iron oxide nanoparticles mediated by Mms6 protein *in situ*. ACS Nano, 8(9): 9097-9106.

Khandaker M U, Chijioke N O, Heffny N A, et al. 2021. Elevated concentrations of metal(loids) in seaweed and the concomitant exposure to humans. Foods, 10(2): 381.

Kim E H, Choi S, Kim D, et al. 2022. Amine-modified nanoplastics promote the procoagulant

activation of isolated human red blood cells and thrombus formation in rats. Particle and Fibre Toxicology, 19(1): 60.

Lee C W, Hsu L F, Wu I L, et al. 2022. Exposure to polystyrene microplastics impairs hippocampus-dependent learning and memory in mice. Journal of Hazardous Materials, 430: 128431.

Leslie H A, Van Velzen M J, Brandsma S H, et al. 2022. Discovery and quantification of plastic particle pollution in human blood. Environment international, 163: 107199.

Li B, Ding Y, Cheng X, et al. 2020b. Polyethylene microplastics affect the distribution of gut microbiota and inflammation development in mice. Chemosphere, 244: 125492.

Li C, Zhang R, Ma C, et al. 2021. Food-grade titanium dioxide particles decreased the bioaccessibility of vitamin D_3 in the simulated human gastrointestinal tract. Journal of Agricultural and Food Chemistry, 69(9): 2855-2863.

Li L, Luo Y, Li R, et al. 2020a. Effective uptake of submicrometre plastics by crop plants via a crack-entry mode. Nature Sustainability, 3(11): 929-937.

Liu Y, Guo R, Zhang S, et al. 2022. Uptake and translocation of nano/microplastics by rice seedlings: Evidence from a hydroponic experiment. Journal of Hazardous Materials, 421: 126700.

Luo Y, Li L, Feng Y, et al. 2022. Quantitative tracing of uptake and transport of submicrometre plastics in crop plants using lanthanide chelates as a dual-functional tracer. Nature Nanotechnology, 17(4): 424-431.

Nova P, Martins A P, Teixeira C, et al. 2020. Foods with microalgae and seaweeds fostering consumers health: A review on scientific and market innovations. Journal of Applied Phycology, 32: 1789-1802. https://doi.org/https://doi.org/10.1007/s10811-020-02129-w.

Panebianco A, Nalbone L, Giappatana F, et al. 2019. First discoveries of microplastics in terrestrial snails. Food Control, 106: 106722.

Qi Y, Wei S, Xin T, et al. 2022. Passage of exogenous fine particles from the lung into the brain in humans and animals. Proceedings of the National Academy of Sciences, 119(26): e2117083119.

Ragusa A, Svelato A, Santacroce C, et al. 2021. Plasticenta: First evidence of microplastics in human placenta. Environment International, 146: 106274.

Rochester J R. 2013. Bisphenol A and human health: A review of the literature. Reproductive Toxicology, 42: 132-155.

Senathirajah K, Attwood S, Bhagwat G, et al. 2021. Estimation of the mass of microplastics ingested – A pivotal first step towards human health risk assessment. Journal of Hazardous Materials, 404: 124004.

Shi W, Cao Y, Chai X, et al. 2022. Potential health risks of the interaction of microplastics and lung surfactant. Journal of Hazardous Materials, 429: 128109.

Sun H, Chen N, Yang X, et al. 2021. Effects induced by polyethylene microplastics oral exposure on colon mucin release, inflammation, gut microflora composition and metabolism in mice. Ecotoxicology and Environmental Safety, 220: 112340.

Sun X, Yuan X, Jia Y, et al. 2020. Differentially charged nanoplastics demonstrate distinct accumulation in *Arabidopsis thaliana*. Nature Nanotechnology, 15(9):755-760.

Wang S, Han Q, Wei Z, et al. 2022. Polystyrene microplastics affect learning and memory in mice by inducing oxidative stress and decreasing the level of acetylcholine. Food and Chemical Toxicology, 162: 112904.

Wu D, Feng Y, Wang R, et al. 2023. Pigment microparticles and microplastics found in human thrombi based on Raman spectral evidence. Journal of Advanced Research, 49: 141-150.

Xiao X, Liu S, Li L, et al. 2024. Seaweeds as a major source of dietary microplastics exposure in East Asia. Food Chemistry, 450: 139317.

Yuan F, Zhao H, Sun H, et al. 2022. Investigation of microplastics in sludge from five wastewater treatment plants in Nanjing, China. Journal of Environmental Management, 301: 113793.

Yuge R, Ichihashi T, Miyawaki J, et al. 2009. Hidden caves in an aggregate of single-wall carbon nanohorns found by using Gd_2O_3 probes. The Journal of Physical Chemistry C, 113(7): 2741-2744.

Zhang H, Peng G, Xu P, et al. 2022. Ecological risk assessment of marine microplastics using the snalytic hierarchy process: A case study in the Yangtze River Estuary and adjacent marine areas. Journal of Hazardous Materials, 425: 127960.

Zhou J, Li W, Chen Y, et al. 2021. A monochloro copper phthalocyanine memristor with high - temperature resilience for electronic synapse applications. Advanced Materials, 33(5): 2006201.

后记——加强陆地土壤环境微/纳塑料污染成因和治理技术研究

　　微塑料在全球环境中无处不在。微塑料污染正威胁着陆海生态系统和人类的健康，已受到世界多国政府的严重关切和科技界多学科的广泛关注。我国政府高度重视环境微塑料污染与管控问题。国家发展改革委和生态环境部联合印发了《"十四五"塑料污染治理行动方案》（发改环资〔2021〕1298号），明确指出需要进一步加强塑料污染全链条治理。我国学术界积极开展陆、海、气、生环境微塑料污染与管控的研讨，从2018年至今，中国土壤学会环境微塑料工作组已连续组织召开了五届大型综合性学术研讨会，有力推动了环境微塑料的科学、技术、管理研究工作。

　　我国土壤微塑料污染及其生态健康风险日益凸显。近年来，土壤生态系统微塑料污染日益受到关注。目前，已在我国稻田、菜地、果园、林地及滨海潮滩等土壤中发现较多的微塑料存在，在丰度上有的可高达每千克万余个微塑料颗粒。除塑料加工、交通运输过程泄漏及大塑料破碎产生微塑料外，污水灌溉、地膜、污泥、有机肥及大气沉降等都成为土壤中微塑料污染的重要来源。微塑料可在土壤环境中长期存在，并释放出阻燃剂、邻苯二甲酸等人工添加剂，影响土壤的水力、团聚体变化、养分转化、碳循环以及土-气交换过程，造成土壤质量下降，进而威胁土壤生态系统健康。微塑料分布在土壤生态系统中，可通过土壤动植物的吸收和积累而诱发生态风险。土壤中线虫、跳虫、蚯蚓和蜗牛等动物均能摄入不同尺寸的微塑料。微塑料会使线虫的成活率、体长和繁殖率明显下降，甚至产生跨代的毒性。最新研究发现，微塑料可以被农作物和蔬菜吸收、积累和转运，纳米级、亚微米级甚至是微米级的塑料颗粒都可以从土壤穿透小麦和生菜的根系进入作物体内，并能在蒸腾拉力的作用下，通过导管系统随水流和营养流进入作物地上部可食用部位。业已发现，微塑料存在于人体血液、血栓、胎盘及其他重要器官内。这些新发现意味着微塑料可能通过食物链传递，进而会产生相关联的潜在生态系统与人体健康危害。

　　因此，土壤微塑料污染风险防范是土壤健康与可持续管理的重要工作，也是保障生态环境安全与食物质量安全的基础。我们团队开展了陆海环境调查采样分析、室内模拟培养和盆栽试验、显微观测检测等研究工作，建立了陆地土壤、海洋水体、近地大气、生命组织等复杂介质中微塑料分离与检测方法，创建了植物体内微/纳塑料的可视化示踪与精准化定量技术，为陆地土壤-植物系统中微/纳塑料的识别与表征奠定了方法学基础；系统揭示了不同农业活动下农用地土壤微塑料污染来源与特征，阐明了土壤微塑料表面微生物的群落结构演替与生物降解功能，明确了微塑料与共存污染物的吸附特征与分子机制，为准确认知土壤-植物系统中微/纳塑料环境行为奠定了创新性理论基础；首次发现了农作物和蔬菜吸收与传递微/纳塑料的途径与分子机制，量化了植物体内微/纳塑料的转移系数；还率先发现了人体血栓中微塑料颗粒的存在，为土壤-植物系统中微/纳塑料的食物链传递与人体健康风险管控提供了科学依据。然而，对于环境微塑料行为与效应的认识而言，我们这些工作进展仅仅是"冰山一角"。

　　土壤微塑料污染是一个新兴的全球环境问题。在知识创新与治理实践上，尤其是在真实土壤环境及微塑料实际含量水平下，我国仍有诸多颇具挑战性的科学、技术与管理问题：①家底不清。我国土壤具有类型多样性、利用方式多样性，不同的土壤类型及其利用方式均会造成土壤中微塑料的丰度差异。近年来，尽管我国开展了土壤中微塑料污染调查研究，但是基本上属于科研兴趣驱动型的碎片化调查研究，缺乏全国层面的系统性、整体性、规划性调查工作，造成土壤微塑料污染家底不清等问题，尤其是尚未建立规范统一的土壤中微塑料样品采集、提取、分离和分析等研究方法。②风险不明。土壤生态系统中微塑料暴露的生物积累与毒性效应研究刚刚起步。微塑料不仅会影响土壤植物、动物、微生物，产生生态风险，而且可通过食物链发生传递、富集，带来人体健康风险。同时，微塑料还可由土体迁移至水体导致更大范围的环境风险。但目前尚未建立统一规范的微塑料对土壤生态系统、食物链安全和人体健康的风险评估方法与模型。③监管缺失。微塑料是一类新兴的环境污染物。土壤中塑料与微塑料来源广泛，污染途径复杂，包括农膜使用、污泥及有机肥施用、污水灌溉、大气沉降、填埋场渗流等。因而，微塑料监管涉及农业农村、生态环境、交通运输、住房建设、市场监督管理等部门，存在管理职责不清、监管难度大等问题。目前，对土壤中微塑料行为及风险的认识尚为浅显，尚缺乏土壤微塑料污染的治理技术、监管机制、标准及法律法规等。

　　土壤微塑料污染的复杂性与研究的滞后性进一步增加了对微塑料污染风险管控的难度，需要从法律法规、管理体制机制、科技攻关等多方面，探索并建立我国土壤微塑料污染风险防范与治理对策的系统方案。

　　（1）加快推进微塑料污染防治立法。制定关于微塑料污染风险管控的实施细则，强化源头管控。针对土壤中微塑料来源的每个环节，落实责任部门，规定违法行为及相应的经济和行政处罚措施，充分体现经济手段对土壤微塑料减量化及污染风险管控的作用。加快制定土壤微塑料污染的相关监管标准及法律法规等。

（2）加快建立跨部门协同管理体制机制。土壤中微塑料污染监管涉及农业农村、生态环境、发展改革委、市场监督管理、住房建设等部门，需要加强不同部门的协同，提升综合管理效能，建立微塑料污染风险管控协同机制，建立健全跨部门协同、职权明晰的管理体系，统筹推进我国土壤微塑料污染风险管控工作。

（3）加大土壤环境微/纳塑料污染成因与治理科技研究投入。目前，陆地土壤环境中微塑料的赋存状态及其对植物、动物和微生物影响的研究总体上处于起步阶段，微塑料污染防控技术体系和宏观决策体系研究基本上处于空白状态。土壤是地表生态系统中的重要组成部分，其物质流关联着水、气、生、人类社会。微塑料是颗粒态污染物，其在土壤中的环境行为、生态效应和健康危害不仅受自身的形貌、尺寸、组成、性质的影响，而且也受到土壤类型及其利用方式与条件的控制。需要加强微米和纳米级塑料的陆地土壤生态系统效应与反馈研究，需要促进地学、化学、材料学、生物学、管理学、农学、环境科学等多学科的交叉研究。未来研究需要面向生态环境与食物的安全、人体健康、气候变化三方面，并开展土壤及其跨介质的微/纳塑料污染风险管控科学技术研究。设立土壤微/纳塑料污染成因与治理技术科技专项，系统开展全国土壤微塑料污染现状调查与赋存形态研究，创建微米、亚微米乃至纳米级塑料的分离鉴别、源解析及监测方法体系；开展微/纳塑料在土壤环境中的分布、迁移、输运及通量的多尺度综合研究，构建微/纳塑料的生物生态毒性与毒理学的研究方法，综合评估、表征和预测微/纳塑料对水-气环境质量、生态系统安全及气候变化的长期影响；探明微/纳塑料的食物链传输和进入人体的途径，评估其对人体组织器官及生育的危害机理与健康风险等。通过科技进步，提升科学认知，促进技术创新，不断提高解决微/纳塑料污染的能力。

当务之急是加强耕地微塑料污染调查、成因与监控技术及示范工作，创建耕地微/纳塑料污染的全过程绿色可持续治理技术体系与可复制模式。据《中国农村统计年鉴2023》显示，2022年我国农膜（包括地膜和棚膜）的使用量已达到237.5万t，覆盖面积为1747万hm^2（约等于2.62亿亩）。然而，农膜的回收率还很有限，每年残留在农业土壤中的塑料碎片近50万t。当前我国耕地土壤微塑料污染现状存在家底不清、风险不明、监管缺失等问题。应尽快设立科技专项开展系统研究，建立农用地土壤微/纳塑料的快速检测、监测方法及技术规范，查明重点区域土壤中微/纳塑料的来源、分布及积累程度，探明耕地微/纳塑料和化学添加剂的环境行为及其对土壤质量、农产品质量、食物链传递与健康的影响，建立评估方法、指标体系和基准标准，发展微/纳塑料及添加剂的物理化学分解和生物降解绿色技术，为微塑料向土壤环境排放的有效监控与安全绿色农业的可持续性发展提供基础数据和技术方案。

　　陆地生态系统中微/纳塑料及其添加剂的污染是全球性的环境问题。对这些污染物及其复合污染物土壤环境行为的认知、生态效应的阐明和健康危害的防范是当今及未来人类面临的艰难挑战。未来需要开展国际科技合作和学术交流，见微知著，协同创新，共同创建"塑战"对策方案，支持"美丽健康中国"建设，实现未来全球可持续发展目标。